职业教育 CAD/CAM 技术互联网+数纸融合系列案例教程

UG NX 多轴加工实例教程

主　编　赵东明　佟宝波

副主编　徐继福　贾　宁

参　编　侯梦磊　丁　宾

机械工业出版社

本书是职业教育“特高”建设规划教材。本书由浅入深、循序渐进地介绍了 UG NX 软件三轴、四轴、五轴加工功能。本书共分 5 个项目，13 个任务，通过 8 个实例对 UG NX 多轴加工技术进行了分析和讲解，内容包括 UG NX 软件基本功能、UG NX 软件编程基础、加工槽板、加工转接块、加工楔块、加工连接块、加工双头锥度蜗杆、加工 S 试件、加工维纳斯雕像、加工叶轮，详细展示了不同类型零件多轴加工程序编制的全过程。对一些重要知识点和实例操作，本书以二维码的形式嵌入了讲解视频，读者可扫码观看，从而加深对相关知识技能的理解和掌握。

本书以任务为主线，从实用的角度出发，结构严谨、内容丰富、条理清晰、实例典型、易学易用，注重实用性和技巧性，书中操作步骤明确，插图详尽，可操作性强，适合职业院校机械设计制造类及相关专业作为教材使用，也可作为从事加工制造的工程技术人员的培训和参考用书。

为便于教学，本书配有源文件、教学课件等资源，凡选用本书作为教材的教师，可登录机械工业出版社教育服务网（http://www.cmpedu.com）注册并免费下载，或联系编辑（010-88379375）咨询。

图书在版编目（CIP）数据

UG NX 多轴加工实例教程/赵东明，佟宝波主编. —北京：机械工业出版社，2022.8（2024.1 重印）

职业教育 CAD/CAM 技术互联网+数纸融合系列案例教程

ISBN 978-7-111-71007-3

Ⅰ.①U… Ⅱ.①赵… ②佟… Ⅲ.①数控机床-加工-计算机辅助设计-应用软件-职业教育-教材 Ⅳ.①TG659-39

中国版本图书馆 CIP 数据核字（2022）第 103372 号

机械工业出版社（北京市百万庄大街 22 号 邮政编码 100037）

策划编辑：王莉娜 责任编辑：王莉娜

责任校对：樊钟英 王明欣 封面设计：王若濛

责任印制：单爱军

北京虎彩文化传播有限公司印刷

2024 年 1 月第 1 版第 2 次印刷

210mm×285mm · 14.75 印张 · 363 千字

标准书号：ISBN 978-7-111-71007-3

定价：49.00 元

电话服务 网络服务

客服电话：010-88361066 机 工 官 网：www.cmpbook.com

010-88379833 机 工 官 博：weibo.com/cmp1952

010-68326294 金 书 网：www.golden-book.com

 机工教育服务网：www.cmpedu.com

前言

UG NX 是西门子公司推出的集产品设计、工程与制造于一体的综合性应用软件，可进行计算机辅助设计、分析和制造，广泛应用于航空航天、汽车、船舶、通用机械和电子等领域。目前国内外众多机械制造业企业均在使用 UG NX 软件，因此职业院校相关专业毕业生或从业人员若能掌握此软件，必将在职场中更具竞争力。

本书以任务为主线，从实际应用的角度出发，由浅入深、循序渐进地介绍了 UG NX CAM 加工、UG NX 编程基础、三轴工件加工、四轴工件加工、五轴工件加工等内容。全书共 5 个项目，每个项目由若干任务组成，通过企业生产实例，帮助读者快速、全面地掌握 UG NX 数控加工的各类方法和应用技巧。本书主要体现了以下特色。

1. 每个项目都设置了［项目概述］和［项目目标］，每个任务均按照“任务描述→学习目标→知识准备→任务准备→任务实施→任务评价”的任务驱动方式进行编写，以提高学生的综合职业能力。

2. 将每个任务的学习目标分解为知识目标、能力目标和素养目标，从三个维度明确了学生要达到的目标和要求；任务评价环节不但考评学生的专业知识和专业能力，还对职业素养进行评价，以促进培养以工匠精神为主的核心素养。

3. 设置了［专家点拨］环节，对重点、难点、易错点给出专家提醒，帮助学生更好地掌握专业技能。

4. 每个项目后设置有项目总结和思维导图，帮助读者梳理项目知识，并配有项目练习题，用于检验学习效果。

5. 配套有 73 个微课视频，以二维码的形式链接在书中，对重要知识点和操作步骤进行讲解，以加深学生对相关知识技能的理解和掌握。

6. 配套数字化教学资源丰富，包括微课视频、案例源文件及结果文件、电子课件等，达到助教助学的目的。

本书由北京金隅科技学校赵东明、佟宝波任主编，中国机械科学研究院徐继福、北京金隅科技学校贾宁任副主编，北京金隅科技学校侯梦磊、丁宾参与编写。其中赵东明编写了项目一、项目四的任务一、项目五的任务二，佟宝波编写了项目二的任务一、项目三的任务一和任务二，贾宁编写了项目二的任务三、项目三的任务三、项目四的任务二，侯梦磊编写了项目二的任务二、项目五的任务一和任务三，丁宾编写了项目一~项目五的项目总结和项目练习题，徐继福负责全书项目审阅和相关技术支持。

由于编者水平有限，书中错误和不妥之处在所难免，恳请读者批评指正。

编　者

二维码索引

序号	名称	图形	页码	序号	名称	图形	页码
1	加工界面		21	8	创建工序—底壁铣		43
2	加工视图		23	9	进给率和速度		56
3	刀路颜色和动态仿真		24	10	封闭区域进刀方式		61
4	创建程序组		28	11	开放区域进刀方式		62
5	创建刀具		30	12	起点和钻点		64
6	创建坐标系		35	13	快速和转移		65
7	指定毛坯几何体		39	14	加工槽板—创建坐标系和 WORKPIECE		79

（续）

序号	名称	图形	页码	序号	名称	图形	页码
15	加工槽板—创建刀具		81	26	精铣零件平面		99
16	加工槽板—创建程序组		82	27	精铣零件凸台及轮廓侧壁		100
17	铣削零件顶面		82	28	钻削 ϕ16H7 的中心孔		101
18	铣削零件外轮廓		84	29	钻削 ϕ16H7 的内孔至 ϕ15.7mm		103
19	粗铣零件八边形外轮廓的侧壁和底面		86	30	铰削 ϕ16H7 的内孔		104
20	铣削零件八边形的顶面		86	31	铣削 ϕ32mm 圆柱凸台和 ϕ16H7 内孔的倒角		104
21	精铣零件八边形外轮廓的侧壁和底面		87	32	创建坐标系、刀具和程序组		106
22	粗铣零件八边形轮廓的内型腔		88	33	粗铣零件外轮廓、型腔内轮廓		106
23	精铣零件八边形轮廓的内型腔		89	34	精铣零件顶面		106
24	加工转接块—创建坐标系和 WORKPIECE		95	35	精铣零件型腔的底平面		108
25	粗铣零件凸台及轮廓		97	36	精铣零件外轮廓		109

（续）

（续）

目 录

项目一　初识UG NX CAM加工

项目概述

本项目是学习 UG NX CAM 加工的基础，主要介绍了 CAD/CAM 软件的功能及发展，以及数控机床、数控编程、数控加工工艺等 UG NX CAM 软件的数控加工基础知识。

项目目标

1. 了解 CAD/CAM 软件的功能及发展。
2. 熟悉数控机床的组成、特点及分类。
3. 熟悉数控编程的种类和特点。
4. 熟悉数控加工工艺的相关基础知识。

任务一　认识 UG NX CAM 软件功能及应用

任务描述

本任务学习 CAD/CAM 软件的功能及发展，了解国内外常见 CAD/CAM 软件的名称及主要功能，重点学习 UG NX CAM 软件的功能及应用。本任务主要以认识和了解性内容为主，可以通过各种途径获取知识、资讯，了解相关内容，从而达到学习目标。

学习目标

【知识目标】

1. 了解 CAD/CAM 软件的功能及发展。

2. 了解常见 CAD/CAM 软件的名称及主要功能。

3. 熟悉 UG NX CAM 软件的功能及应用。

【能力目标】

1. 知晓 CAD/CAM 软件的功能及发展。

2. 能够复述常见 CAD/CAM 软件的名称及主要功能。

3. 能够复述 UG NX CAM 软件的功能及应用。

【素养目标】

在了解国产 CAD/CAM 软件与国外相关软件的数量和功能现状后，增强对国产软件的关注，并树立钻研技术、学习本领，为国家制造业做贡献的意识。

知识准备

一、CAD/CAM 软件的功能及发展

CAD/CAM 软件是指具有计算机辅助设计（Computer Aided Design，CAD）和计算机辅助制造（Computer Aided Manufacturing，CAM）功能的设计类软件，主要包括曲面和实体造型技术，能对设计的零件进行仿真加工，检验刀路的正确性，最后生成加工的刀具路径、数控程序文件和车间文档等，提高了对复杂零件的设计、编程、制造的精度和效率，在机械、土木、建筑等领域广泛应用。我国 CAD/CAM 技术起源于国外 CAD 平台技术，并在此基础上进行了二次开发，涌现了很多优秀的拥有自主知识产权的国产软件。随着 CAD/CAM 技术的交互功能日益强大，软件支持越来越多种硬件设备和操作平台，向着技术的集成、标准和智能的信息化方向发展，这就对从业人员提出了更高的要求，即不仅要能够熟练进行软件的操作，还要具备对零件进行工艺分析的能力，提高综合素质。

二、常见 CAD/CAM 软件简介

随着对复杂产品设计和高精密零件加工的需求日益旺盛，国内外涌现了很多具有 CAD/CAM 功能的软件产品，如 CATIA、MasterCAM、UG NX、CAXA 等，每种软件都有各自的特点，广泛应用于机械、建筑、航空等领域。

1. 法国达索公司的 CATIA

法国达索公司是知名的航空航天企业，CATIA 是该公司研发的 CAD/CAM/CAE 一体化软件，其强大的曲面设计能力广泛应用于航空航天、汽车制造、电子电器等领域的产品设计和制造。该软件具有新一代的体系结构，支持不同层次的可扩充性以及 NT、UNIX 硬件平台的独立性。

2. 美国 CNC Software 公司的 MasterCAM

MasterCAM 软件具有二维绘图、三维实体造型、曲面设计、体素拼合、数控编程、刀

具路径模拟等多种功能。它提供了设计零件外形所需的理想环境，其强大稳定的造型功能可设计出复杂的曲线、曲面零件。MasterCAM9.0以上版本还支持中文环境，是行业及院校内广泛采用的CAD/CAM系统。

3. 德国西门子公司的UG NX

UG NX是一款功能强大的CAD/CAM/CAE软件，涵盖了从概念设计、工业造型设计、三维模型设计、分析计算、动态模拟仿真到生产加工成产品的全过程。软件中提供了钣金设计、模具设计、曲面设计、数控加工、管道设计、电气布线设计等多个模块，可满足各领域设计人员的需要。UG NX因为具有强大的功能，在高校相关专业被作为教学软件使用。

4. 北京数码大方科技股份有限公司的CAXA

CAXA软件拥有自主知识产权，产品线完整，主要提供数字化设计、数字化制造以及产品全生命周期管理（PLM）解决方案和工业云服务。该软件应用范围广，其中CAXA数控车和CAXA制造工程师软件具有零件的几何造型、刀具轨迹的生成、加工过程的模拟仿真、输出数控加工代码和加工工艺清单等强大功能，是国内职业院校技能比赛中指定的支持软件。

三、UG NX CAM软件的功能及应用

UG NX CAM软件以零件模型为基础，提供了一套交互式编程以进行精确加工的方法，可以实现对零件从加工方式、切削参数到生成刀具轨迹、进行切削仿真模拟、后处理、生成刀具位置源文件和车间文档等诸多功能，可提高复杂零件的加工精度和效率。

1. 加工方式

UG NX CAM软件针对不同零件的加工需要提供了多种加工方式，见表1-1。

表1-1　UG NX CAM软件的加工方式

加工方式	功能特点	图示
平面铣 (Planar Mill)	平面铣适用于零件表面或底面的粗、精加工，通过定义部件边界移除垂直于固定刀轴的切削层中的材料，不能加工与底面不垂直的部位	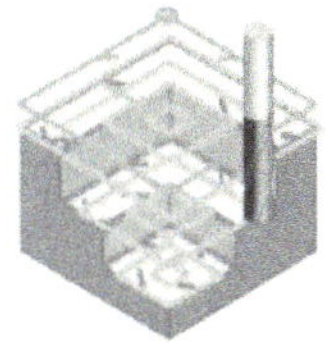
型腔铣 (Cavity Mill)	型腔铣适用于模具型腔、型芯、凹模、铸件和锻件的加工，根据指定的型腔轮廓，在深度方向上分成多个切削层进行切削，生成刀具轨迹，能加工与底面不垂直的部位	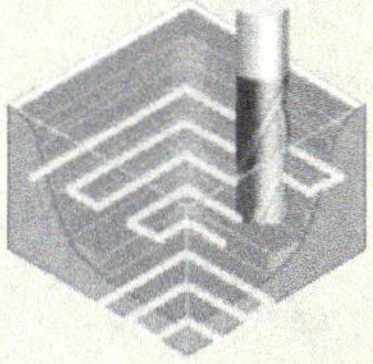

（续）

加工方式	功能特点	图示
固定轮廓铣（Fixed Contour）	固定轮廓铣提供多种驱动方法、投影矢量，适用于曲面的精加工，需要指定部件几何体和切削区域，编辑切削模式和参数，生成刀具轨迹	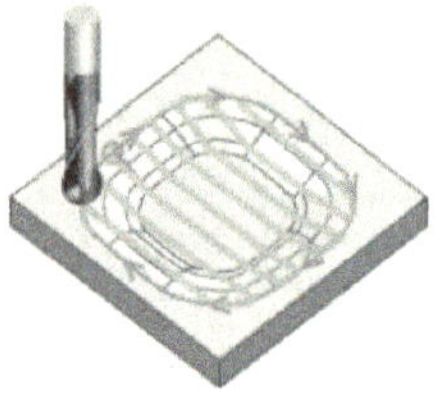
可变轮廓铣（Variable Contour）	可变轮廓铣适用于曲面的固定轴或多轴的铣削精加工，对于复杂的曲面加工，通过编辑驱动方法、投影矢量、切削模式和参数，生成刀具轨迹	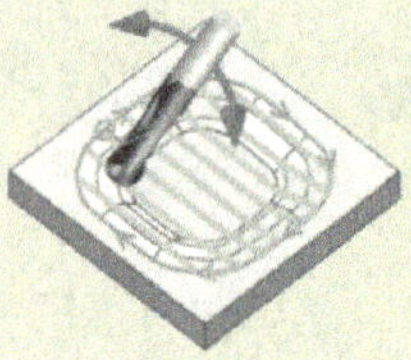
钻孔加工（Hole Making）	钻孔加工包括钻、扩、镗、攻螺纹和铣削等多种孔加工方法，用点作为驱动器的几何特征，根据需要选择不同的加工方式	
螺纹铣（Thread Milling）	螺纹铣适用于螺纹直径和切削量太大而无法攻螺纹的加工，使用螺纹铣刀通过铣削的方式加工螺纹	
车削加工（Turning）	车削加工包括中心孔的钻削、内外径的粗精车、内外螺纹的粗精车、内外径槽和端面槽的加工等	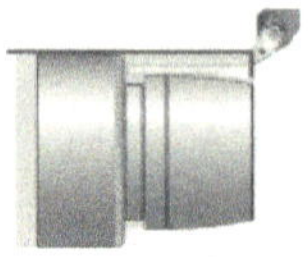
线切割（Wire EDM）	线切割提供了外部、内部修剪，开放轮廓和无心等多种加工方法，可以方便地在二轴和多轴方式中切削工件	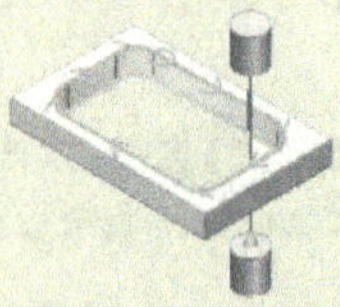

2. 切削仿真模拟

（1）加工路径仿真　UG NX CAM 提供了直观可视化的切削仿真功能，可显示刀具轨迹，对工件进行所有工序的加工模拟，检测工件在每道工序后的余量，如图 1-1 所示。

（2）过切检查　在生成刀具轨迹后，可以使用过切检查来验证刀具轨迹的正确性，避免出现过切问题，同时检查刀具、刀柄等是否有干涉，以便更好地保证加工的安全性和质量。

（3）机床的仿真加工　在软件中提供了多种型号和系统的机床，可将工件安装在机床上进行仿真加工，在机床面板上显示刀具的坐标位置等信息，可观察到机床的全部切削运动过程。

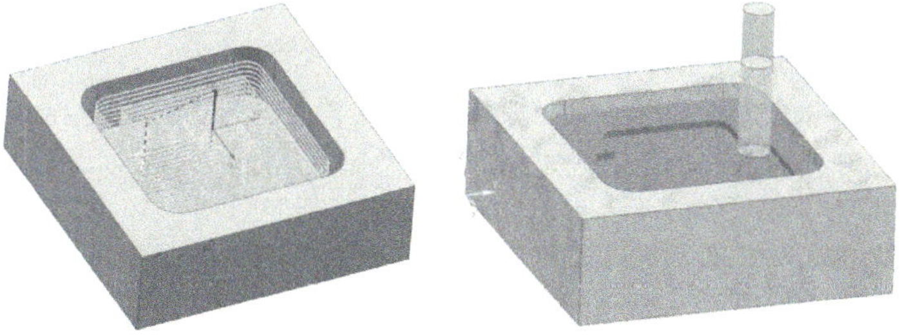

图 1-1　加工路径仿真

3. 刀轨编辑器

刀轨编辑器用于观察刀具的运动轨迹，提供了对刀轨进行延伸、修剪、移动和反向等多种编辑方式，可通过控制图形和文本信息对刀轨进行修改。

4. 后处理

在完成一个工序的设置后，可以使用后处理器建立特定机床的定义文件以及事件处理文件，将刀具轨迹生成适合的机床代码，如图 1-2 所示。

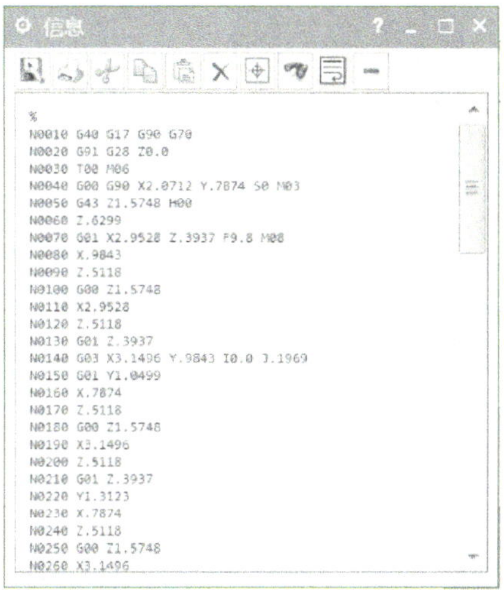

图 1-2　后处理

5. 刀具位置源文件（CLSF）

刀具位置源文件也称为 CLSF 文件，是一个可用第三方后处理程序进行后处理的独立文件，能将其作为刀轨在其他多轴加工的工序中使用。它是包含标准 APT 命令的文本文件，扩展名为 cls。

6. 车间文档

UG NX CAM 软件提供了车间工艺文档生成器，可从 NC part 文件中提取对加工车间有用的 CAM 文本和图形信息，包括数控程序中用到的刀具参数清单、加工工序和切削参数清单等，便于车间操作人员查阅和使用。

任务准备

参观数控实训车间或相关数控加工企业，认识、了解 CAD/CAM 软件在实际生产中的应用和作用。上网查询，通过图片、视频等资料进行相关内容学习。

任务实施

1）认识 CAD/CAM 技术。

2）了解 CAD/CAM 软件的功能及发展。

3）了解国内外常见 CAD/CAM 软件的名称及主要功能。

4）认识 UG NX CAM 软件的功能及应用。

5）学习知识，完成学习任务单（见表 1-2）。

表 1-2　学习任务单

问题与项目	描述与解答
什么是 CAD/CAM 技术	
CAD/CAM 软件的功能及发展	
国内外常见 CAD/CAM 软件的名称及主要功能	
UG NX CAM 软件的功能及应用	
你对 CAD/CAM 的评价	

任务评价

总结本次任务完成情况，根据考核内容及评价标准进行自评、互评和教师评价，填写表 1-3，完成任务评价。

表 1-3　任务评价表

考核项目与权重	考核内容	评价标准	自评	互评	教师评价
专业知识（20%）	（1）了解 CAD/CAM 软件的功能及发展（6 分）	任务单描述错误或不足酌情扣 1～6 分			
	（2）了解国内外常见 CAD/CAM 软件的名称及主要功能（6 分）	任务单描述错误或不足酌情扣 1～6 分			
	（3）掌握 UG NX CAM 软件的功能及应用（8 分）	任务单描述错误或不足酌情扣 1～8 分			
专业能力（30%）	（1）能够阐述 CAD/CAM 软件的功能及发展（10 分）	根据回答情况酌情扣 1～10 分			
	（2）能够评价国内外常见 CAD/CAM 软件的优缺点（10 分）	根据回答情况酌情扣 1～10 分			
	（3）能够描述 UG NX CAM 软件的详细功能及应用（10 分）	根据回答情况酌情扣 1～10 分			

（续）

考核项目与权重	考核内容	评价标准	自评	互评	教师评价
职业素养（20%）	（1）敬业守时、认真负责、踏实严谨、谦虚好学（5分）	迟到、早退、无故缺勤等，每次扣1分，扣完为止			
	（2）具有良好的团队合作精神，能热心帮助其他同学完成任务（5分）	根据表现酌情扣1~5分			
	（3）能根据工作任务对资源进行合理分配，能正确控制、激励、协调小组工作全过程（5分）	根据小组任务分配及任务完成情况酌情扣1~5分			
	（4）能准确、快速表达个人思想和见解，能灵活运用所学知识，有创造性（5分）	根据创意设计情况酌情扣1~5分			
任务总结（30%）	（1）能进行归纳总结，得出规律和指导性经验，技术文件完整、规范、条理清晰。在任务结束后，反思自己的任务完成情况和质量（10分）	根据任务总结情况酌情扣1~10分			
	（2）安全、有效地完成任务中的每个要求（20分）	根据任务完成情况酌情扣1~20分			
合计（自评占比40%，互评占比20%，教师评价占比40%）					
任务反思					

任务二　UG NX CAM软件数控加工工艺基础

任务描述

在进一步详细学习零件的自动编程加工之前，一定要熟悉自动编程加工所需要具备的数控加工工艺基础知识，本任务就是学习数控机床、数控加工编程、数控加工工艺等知识。

学习目标

【知识目标】

1. 了解数控机床的组成、特点及分类。
2. 了解数控编程的种类及特点。
3. 了解数控加工工艺基础知识。

【能力目标】

1. 能够判断数控机床种类，并说出其结构特点及应用场合。

2. 能够区分手工编程和自动编程，并说明其各自特点。

3. 能够掌握学习 UG NX CAM 软件所需的数控加工工艺基础知识。

【素养目标】

通过对 CAM 软件数控加工工艺基础知识的学习，培养耐心、细致的学习品质。

知识准备

一、数控机床

数控机床是一种装有程序控制系统的自动化机床。该程序控制系统能够处理具有控制编码或其他符号指令规定的程序，并将其译码，用代码化的数字表示，通过信息载体输入数控装置，使数控装置发出各种控制信号，控制机床各部分动作，进行工件加工。图 1-3 所示为米克朗公司生产的五轴数控机床。

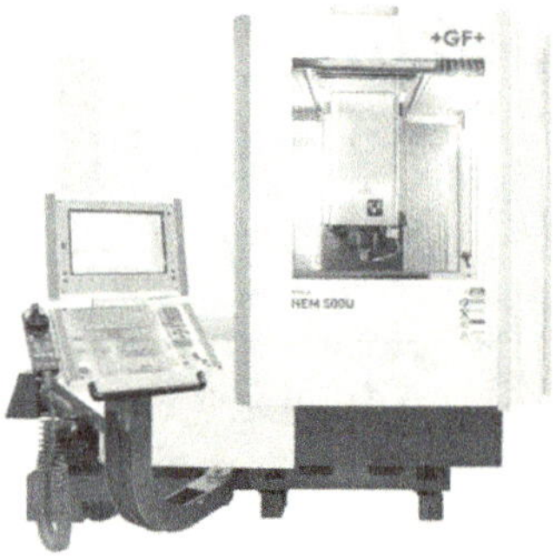
图 1-3 五轴数控机床

1. 数控机床的主要结构

数控机床的种类繁多，但每种数控机床的主要结构都是由数控装置、伺服驱动装置、机床主体和其他辅助装置组成的。

2. 数控机床的主要特点

与普通机床相比，数控机床加工精度高，可靠性高，可进行多坐标的联动，能加工结构复杂的工件，对加工对象的适应性强，在加工工件改变时，一般只需改变数控程序即可，而且数控机床的自动化程度高，可大大减轻工人的劳动强度。

3. 数控机床的分类

数控机床的种类很多，可以采用不同的方法对数控机床进行分类：按工艺用途分类、按运动控制方式分类和按伺服控制方式分类等。

（1）按工艺用途分类

1）普通数控机床。普通数控机床一般指在加工工艺过程中的一个工序上实现数字控制的自动化机床，如数控铣床、数控车床、数控钻床、数控磨床与数控齿轮加工机床等。普通数控机床在自动化程度上还不够完善，刀具的更换与工件的装夹仍需人工来完成。

2）加工中心。加工中心是带有刀库和自动换刀装置的数控机床，它将数控铣床、数控镗床、数控钻床的功能组合在一起，工件在一次装夹后，可完成大部分加工内容。

（2）按运动控制方式分类

1）点位控制数控机床：数控系统只控制刀具从一点到另一点的准确位置，而不控制运动轨迹，各坐标轴之间的运动是不相关的，在移动过程中不对工件进行加工。这类数控机床主要有数控钻床、数控坐标镗床、数控压力机等。

2）直线控制数控机床：数控系统除了控制点与点之间的准确位置外，还要保证两点间的移动轨迹为一直线，并且对移动速度进行控制，也称为点位直线控制数控机床。这类数控机床主要有比较简单的数控车床、数控铣床、数控磨床等。

3）轮廓控制数控机床：轮廓控制的特点是能够对两个或两个以上的运动坐标的位移和速度同时进行连续相关的控制，它不仅要控制机床移动部件的起点与终点坐标，而且要控制整个加工过程的每一点的速度、方向和位移量，也称为连续控制数控机床。这类数控机床主要有数控车床、数控铣床、数控线切割机床、加工中心等。

（3）按伺服控制方式分类

1）开环控制数控机床。这类数控机床不带位置检测反馈装置，通常用步进电动机作为执行机构。输入数据经过数控系统的运算，发出脉冲指令，使步进电动机转过一个步距角，再通过机械传动机构转换为工作台的直线移动，移动部件的移动速度和位移量由输入脉冲的频率和脉冲个数所决定。

2）半闭环控制数控机床。这类数据机床在电动机的端头或丝杠的端头安装检测元件（如感应同步器或光电编码器等），通过检测其转角来间接检测移动部件的位移，然后反馈到数控系统中。由于其大部分机械传动环节未包括在系统闭环环路内，因此可获得较稳定的控制特性。其控制精度虽不如闭环控制数控机床，但调试比较方便，因而被广泛采用。

3）闭环控制数控机床。这类数控机床带有位置检测反馈装置，其位置检测反馈装置采用直线位移检测元件，直接安装在机床的移动部件上，将测量结果直接反馈到数控装置中，通过反馈可消除从电动机到机床移动部件整个机械传动链中的传动误差，最终实现精确定位。

二、数控加工编程

数控加工编程的本质：为了控制数控机床的动作，人们按照特定的格式将各种功能字有序地组合起来，编制成数控机床所能读懂的语言符号。数控编程分为手工编程和自动编程两种。

1. 手工编程

手工编程是编程人员直接编写、输入数控程序到数控机床中的一种编程方法。手工编程适合工件结构较为简单、计算量较少的程序编制。

2. 自动编程

自动编程是一种通过计算机、利用 CAM 软件编程的方法，适用于手工编程繁琐或手工编程无法完成的工件加工程序编制。本书的主要内容就是使用 UG NX 软件的 CAM 功能进行自动编程。

三、数控加工工艺基础知识

1. 数控加工工艺的内容

众所周知，加工工艺涉及问题广泛，就数控加工而言，加工工件前，要先把工件加工的全部工艺过程、切削参数等编制成数控程序，再用这些数控程序依次控制机床进行工件加工。数控加工要求工艺准确周密、工序详细分明。本任务仅结合 UG NX CAM 软件编程中涉及的数控加工工艺做简要介绍。在 UG NX 软件的 CAM 功能中，数控加工工艺主要包括机床种类的选择、切削顺序的选择、切削方式的选择、切削刀具的选择、切削参数的选择和公差精度的选择等。但 UG NX 软件中工序的定义与日常认知的有所不同，在 UG NX 软件中，工序被定义为每次创建的一个加工程序，每一个程序为一个工序，通过选择适合的工序类型来加工工件上的各种结构，如加工较大的平面可选择“平面铣”工序等。

2. 刀具选用及切削用量

（1）UG NX 软件中刀具的选用　刀具的选择是数控编程中的重要内容之一，它影响着数控程序的加工效率和加工质量。在 UG NX 软件中，可供选用的刀具类型很多，如立铣刀、球头铣刀、圆鼻铣刀、倒角刀、螺纹铣刀等。刀具的创建方法和参数设置将在后面内容中具体讲解。

（2）UG NX 软件中的切削用量　切削用量包括背吃刀量、进给量、主轴转速。在 UG NX 软件中，切削用量在【步距】和【进给率和速度】两个选项中设置，而且这里面的参数设置十分丰富、灵活，如可单独设置第一刀的切削速度等。切削用量的设置方法将在后面内容中具体讲解。

3. 坐标系

数控机床的坐标系遵循右手笛卡儿坐标系，如图 1-4 所示。直线进给运动用直角坐标轴 X、Y、Z 表示，称为基本坐标系，X、Y、Z 轴的相互关系用右手定则确定。围绕 X、Y、Z 轴旋转的圆周进给坐标轴分别用 A、B、C 表示，其正方向根据右手螺旋定则确定。

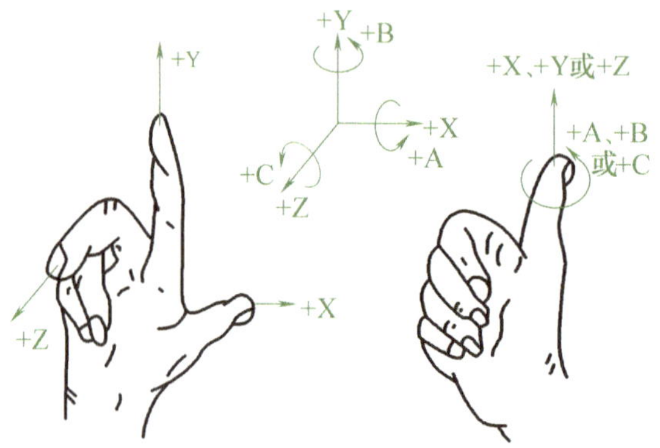

图 1-4　右手笛卡儿坐标系

（1）机床坐标系　机床坐标系是在数控编程时为了描述机床的运动，简化程序编制的方法及保证记录数据的互换性，以机床原点为坐标系原点并遵循右手笛卡儿坐标系建立的由 X、Y、Z 轴组成的固定的直角坐标系。它在机床经过设计制造和调整后便被确定下来，是固定的。

（2）工件坐标系　工件坐标系又称为编程坐标系，是为确定工件几何形体上各要素的位置而设置的坐标系。工件坐标系的原点即为工件零点。在 UG NX 加工模块中创建工件坐标系时，其原点的位置是任意的，但是一般考虑到编程和加工时对刀的方便性，原点的位置要根据工件的特点选定，而且各轴的方向应该与所使用的数控机床的坐标轴方向一致。

4. 安全高度

安全高度是为了避免刀具碰撞工件而设定的高度。在铣削过程中，刀具需要转移位置时应先退到安全高度再快速移动到下一个进刀位置。安全高度的位置必须高于工件的最高表面。

5. 走刀路线

走刀路线是数控加工过程中刀具相对于被加工工件的运动轨迹，包括切削加工的路径及刀具引入、返回等非切削空行程。确定走刀路线应遵循以下原则。

1）寻求最短加工路线，减少空刀时间，以提高加工效率。

2）为保证工件轮廓表面加工后的表面粗糙度要求，最终轮廓应安排在最后一次走刀中连续加工出来。

3）考虑刀具的进、退刀（切入、切出）路线。

4）选择使工件在加工后变形小的路线。

6. 数控加工中的补偿

数控加工中的补偿包括刀具半径补偿和刀具长度补偿。

（1）刀具半径补偿　数控机床在加工过程中，所控制的是刀具中心的轨迹，为了方便起见，用户总是按工件轮廓编制加工程序，因而在进行内轮廓加工时，刀具中心必须向轮廓的内侧偏移一个刀具半径值，在进行外轮廓加工时，刀具中心必须向轮廓的外侧偏移一个刀具半径值，如图 1-5 所示。数控装置根据按工件轮廓编制的程序和预先设定的偏置参数实时自动生成刀具中心轨迹的功能，称为刀具半径补偿功能。应用刀具半径补偿功能编写加工程序，如果在实际加工中由于刀具的磨损或换刀引起刀具半径变化时，不必重新编程，只需修改机床中相应的偏置参数即可。

在 UG NX 后处理生成的程序中，系统默认没有刀具半径补偿指令。如果在程序中使用刀补，则需要在创建的工序对话框的【机床控制】处添加，如图 1-6 所示，在【开始刀轨事件】处建立刀补，在【结束刀轨事件】处取消刀补。

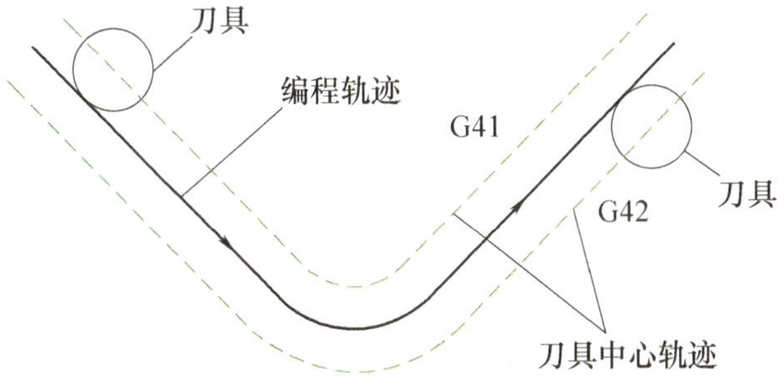

图 1-5　刀具半径补偿

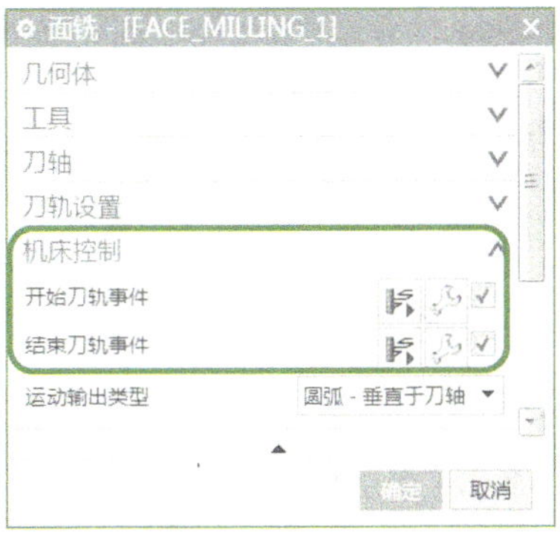

图 1-6　机床控制菜单

（2）刀具长度补偿　刀具长度补偿功能可以控制刀具沿着 Z 轴向上或向下偏移一定距离，如图 1-7 所示。

刀具长度补偿一般有以下两种方式。

1）用刀具的实际长度作为刀具长度补偿（推荐使用这种方式）。这种方法一般使用对刀仪测量刀具的长度，然后把数值输入到刀具长度补偿寄存器中，作为刀具长度补偿。使用刀具长度作为刀具长度补偿，可以避免在不同的工件加工中不断地修改刀具偏置值，可以按照一定的刀具编号规则，给每一把刀具做档案，在标牌上标识每把刀具的相关参数，包括刀具的长度、半径等。需要使用某把刀具时，直接使用标牌上的刀具长度数值而不需再进行测量。

2）利用刀尖在 Z 方向上与工件原点的距离值作为刀具长度补偿值。如图 1-7 所示，刀具长度补偿值就是主轴从机床 Z 坐标原点移动到工件原点时的刀尖移动距离，因此补偿值总是负值。采用这种方式，当用同一把刀具加工另外的工件时，需要重新进行刀具长度补偿的设置。

在创建刀具对话框的【补偿寄存器】处输入刀具长度补偿值地址号，如图 1-8 所示，后处理生成的程序默认生成建立刀具长度补偿的程序句，并且刀具长度补偿值地址号与输入数值相同。

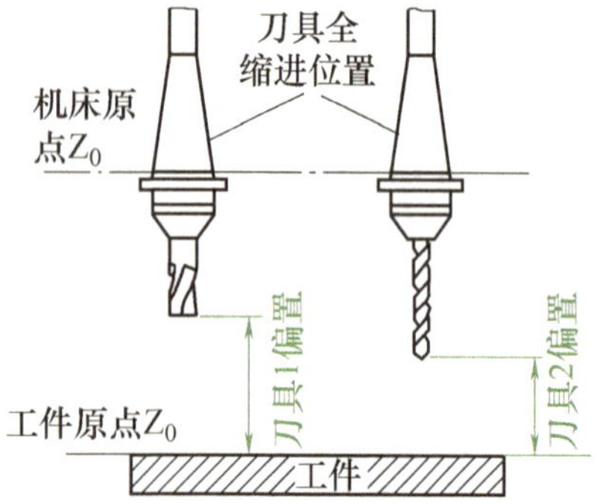

图 1-7　刀具长度补偿

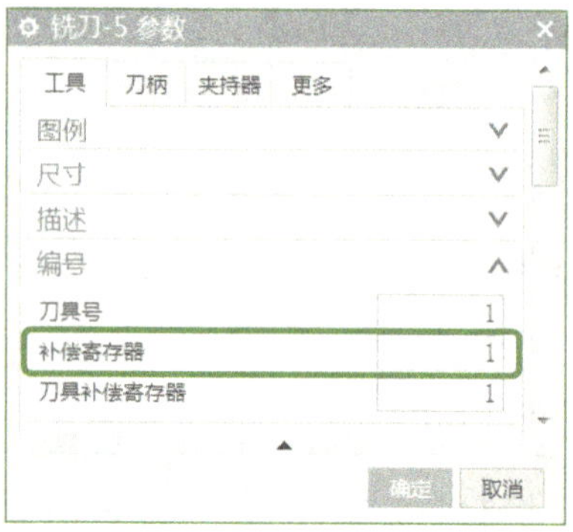

图 1-8　刀具对话框

7. 轮廓控制

在数控编程中，可以通过轮廓控制来限制加工范围，通过设置刀具相对于轮廓的位置来生成所需的刀具轨迹。刀具相对于轮廓的位置有三种：刀具中心位于轮廓上、刀具与轮廓内相切及刀具与轮廓外相切，见表 1-4。

8. 加工深度的控制

在数控加工中，保证深度方向的尺寸是工件加工的一个重要内容。在 UG NX 软件中，控制加工深度的设置如下：

（1）MCS_MILL 坐标系　修改 CAM 软件中的机床坐标系可以改变刀具的深度位置。

（2）安全平面　在 MCS_MILL 坐标系中设置安全平面或在各工序的几何体中设置安全平面。

表 1-4　刀具相对于轮廓的位置

刀具位置示意图	表达含义
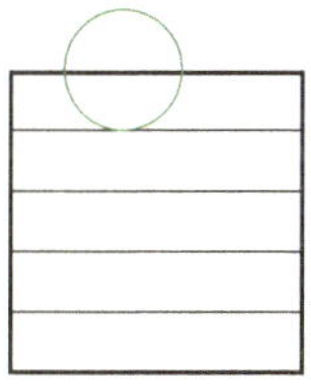	刀具中心位于轮廓上：刀具在切到轮廓范围边缘时中心位于轮廓上，刀具超过轮廓一个刀具半径
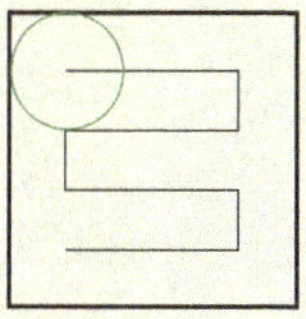	刀具与轮廓内相切：刀具被限制在轮廓范围之内，刀具接触到轮廓时，刀具中心与轮廓相差一个刀具半径
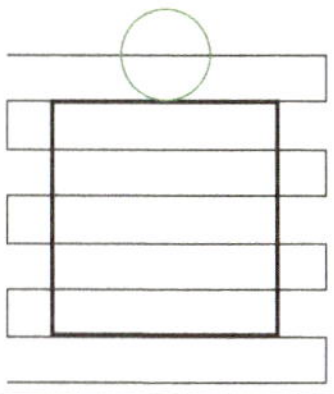	刀具与轮廓外相切：刀具在切到轮廓范围边缘时完全越过轮廓线，超过轮廓线一个刀具直径

（3）工序参数　在该参数中可以设置相应位置的最终加工深度、每层切削深度、最大切削深度等。

9. 顺铣与逆铣

在加工过程中，铣刀的旋转方向一般是不变的，但进给方向是变化的，由此就出现了铣削加工中常见的顺铣与逆铣。对于铣削加工，顺铣和逆铣各有优缺点，表 1-5 所列为顺铣和逆铣的优缺点比较。

表 1-5　顺铣和逆铣的优缺点比较

比较项目	顺铣	逆铣
切入切出切屑厚度	刀具切削刃切入工件时切屑厚度最大，逐渐减小，切削刃容易切入	刀具切削刃切入工件时切屑厚度为零，需要滑移摩擦一小段距离才能切入工件，切入前刀具与工件的挤压和摩擦会加剧刀具磨损
垂直切削分力的作用	垂直方向切削分力始终向下，有利于压紧工件	垂直方向切削分力始终向上，有将工件抬起的趋势，不利于工件夹紧
水平切削分力的作用	刀具的水平切削分力与工件进给方向相同，会起到通过工件、夹具带动工作台的效果。当丝杠与螺母间隙较大时，可能导致工作台窜动，从而损坏刀具、工件，甚至机床	刀具的水平切削分力与工件进给方向相反，会使丝杠与螺母的螺旋面紧紧贴合，不会产生窜动
切削有硬皮的工件	刀具首先要克服工件表层硬皮才能切入工件，会缩短刀具使用寿命	刀具从里向外切削，可以减小从外向里切削时与硬皮直接接触而产生的对刀具的损坏作用
功率消耗	进给运动方向功率消耗较小	进给运动方向功率消耗较大
表面质量	刀具后刀面对已加工表面的挤压、摩擦小，表面质量较好	刀具切入工件的挤压、摩擦较大，会产生表面硬化，降低表面质量

在进行 UG NX 软件编程时，可根据实际需要在【切削参数】对话框【策略】选项卡【切削】区域的【切削方向】中选择“顺铣”或“逆铣”。

10. 加工精度

工件的加工质量是保证机械产品工作性能和产品寿命的基础。衡量工件加工质量的指标包括加工精度和表面质量。其中表面质量的含义包括加工表面的几何形状特征以及加工表面的物理力学性能变化。在机械加工过程中，由于各种因素的影响，易使刀具和工件间的正确位置发生偏移，因而加工出来的工件不可能与理想的要求完全相符，两者的符合程度可用机械加工精度和加工误差来表示。图 1-9 所示为加工精度示意图。

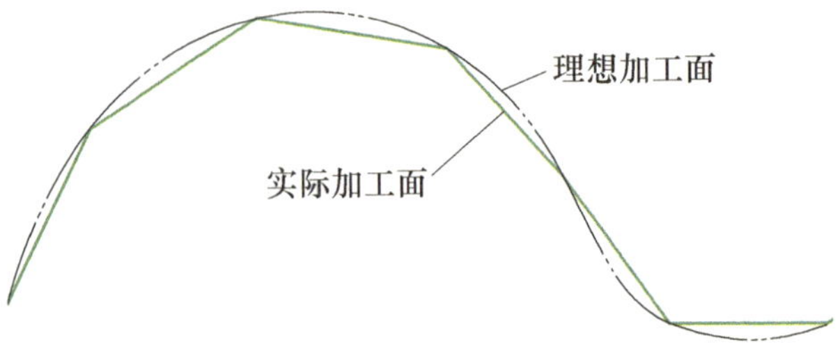

图 1-9　加工精度示意图

UG NX 软件中控制误差的方法有以下两种。

（1）差补计算　真实的刀具轨迹是由直线和圆弧组成的线段集合，近似地取代刀具的理想运动轨迹，所以实际刀具轨迹与理想刀具轨迹之间存在一定误差，被称为差补计算误差。差补计算误差与差补周期成正比，差补周期越大，则差补计算误差越大。通常可以在 CAM 软件中设置公差带来控制差补计算误差，使实际刀具轨迹相对理想刀具轨迹的偏差不超过公差带的范围。在【切削参数】对话框的【余量】选项卡中，通过设置【公差】区域中的【内公差】和【外公差】数值来实现误差控制。

（2）残余高度　残余高度是指工件表面上相邻刀具轨迹间残留的未加工余料的高度，其大小可影响加工表面粗糙度，也会影响后续的光整加工，是评价工件加工质量的一个重要参数。在使用 CAM 软件时，为保证表面粗糙度，需要设置相应的残余高度，尽量以最大的行间距生成数控加工刀具轨迹，从而提高加工效率。在各种工序对话框中，可将【刀轨设置】区域中的【步距】参数选为“残余高度”，再设置【最大残余高度】，从而控制工件加工精度。

任务准备

参观数控实训车间或相关数控加工企业，认识了解数控机床、数控加工编程的内容和步骤，以及数控加工的相关工艺。上网查询，通过图片、视频等资料进行相关内容学习。

任务实施

1）了解数控机床的组成、特点及分类。

2）了解手工编程和自动编程的特点。

3）了解数控加工编程的内容和步骤。

4）了解数控加工工艺的内容。

5）学习知识，完成学习任务单（见表1-6）。

表1-6　学习任务单

问题与项目	描述与解答
数控机床的组成、特点及分类	
手工编程和自动编程的特点	
数控加工编程的内容和步骤	
数控加工工艺的内容	
如何控制加工的深度和轮廓	

任务评价

总结本次任务完成情况，根据考核内容及评价标准进行自评、互评和教师评价，填写表1-7，完成任务评价。

表1-7　任务评价表

考核项目与权重	考核内容	评价标准	自评	互评	教师评价
专业知识（20%）	（1）了解数控机床的组成、特点及分类（6分）	任务单描述错误或不足酌情扣1~6分			
	（2）了解手工编程和自动编程的特点（6分）	任务单描述错误或不足酌情扣1~6分			
	（3）了解数控加工工艺基础知识（8分）	任务单描述错误或不足酌情扣1~8分			

（续）

考核项目与权重	考核内容	评价标准	自评	互评	教师评价
专业能力（30%）	（1）能够辨别各类数控机床，描述其结构特点与功能（10分）	根据回答情况酌情扣1~10分			
	（2）能够区分数控加工手工编程与自动编程，并描述其各自特点（10分）	根据回答情况酌情扣1~10分			
	（3）能够解释数控加工工艺基础相关知识的概念与含义（10分）	根据回答情况酌情扣1~10分			
职业素养（20%）	（1）敬业守时、认真负责、踏实严谨、谦虚好学（5分）	迟到、早退、无故缺勤等，每次扣1分，扣完为止			
	（2）具有良好的团队合作精神，能热心帮助其他同学完成任务（5分）	根据表现酌情扣1~5分			
	（3）能根据工作任务对资源进行合理分配，能正确控制、激励、协调小组工作全过程（5分）	根据小组任务分配及任务完成情况酌情扣1~5分			
	（4）能准确、快速表达个人思想和见解，能灵活运用所学知识，有创造性（5分）	根据创意设计情况酌情扣1~5分			
任务总结（30%）	（1）能进行归纳总结，得出规律和指导性经验，技术文件完整、规范、条理清晰。在任务结束后，反思自己的任务完成情况和质量（10分）	根据任务总结情况酌情扣1~10分			
	（2）安全、有效地完成任务中的每个要求（20分）	根据任务完成情况酌情扣1~20分			
合计（自评占比40%，互评占比20%，教师评价占比40%）					
任务反思					

项目总结

如图1-10所示，通过本项目的学习，了解了CAM/CAM软件的功能及发展，了解了常见CAM/CAM软件的名称及主要功能，熟悉了UG NX CAM软件的功能及应用；同时了解了CAM软件数控加工基础的相关知识，主要包括数控机床、数控加工编程、数控加工工艺三方面的内容。

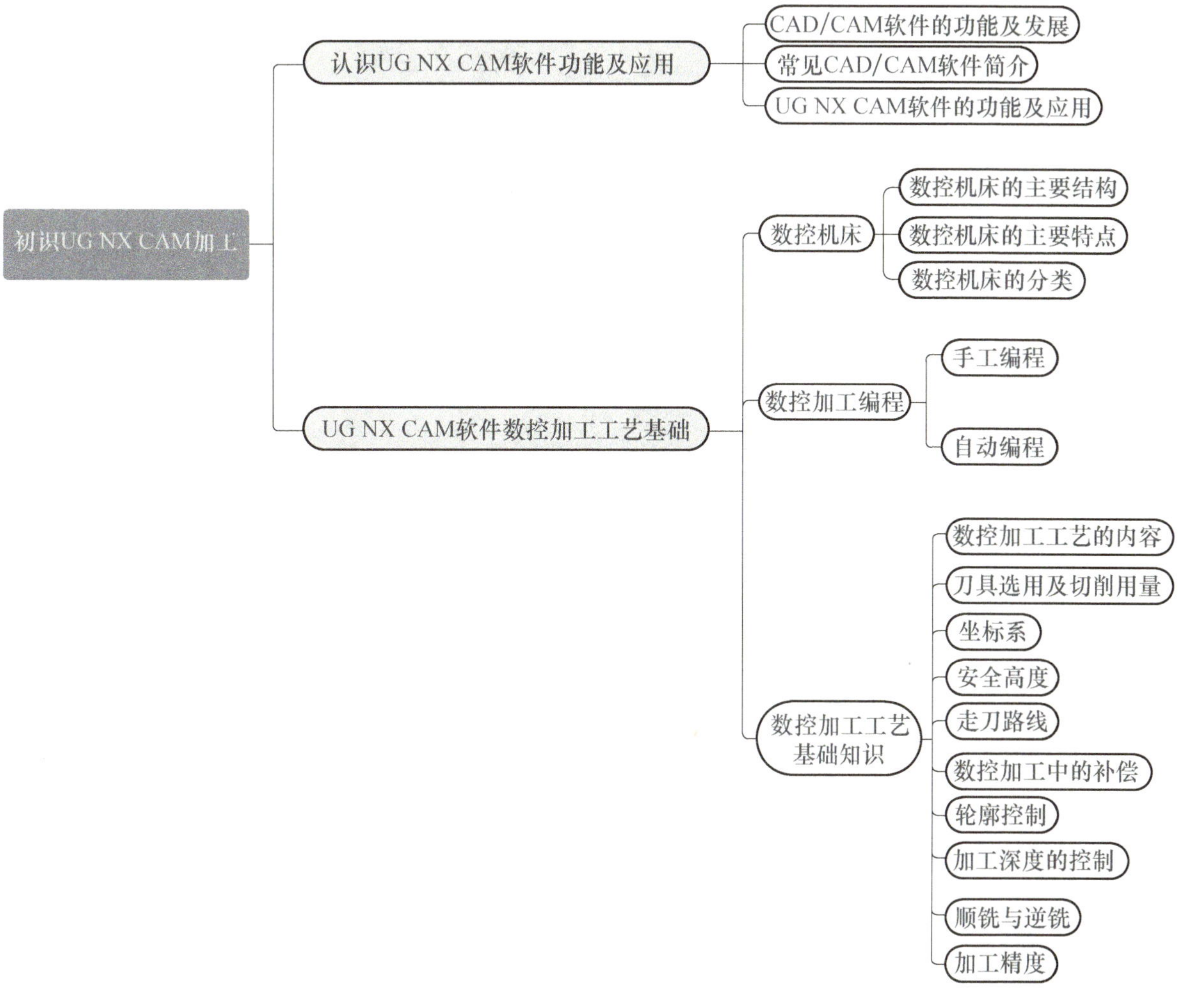

图 1-10　项目一总结思维导图

项目练习题

一、填空题

1. 计算机辅助设计及计算机辅助制造的英文缩写分别是________。

2. UG NX 是一款功能强大的 CAD/CAM/CAE 软件，涵盖了从________、________、________、________、________到________的全过程。

3. ________适用于模具型腔、型芯、凹模、铸件和锻件的加工。

4. ________又称为________，是为确定工件几何形体上各要素的位置而设置的坐标系。

5. 在数控编程中，可以通过轮廓控制来限制加工范围，通过设置刀具相对于轮廓的位置来生成所需的刀具轨迹。刀具相对于轮廓的位置有三种：________、________及________。

二、选择题

1. 下面（　　）是国产 CAD/CAM 软件。

A. CATIA　　B. MasterCAM　　C. CAXA　　D. UG NX

2. 多轴曲面加工可选用（　　）加工方法。

A. 平面铣　　B. 可变轮廓铣　　C. 型腔铣　　D. 钻孔加工

3.（　　）适用于工件表面或底面的粗、精加工，通过定义部件边界移除垂直于固定刀轴的切削层中的材料，不能加工与底面不垂直的部位。

A. 固定轮廓铣　　B. 可变轮廓铣　　C. 型腔铣　　D. 平面铣

4. 过切检查的作用是（　　）。

A. 在生成刀具轨迹后，验证刀具轨迹的正确性，避免出现过切问题，同时检查刀具、刀柄等是否有干涉，以便更好地保证加工的安全性和质量

B. 将工件安装在机床上进行工件的仿真加工过程

C. 对刀具轨迹进行延伸、修剪、移动和反向等多种编辑

D. 将刀具轨迹生成适合的机床代码

5. UG NX CAM 软件的功能不包括（　　）。

A. CAM 基础模块　　B. 车削加工模块

C. 机器人编程模块　　D. 线切割模块

三、判断题

1. 手工编程是编程人员直接编写、输入数控程序到数控机床中的方法。手工编程适合工件结构较为复杂、计算量较多的加工程序的编制。（　　）

2. 修改 CAM 软件中的机床坐标系可以改变刀具的深度位置。（　　）

3. 切削有硬皮的工件适宜采用顺铣。（　　）

4. 顺铣加工时刀具切削刃切入工件时切屑厚度为零，需要滑移摩擦一小段距离才能切入工件，切入前刀具与工件的挤压和摩擦会加剧刀具磨损。（　　）

5. 真实的刀具轨迹是由直线和圆弧组成的线段集合，近似地取代刀具的理想运动轨迹，实际刀具轨迹与理想刀具轨迹之间不能存在误差。（　　）

四、简答题

1. 简述 CAD/CAM 软件的功能及发展。

2. 画图说明刀具相对于轮廓的三种位置，并解释其含义。

项目二　熟识UG NX编程基础

项目概述

UG NX 是将计算机辅助设计（CAD）和计算机辅助制造（CAM）等功能交互使用的软件，它功能强大，可以轻松实现各种复杂实体及造型的构建，借助软件中多种加工模式，高效地生成工件加工的刀具轨迹，进行模拟仿真加工，并对结果进行分析。在本项目中，主要学习该软件的编程加工流程、加工视图、创建程序组、创建刀具、创建坐标系、指定部件和毛坯等基础知识，掌握切削参数、非切削移动参数的设置方法与作用，能根据工件特点和加工需要合理设置参数并生成刀具轨迹，为后面学习编程加工打好坚实的基础。

项目目标

1. 理解数控加工编程流程。
2. 掌握软件加工界面的布局和加工视图的内容。
3. 掌握创建程序组、刀具、几何体、机床坐标系、指定部件及毛坯几何体的方法。
4. 能正确创建底壁铣加工工序。
5. 掌握刀轨中各种刀路颜色代表的含义和刀轨 3D 动态模拟的方法。
6. 能根据加工的需求合理指定检查体和检查边界。

任务一　认识 UG NX 工序创建流程

任务描述

本任务主要学习 UG NX 软件编程加工的基础知识，熟悉工序的创建流程和软件的功能，掌握创建程序组、创建刀具、创建坐标系、指定部件和毛坯等的操作方法，理解指定检查体和检查边界的作用，能根据加工的需要正确创建工序并生成刀轨，通过学习达到本任务的学习目标，为后面的学习打好基础。

学习目标

【知识目标】

1. 理解 UG NX 数控加工编程流程内容。
2. 掌握 UG NX 软件加工界面和加工视图的内容。
3. 掌握创建程序组、刀具、几何体、机床坐标系、指定部件及毛坯几何体的方法。
4. 掌握创建底壁铣工序的流程和方法。
5. 理解刀轨中各种刀轨颜色代表的含义。
6. 掌握刀轨 3D 动态模拟的方法。
7. 掌握指定检查体和检查边界的方法。

【能力目标】

1. 能正确创建程序组、刀具、几何体、机床坐标系，指定部件及毛坯几何体。
2. 能正确创建底壁铣加工工序。
3. 能使用 3D 动态模拟功能检验刀轨的正确性。
4. 能根据加工要求合理指定检查体和检查边界。

【素养目标】

1. 以创建底壁铣为例学习创建工序的流程方法，培养学生进行系统学习的能力。
2. 在学习任务的驱动下，提高学生自主学习的意识和能力。

知识准备

一、UG NX 数控加工编程流程

使用 UG NX 软件进行数控加工编程由若干个操作步骤组成。首先要建立工件的模型文件，进入软件的加工环境，分析工件的特点，完成创建程序组、刀具等步骤，生成刀具轨迹，进行仿真加工，验证程序的正确性。当确认刀具轨迹无误后，生成加工程序。具体流程如图 2-1 所示。

二、UG NX 软件的加工界面和加工视图

1. 加工界面

在学习编程加工过程中，需要了解 UG NX 软件的加工环境，熟悉加工界面中主菜单、

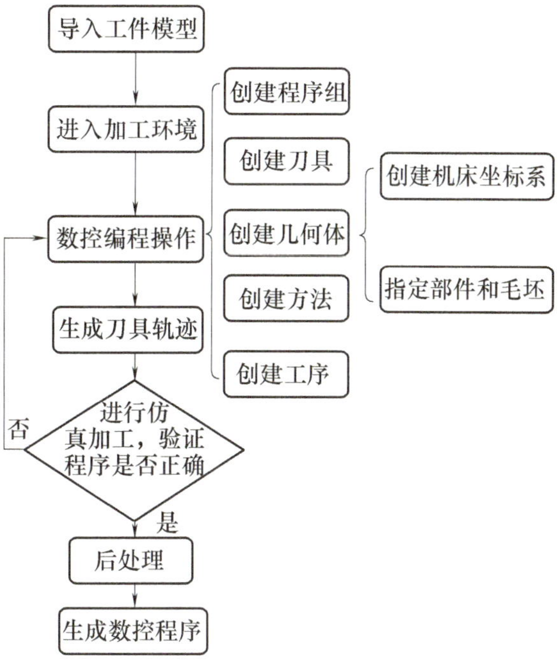

图 2-1　数控加工编程流程图

工具栏和工序导航器等区域的功能，熟悉常用功能键的位置，迅速、全面地了解软件的操作。

加工界面

（1）进入加工界面　启动软件后，打开工件模型，在【应用模块】中单击【加工】按钮，即可进入加工环境。如果第一次进入加工环境，则会弹出如图 2-2 所示对话框。根据加工的需要进入加工模块，内容详见表 2-1。

（2）加工界面介绍　加工界面后如图 2-3 所示，每个区域的功能详见表 2-2。

图 2-2　【加工环境】对话框

表 2-1　创建 CAM 模块

要创建的 CAM 组装	中文名称
mill_planar	平面铣削加工模块
mill_contour	轮廓铣削加工模块
mill_multi_axis	多轴铣削加工模块
mill_multi_blade	多轴铣削叶片模块
mill_rotary	旋转铣削模块
hole_making	钻孔模块
turning	车削加工模块
wire_edm	线切割模块
probing	探测模块
sold_tool	整体刀具模块
work_instruction	工作说明模块

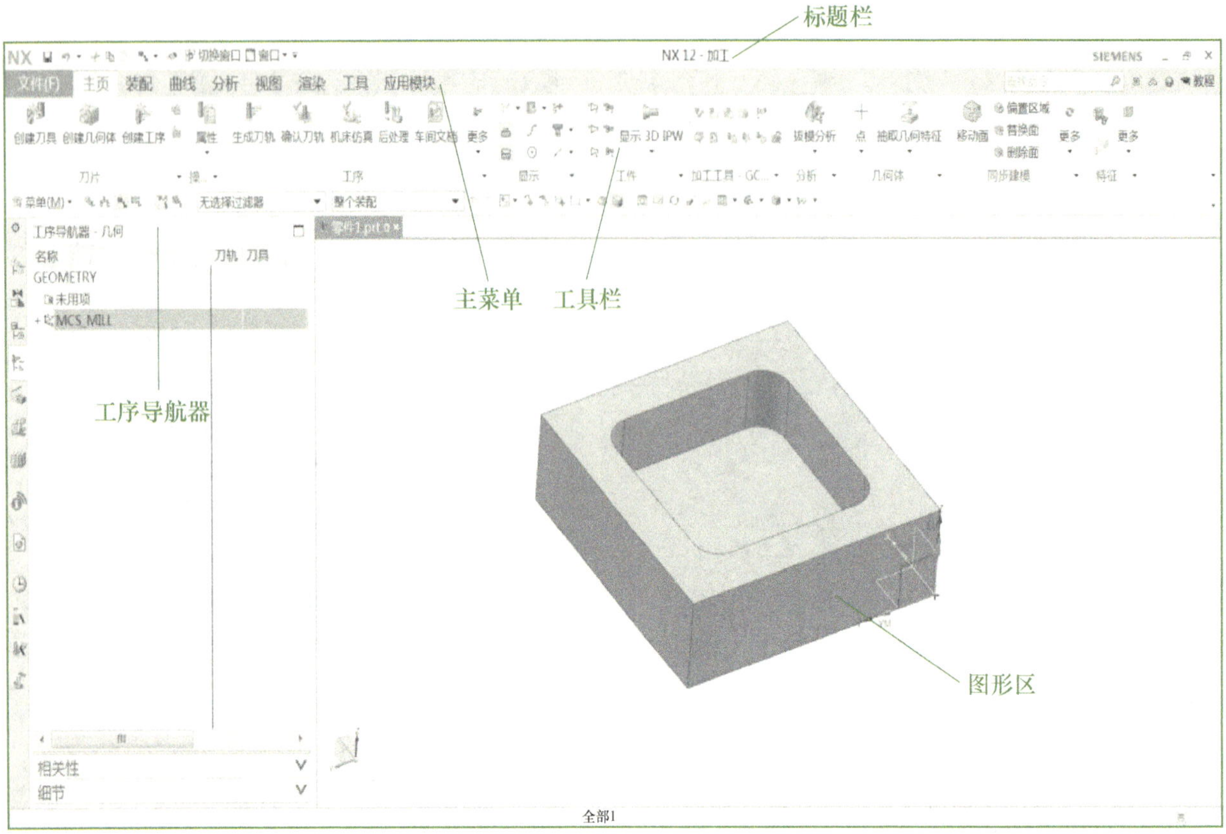

图 2-3　加工界面

表 2-2　加工界面各区域功能

区域名称	功能
工序导航器	该区域可以显示四种视图模式，分别是程序顺序视图（显示创建的程序组）、机床视图（显示创建的刀具等）、几何视图（显示坐标系和几何体）、加工方法视图（显示创建的加工方法）
主菜单	和其他 Windows 软件主菜单相同，显示调用软件命令的主要工具
标题栏	显示软件版本、工作模块、文件名称、状态信息等内容
工具栏	和其他 Windows 软件工具栏相同，显示调用软件命令的首选工具，包括刀片、工序、显示位置等多个常用的快捷键
图形区	显示工件模型，能进行建模、编辑和显示控制等

（3）工具栏中常用的快捷键　在加工界面的工具栏区域中，包括刀片位置和工序位置中的多个快捷键，常用快捷键的具体功能介绍详见表 2-3 和表 2-4。

表 2-3　刀片位置中快捷键的功能

名称	图标	功能
创建刀具		根据编程加工的需要创建并设置刀具的尺寸参数，或从刀库中调取相关参数

（续）

名称	图标	功能
创建几何体	创建几何体	定义要加工的几何对象（包括部件几何体、毛坯几何体、切削区域、检查几何体、修剪几何体），指定机床坐标系（MCS），加工几何体可以被多个工序使用，具有继承性
创建工序	创建工序	根据工件的特点和工艺技术情况，创建适合的加工工序（三轴或多轴的加工方式），生成刀具轨迹

表 2-4 工序位置中快捷键的功能

名称	图标	功能
生成刀轨	生成刀轨	当工件的工序参数设置完成后，单击该快捷键即可生成刀具轨迹
确认刀轨	确认刀轨	当工件的工序参数设置完成后，单击该快捷键即可进入刀轨可视化界面，进行刀轨的 2D、3D 等多种方式的去除材料的仿真加工
机床仿真	机床仿真	该快捷键可以调用机床模型，进行仿真加工，观察机床的加工过程
后处理	后处理	使用软件提供的后处理功能来处理程序，将刀具轨迹生成适合的数控加工代码
车间文档	车间文档	提供了一个车间工艺文档生成器，包括编程中的刀具参数清单、加工工序和切削参数清单等信息，可以用文本文件或超文本链接语言等格式输出，方便查阅

2. 加工视图

加工视图

在软件的工序导航器中，可以显示四种加工视图，每种视图展示的内容不同，详见表 2-5。

表 2-5 加工视图的功能及展示的内容

名称	图标	功能	内容展示
程序顺序视图		按照刀具轨迹的执行顺序列出所有工序，将工序放置在相应的程序组内，方便查看修改，例如轮廓加工程序、内孔加工程序和螺纹加工程序	工序导航器 - 程序顺序 名称 NC_PROGRAM 未用项 PROGRAM 轮廓加工程序 内孔加工程序 螺纹加工程序

（续）

名称	图标	功能	内容展示
机床视图		显示创建的刀具参数和使用该刀具创建的加工工序内容 右击“GENERIC_MACHINE”可以调用机床	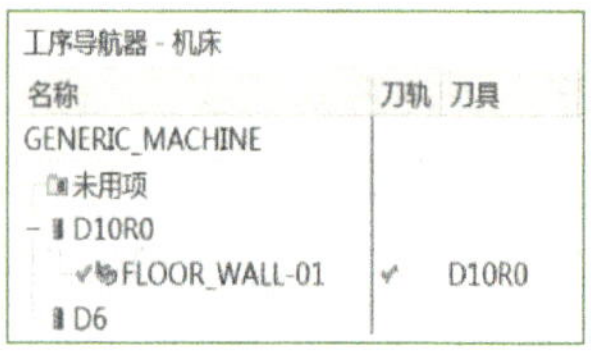
几何视图		以几何体为主线显示存在的机床坐标系（MCS）和几何体（WORKPIECE）以及下面创建的加工区域、工序等信息	
加工方法视图		显示加工方法和该加工方法中的工序内容，如粗加工、半精加工和精加工等	

三、刀轨颜色及 3D 动态模拟

1. 刀轨颜色

UG NX 生成的刀轨有多种颜色，不同颜色代表了不同意义的走刀运动，图 2-4 所示为平面加工走刀示意图，不同颜色刀轨所代表的含义见表 2-6。

刀路颜色和动态仿真

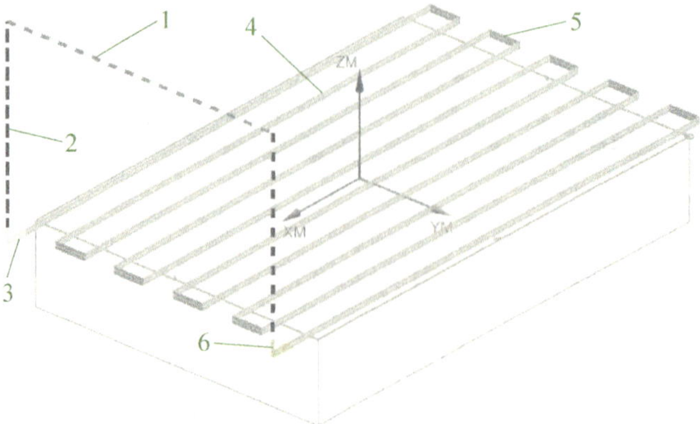

图 2-4　平面加工走刀示意图

表 2-6　不同颜色刀轨所代表的含义

序号	类型	含义
1	快速移动线	通常使用 G0 指令的速度移动机床,也可以使用 G1 指令给定速度
2	逼近移刀线 离开移刀线	指刀具从安全高度到达加工平面的移动轨迹线,速度比 1 号线慢
3	进刀线	离真正切削只要很短的一段距离,刀具在此处移动非常慢
4	切削线	刀具按照给定的进给速度切削工件
5	步进线	两条切削线之间的连接线,通常使用进给速度
6	退刀线	切削之后退出切削,再经过 2 号线回到安全高度,进入下一个循环

2. 3D 动态模拟

在工序创建完毕并生成刀具轨迹之后，需要对刀具轨迹进行确认，即在计算机屏幕上对已经生成的刀具轨迹进行播放或去除材料的仿真模拟。

（1）功能介绍　3D 动态模拟能够以三维实体模式显示刀具切除工件材料的动态过程，模拟过程非常直观，并且播放时允许用户在窗口中缩小、放大、旋转、移动，以便观察加工的细节。

（2）【刀轨可视化】对话框（图 2-5）中各选项说明　【刀轨可视化】对话框中各选项及含义见表 2-7。

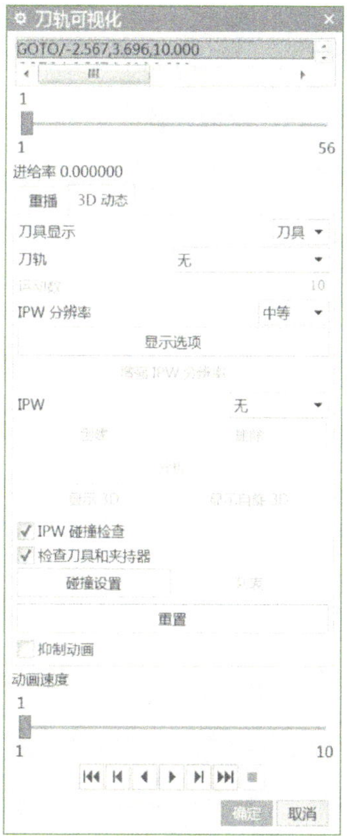

图 2-5　【刀轨可视化】对话框

表 2-7　【刀轨可视化】对话框中各选项及含义

选项	内容	含义
显示选项	线框	刀具以线框形式显示
	点	刀具以点形式显示
	轴	刀具以轴线形式显示
	刀具	刀具以三维实体形式显示
	装配	刀具显示为一个加载的 NX 部件
运动选项	全部	显示所有刀具轨迹运动
	当前层	显示属于当前切削层的刀具轨迹运动
	开始运动到当前运动	显示从开始位置到当前切削层的刀具轨迹运动
	下 n 个运动	显示从当前位置起的 n 个刀具轨迹运动
	+/−n 运动	显示当前刀位前后指定数目的刀具轨迹运动
	警告	显示引起警告的刀具轨迹运动
	过切	只显示过切的刀具轨迹运动

（3）指定检查体、检查边界　加工过程中会用到许多夹具，其中压板类夹具较为常用。在使用这类夹具时，为了使编程的刀轨能避开压板，需要用到检查体或检查边界。以“带边界面铣”加工工序为例，以图 2-6 所示的模型为载体，通过面 1 和压板 1 介绍检查体的使用和注意事项，通过面 2 和压板 2 介绍检查边界的使用和注意事项。

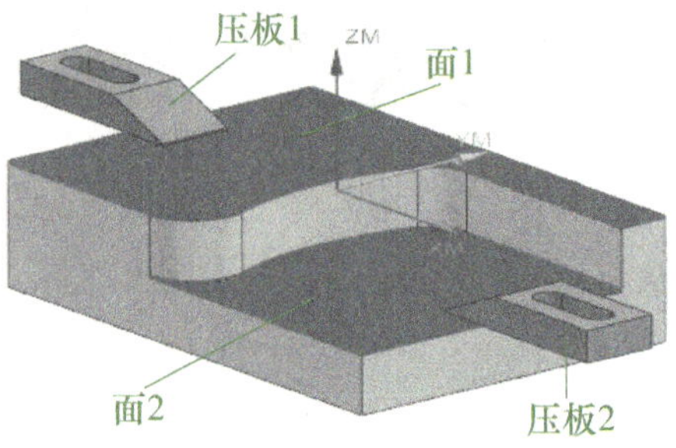

图 2-6　载体模型

用 UG NX 打开图 2-6 所示的模型，进入加工界面，创建一把直径为 10mm 的立铣刀，合理设置【MCS】和【WORKPIECE】，如图 2-7 所示。注意尽量不要在【WORKPIECE】中设置指定检查，因为如果在【WORKPIECE】中指定了检查，那么在后面创建工序时一旦选择了【WORKPIECE】，设置的指定检查就会自动继承，即无法单独更改。

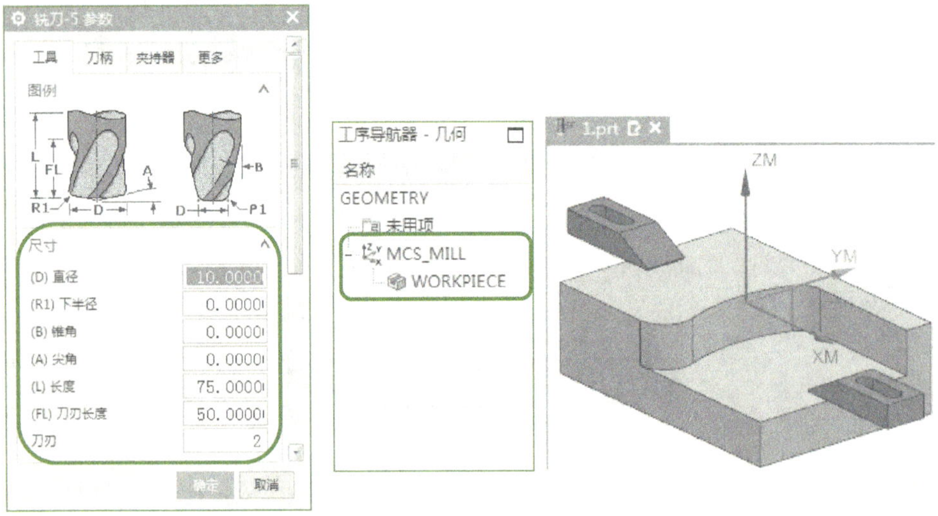

图 2-7　创建刀具、设置【MCS】和【WORKPIECE】

创建两个“带边界面铣”工序，分别命名为“使用检查体”和“使用检查边界”，如图 2-8 所示，单击【确定】按钮。

1）检查体的使用和注意事项。

① 双击“使用检查体”工序设置参数，【指定面边界】选择面 1，【指定检查体】选择压板 1，【切削模式】选择“跟随周边”。这时要注意，实际加工中压板与部件的相对位置和编程中的存在一定偏差，为了避免刀具与检查体发生碰撞，需设置【检查余量】，单击【切削参数】→【余量】，设置【检查余量】为“3”，如图 2-9 所示，单击【确定】按钮。

② 单击【生成】按钮，生成程序，单击【确认】按钮，单击选择靠近压板的刀轨，按下<Ctrl+Alt+T>组合键，利用俯视图观察，刀轨成功避开了压板，如图 2-10 所示，单击【确定】按钮完成操作。

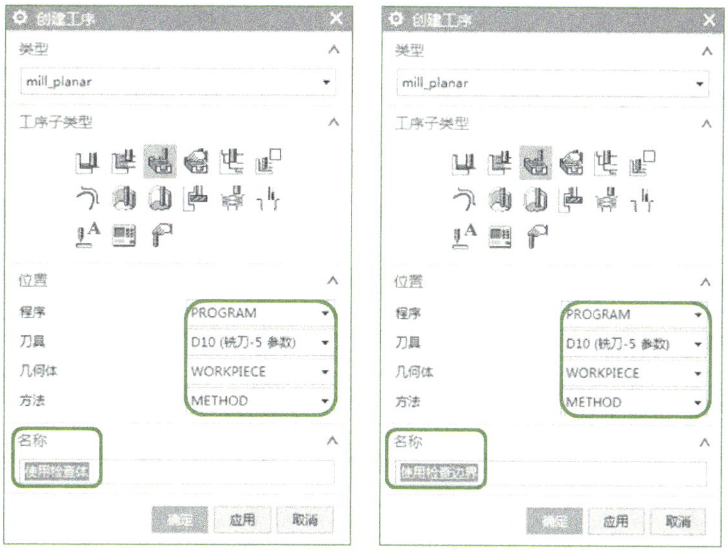

图 2-8　创建工序

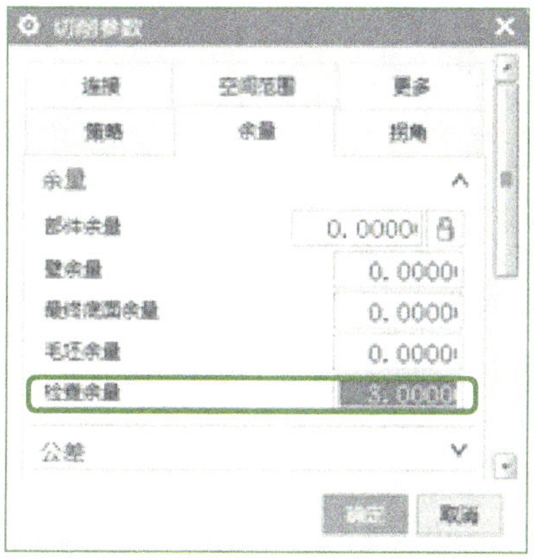

图 2-9　切削参数

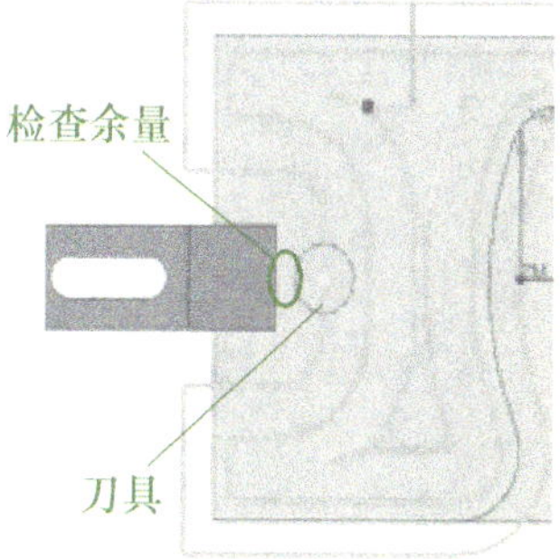

图 2-10　避开压板的刀轨

2）检查边界的使用和注意事项。

① 双击“使用检查边界”工序设置参数，【指定面边界】选择面 2，【指定检查边界】的选择方式有面、曲线、点，这里以曲线方式为例，依次选择压板 2 底面的边线，如图 2-11 所示。【切削模式】选择“跟随周边”，单击【切削参数】→【余量】，设置【检查余量】为“3”，单击【确定】按钮。

② 单击【生成】按钮，生成程序，单击【确认】按钮，单击选择靠近压板的刀轨，按下<Ctrl+Alt+T>组合键，利用俯视图观察，刀轨成功避开了压板，如图 2-12 所示，单击【确定】按钮完成操作。

【专家点拨】

在使用【检查边界】时，可以在指定【检查边界】对话框中设置每条边界的检查余量，如图 2-13 所示。

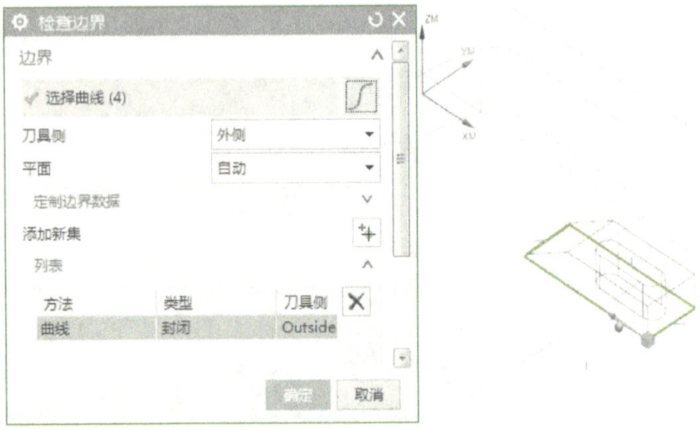

图 2-11　检查边界

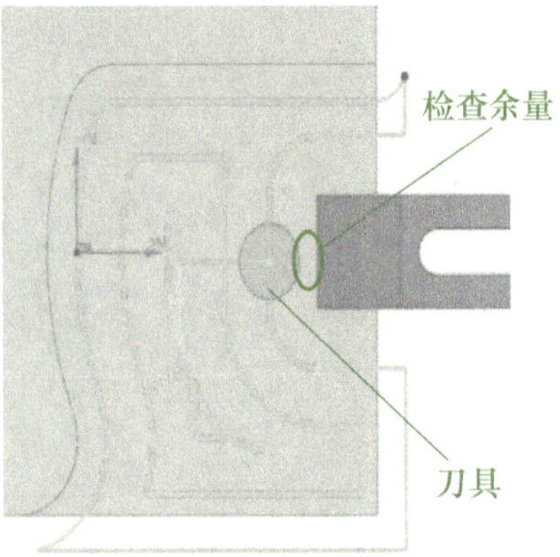

图 2-12　避开压板的刀轨

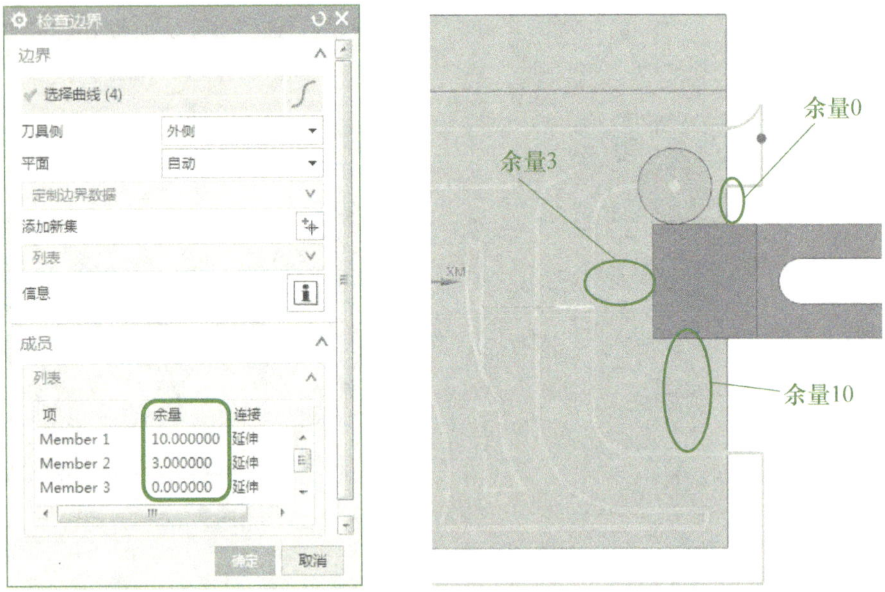

图 2-13　设置每条边界的检查余量

任务准备

打开计算机，启动 UG NX 软件，检查计算机及软件是否正常，准备上课所需的源文件。

任务实施

一、创建程序组

创建程序组

在工件加工过程中，创建程序组可以将不同的工序（如粗加工、半精加工、精加工等）或加工步骤按照先后顺序（如先面后孔、先内后外等）创建对应的程序组，更有条理性地规划编程加工的过程，方便随时读取、修改和整理。

打开源文件“创建程序组”，创建“轮廓加工程序组”和“内孔加工程序组”。要求掌握插入和复制两种创建程序组的方法，并且在工序导航器中与“PROGRAM”同为父级显示。

1. 使用插入方法创建“轮廓加工程序组”

打开源文件“创建程序组”，【工序导航器】选为【程序顺序】视图。单击【菜单】→【插入】→【程序】，或者单击【刀片】选项卡中的【创建程序】快捷键按钮，弹出如图 2-14 所示对话框，将【位置】处的【程序】选为“NC_PROGRAM”，将【名称】改为“轮廓加工程序组”，单击【确定】按钮，弹出对话框选择默认内容，再单击【确定】按钮，“轮廓加工程序组”创建完成，且与“PROGRAM”同为父级显示。

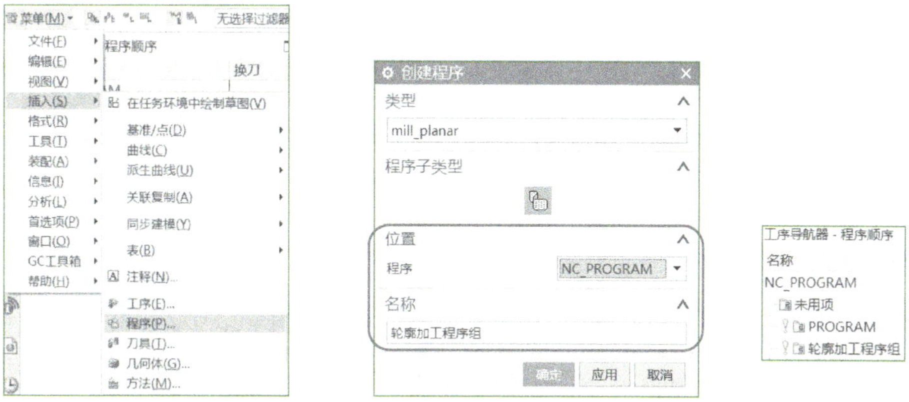

图 2-14　创建“轮廓加工程序组”

2. 使用复制方法创建“内孔加工程序组”

选中创建好的“轮廓加工程序组”，单击鼠标右键，在弹出的快捷菜单中选择【复制】，再次选中“轮廓加工程序组”（或者“PROGRAM”），单击鼠标右键，在弹出的快捷菜单中选择【粘贴】，即可创建新的“轮廓加工程序组_COPY”，将该程序组重命名为“内孔加工程序组”，“轮廓加工程序组”和“内孔加工程序组”与“PROGRAM”同为父级显示，如图 2-15 所示。

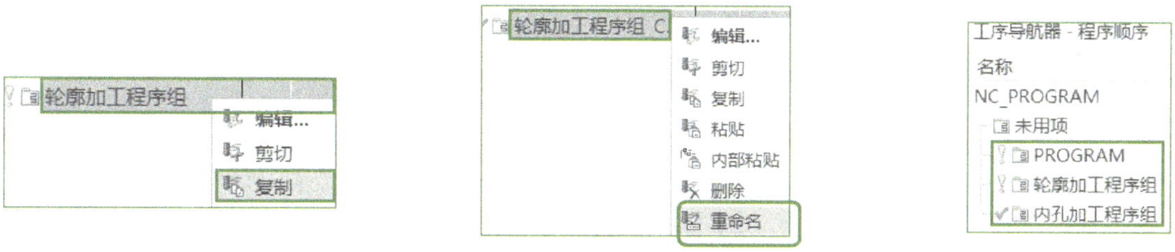

图 2-15　创建“内孔加工程序组”

【专家点拨】

注意：在粘贴程序组时，如果要与当前的程序组同为父级显示，则选择【粘贴】；如果要与当前的程序组为父子级显示，则选择【内部粘贴】。

创建刀具

二、创建刀具

在进行工件加工时，首先要分析工件加工区域的尺寸数据，确定每一个加工步骤刀具的类型、直径、锥角和切削刃长度等规格参数，为加工做好准备。预先创建的刀具可以在多个工序中重复使用，也可以在创建工序时再创建刀具。

打开源文件“创建刀具”，根据表2-8所给定的参数创建5把刀具。注意1~4号刀具通过自定义设置参数创建，5号刀具要使用从刀库中调取刀具的方法创建，应熟练掌握这两种创建刀具的方法。

表2-8　刀具参数内容

序号	名称	刀具创建的规格	刀具预览
1	立铣刀 D10R0	直径为10mm，长度为75mm，刃长为50mm，刀刃为2，刀具号、补偿寄存器和刀具补偿寄存器均设置为1	
2	倒斜铣刀 D12C1	直径为12mm，长度为70mm，刃长为45mm，刀刃为2，倒斜角长度为1mm，倒斜角度为45°，刀具号、补偿寄存器和刀具补偿寄存器均设置为2	
3	球头铣刀 D12	直径为12mm，长度为65mm，刃长为40mm，刀具号、补偿寄存器和刀具补偿寄存器均设置为3	
4	麻花钻 D12	直径为12mm，刀尖角度为118°，长度为80mm，刃长为35mm，刀刃为2，刀具号、补偿寄存器和刀具补偿寄存器均设置为4	
5	端铣刀	使用从刀库中调取刀具的方法，库号为UGT0202-005，直径为16mm	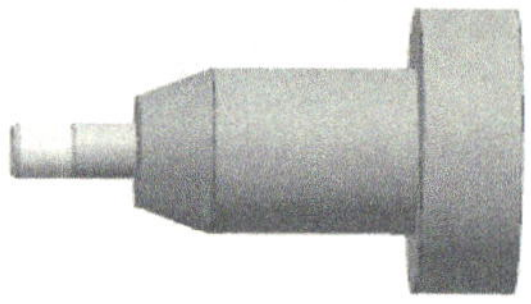

1. 创建1号立铣刀

1）打开源文件“创建刀具”，进入加工环境。单击【菜单】→【插入】→【刀具】，或者单击【创建刀具】按钮，弹出如图2-16a所示对话框，【类型】选择“mill_planar”，在【刀具子类型】中单击【MILL】按钮，【名称】命名为“立铣刀D10R0”，其他参数默认即可，单击【确定】按钮。

2）【铣刀-5参数】对话框如图2-16b所示，将【直径】设置为“10”，【长度】设置为“75”，【刀刃长度】设置为“50”，【刀刃】设置为“2”，【刀具号】【补偿寄存器】和【刀具补偿寄存器】均设置为“1”，单击【确定】按钮，完成1号立铣刀的创建，如图2-16c所示。

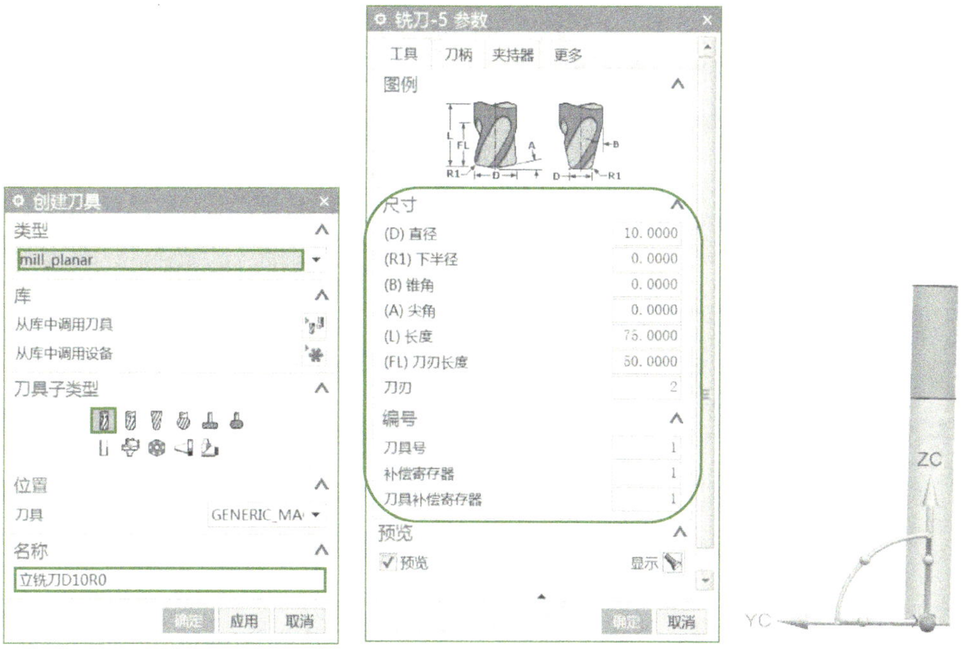

a)　　　　　　　　b)　　　　　　　　c)

图 2-16　创建 1 号刀具

2. 创建 2 号倒斜铣刀

1）按上述步骤，在【创建刀具】对话框的【刀具子类型】中单击【CHAMFER_MILL】按钮，【名称】命名为“倒斜铣刀 D12C1”，其他参数默认即可，单击【确定】按钮。

2）【倒斜铣刀】参数对话框如图 2-17a 所示，按照要求的刀具创建的规格进行设置，这里不赘述。

3. 创建 3 号球头铣刀

1）步骤同前，在【创建刀具】对话框的【刀具子类型】中单击【BALL_MILL】按钮，【名称】命名为“球头铣刀 D12”，其他参数默认即可，单击【确定】按钮。

2）【铣刀-球头铣】对话框如图 2-17b 所示，按照要求的刀具创建的规格进行设置，这里不赘述。

4. 创建 4 号麻花钻

1）步骤同前，在【创建刀具】对话框的【类型】中选择“hole_making”，在【刀具子类型】中单击【STD_DRILL】按钮，【名称】命名为“麻花钻 D12”，其他参数默认即可，单击【确定】按钮。

2）【钻刀】参数对话框如图 2-17c 所示，按照要求的刀具创建的规格进行设置，这里不赘述。

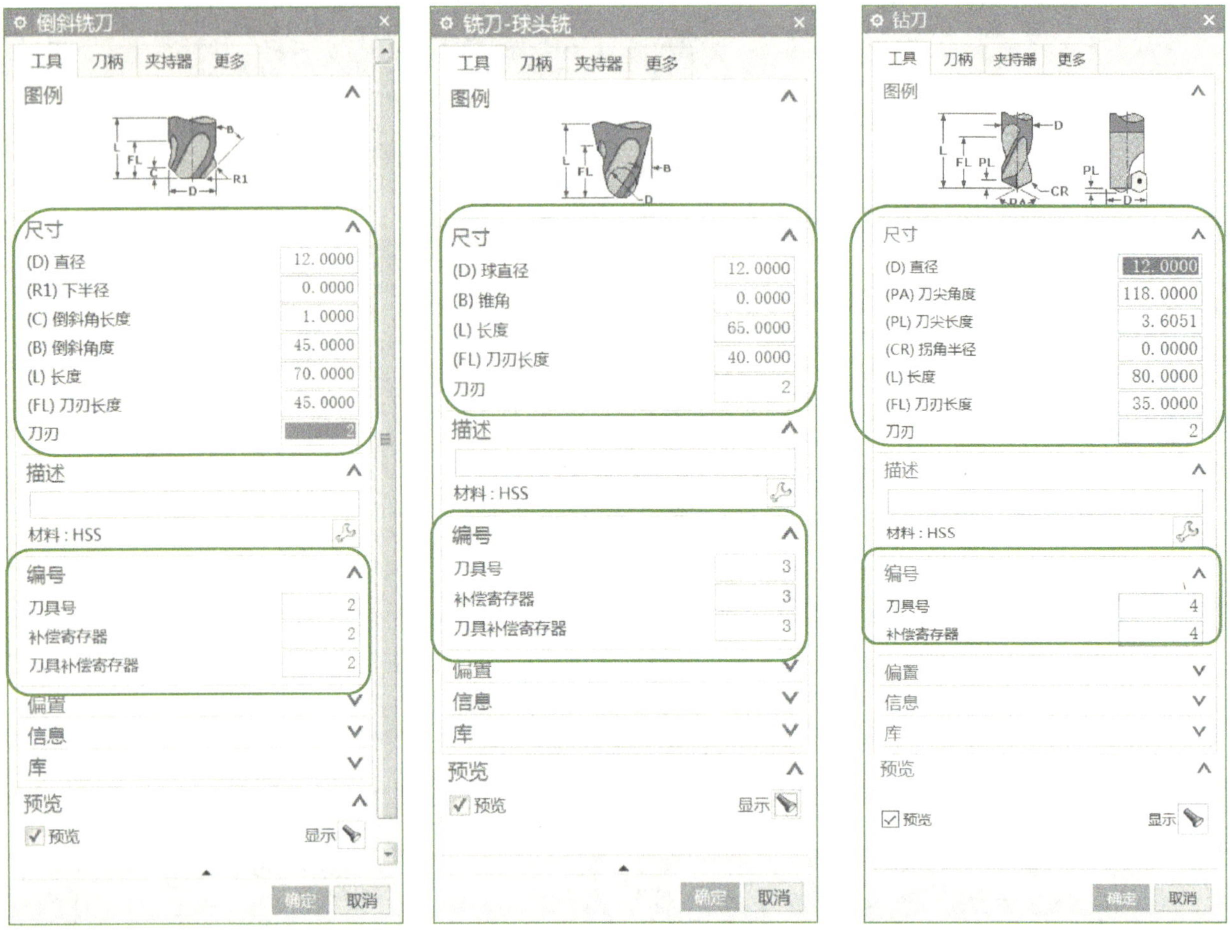

a) b) c)

图 2-17 创建 2 号、3 号、4 号刀具

5. 创建 5 号刀具（采用从刀库中调取刀具的方法创建）

1）在【创建刀具】对话框中单击【从库中调用刀具】按钮，如图 2-18a 所示，在弹出的【库类选择】对话框中，单击【铣】中的【端铣刀（可转位）】选项，然后单击【确定】按钮，如图 2-18b 所示。

2）在【搜索准则】对话框中，可以根据刀具参数进行搜索，或者单击【确定】按钮，打开刀库界面，如图 2-19 所示，根据参数搜索刀具，单击【预览】查看刀具的预览图（从刀库中调取的刀具已经设置了刀柄和夹持器），然后单击【确定】按钮。

【专家点拨】

在加工工件时，按照上述创建 1~4 号刀具的方法创建刀具即可。如果加工复杂工件，需要检查刀具是否存在干涉情况，则在创建刀具时可以设置刀柄参数。

以立铣刀 D10R0 为例，在【铣刀-5 参数】对话框中，单击【刀柄】选项卡，勾选【定义刀柄】，根据加工的需要进行设置即可，这里不赘述。

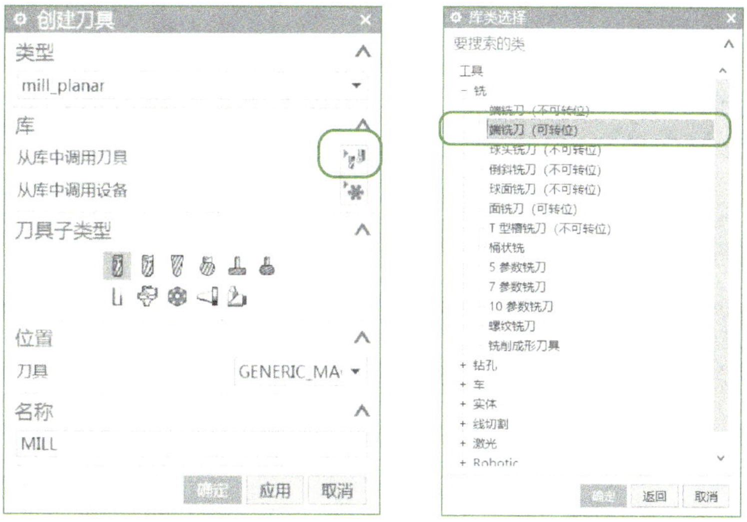

a)　　　　b)

图 2-18　创建 5 号刀具

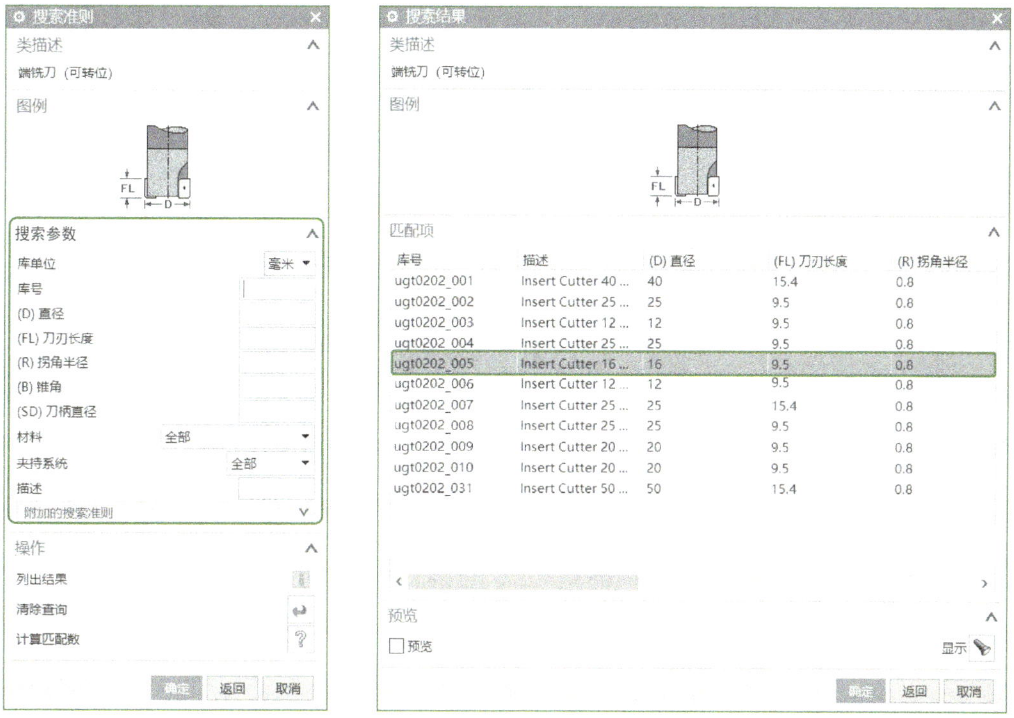

图 2-19　刀具参数设置

三、创建几何体

创建几何体主要是定义加工的几何对象，包括创建机床坐标系（MCS）、WORKPIECE，指定安全平面、铣削区域、铣削边界、铣削文本等参数。预先创建的几何体参数可以在多个工序中使用，也可以在创建工序时再创建几何体。

四、创建机床坐标系及安全平面

机床坐标系也称加工坐标系，是所有刀具轨迹输出点坐标值的基准。在一个工件的加工工艺中，可能会创建多个机床坐标系，但是每个工序只能选择一个机床坐标系，系统默认的机床坐标系设置在绝对坐标系的位置。为了编程和加工方便，一般将机床坐标系和工件坐标系（WCS）设置在同一个位置。

打开源文件“创建坐标系和安全平面”，根据表 2-9 所提供的工件模型和任务要求，创建机床坐标系和安全平面，注意机床坐标系（MCS）与工件坐标系（WCS）要设置在同一个位置。

表 2-9　创建坐标系和安全平面

序号	坐标系名称	任务要求	工件模型
1	MCS_MILL	将机床坐标系设置在工件上表面左后方的尖角处，与工件坐标系（WCS）重合，安全平面距离为 10mm	 工件 01
2	MCS_01	将机床坐标系设置在工件上表面的中心处，与工件坐标系（WCS）重合，安全平面距离为 10mm	 工件 01
3	MCS_02	将机床坐标系设置在工件上表面的直角交点处，与工件坐标系（WCS）重合，安全平面距离为 10mm	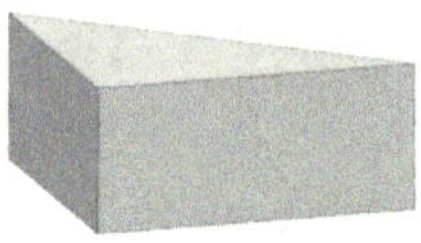 工件 02
4	MCS_03	将机床坐标系设置在工件上表面长边的中心处，与工件坐标系（WCS）重合，安全平面距离为 10mm	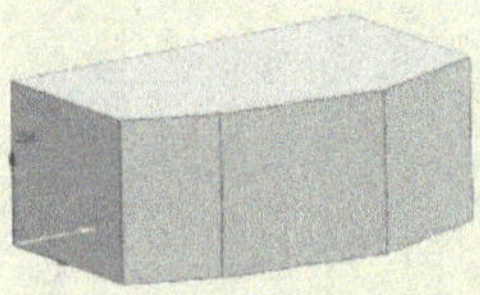 工件 03
5	MCS_04	将机床坐标系设置在工件下表面的中心处，与工件坐标系（WCS）重合，安全平面距离为 60mm	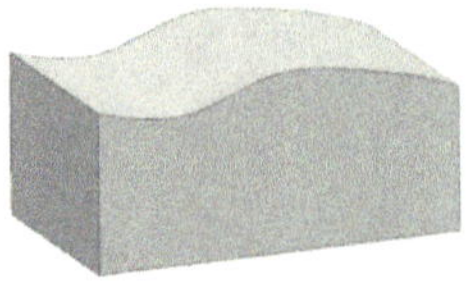 工件 04
6	MCS_05	将机床坐标系设置在工件左侧表面的圆心处，与工件坐标系（WCS）重合，安全距离为 60mm	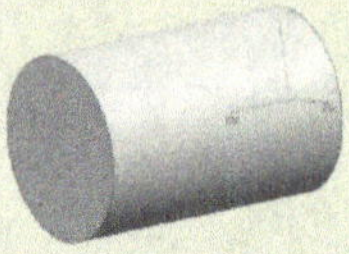 工件 05

1. 创建坐标系

（1）设置工件坐标系（WCS）　打开源文件“创建坐标系和安全平面”，如果没有显示工件坐标系，则单击【菜单】→【格式】→【WCS】→【显示】，如图 2-20a 所示，即可显示工件坐标系位置。单击【菜单】→【格式】→【WCS】→【定向】，弹出如图 2-20b 所示对话框，在【类型】中选择“动态”，单击要设置的目标点，然后单击【确定】按钮，工件坐标系定位在工件上表面左后方的尖角处，如图 2-20c 所示。

创建坐标系

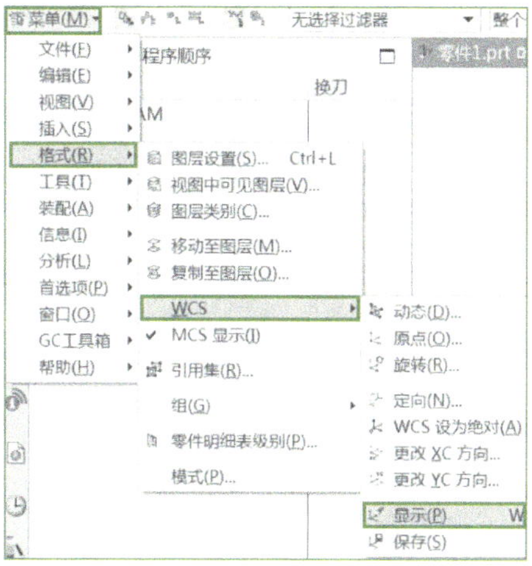

a)

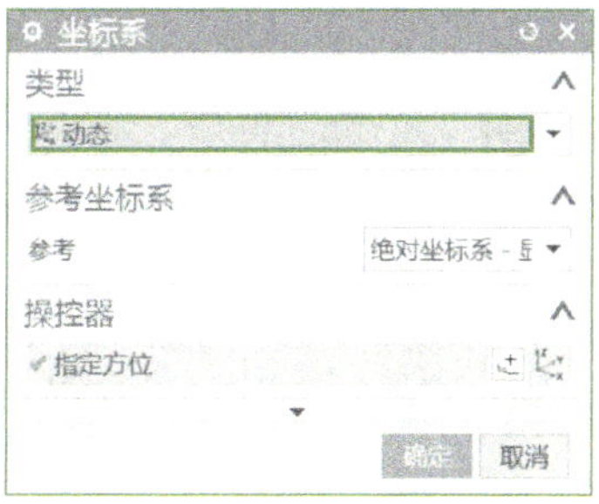

b)

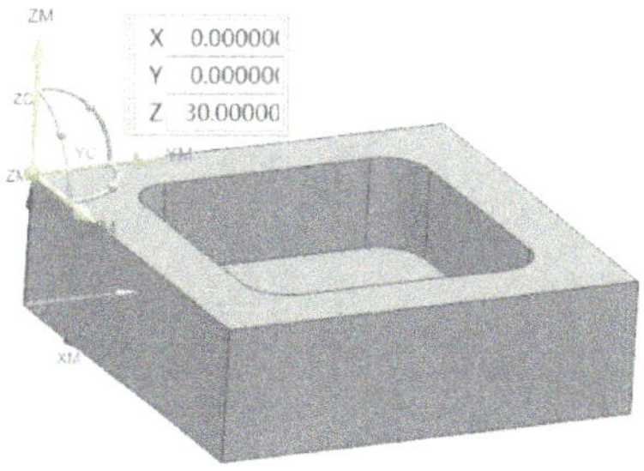

c)

图 2-20　设置 WCS 坐标系

（2）创建机床坐标系（MCS_MILL）　在【工序导航器】中打开【几何视图】，在工序导航器界面双击【MCS_MILL】，弹出【MCS】对话框（图 2-21a），单击【指定 MCS】选项按钮，弹出【坐标系】对话框，在【参考坐标系】中选择参考“WCS”，如图 2-21b 所示，单击【确定】按钮，创建的机床坐标系与工件坐标系重合，如图 2-21c 所示。

（3）设置安全平面　在【MCS】对话框中，【安全设置选项】选择“平面”，单击工件上表面，输入距离“10”，单击【确定】按钮，将安全平面放在所选的工件上表面上侧 10mm 处，即完成安全平面的设置，如图 2-22 所示。

2. 创建 MCS_01 坐标系

（1）设置工件坐标系（WCS）　打开源文件，参照上述设置工件坐标系（WCS）的步

a) b) c)

图 2-21 创建 MCS_MILL 坐标系

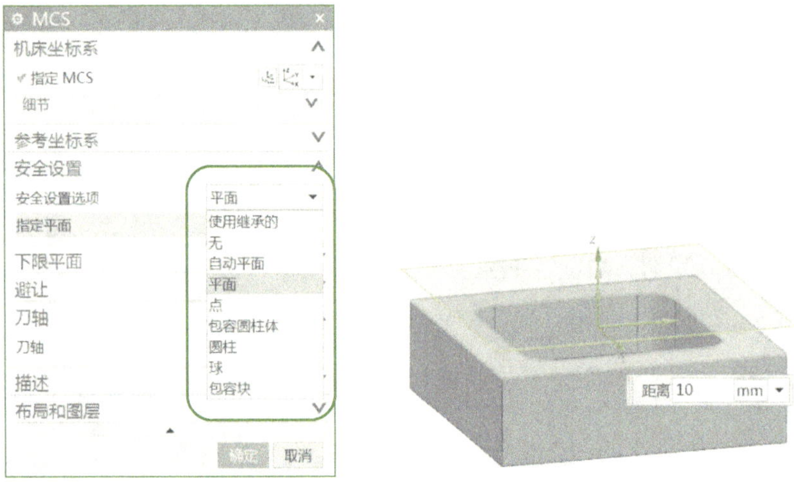

图 2-22 设置安全平面

骤，在弹出的【坐标系】对话框中，【类型】选择“自动判断”，单击工件的上表面，自动将工件坐标系定位在工件上表面的中心位置，单击【确定】按钮。

（2）创建机床坐标系（MCS_01） 单击【菜单】→【插入】→【几何体】，或者单击【刀片】位置的【创建几何体】按钮，弹出【创建几何体】对话框，单击【几何体子类型】中的【MCS】按钮，【名称】命名为“MCS_01”，单击【确定】按钮，如图 2-23 所示。在弹出的【MCS】对话框中，按照上述创建 MCS_MILL 坐标系的方法设置参考坐标系和安全平面即可，这里不赘述。

3. 创建 MCS_02 坐标系

（1）设置工件坐标系（WCS） 打开源文件，将工件坐标系（WCS）设置在工件上表面的直角交点处，方法与上述步骤相同，这里不赘述。

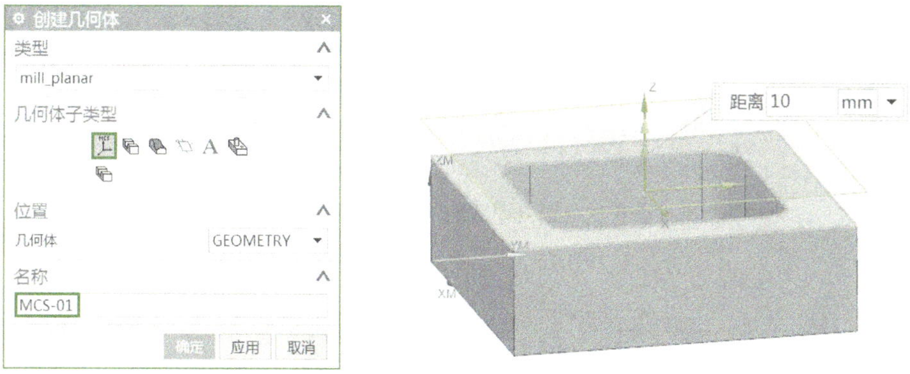

图 2-23 创建 MCS_01 坐标系

（2）创建机床坐标系（MCS_02） 将软件默认的机床坐标系【MCS_MILL】重命名为“MCS_02”，双击打开即可进行设置。机床坐标系位置参考 WCS，安全平面的设置方法与上述步骤相同，这里不赘述。创建的 MCS_02 坐标系如图 2-24 所示。

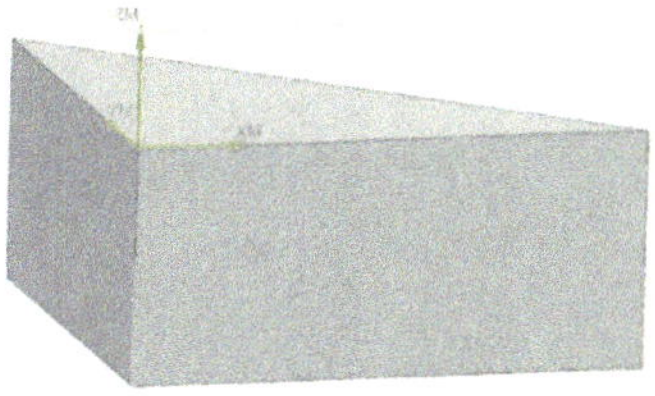

图 2-24 创建 MCS_02 坐标系

4. 创建 MCS_03 坐标系

（1）设置工件坐标系（WCS） 打开源文件，将工作坐标系（WCS）设置在工件上表面长边的中心处，方法与上述步骤相同，这里不赘述。

（2）创建机床坐标系（MCS_03） 将软件默认的机床坐标系【MCS_MILL】重命名为“MCS_03”，双击打开即可进行设置。机床坐标系位置参考 WCS，安全平面的设置方法与上述步骤相同，这里不赘述。创建的 MCS_03 坐标系如图 2-25a 所示。

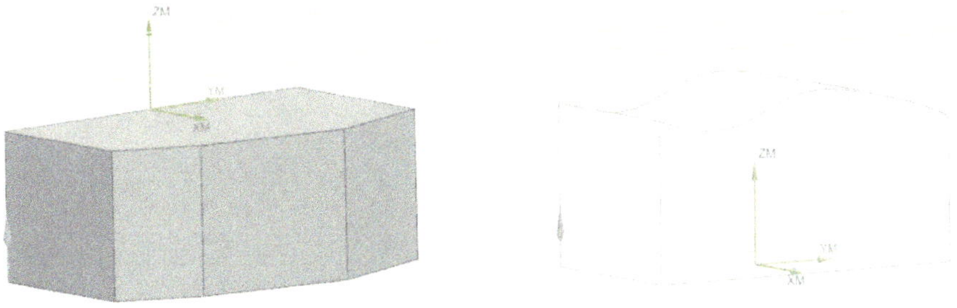

a) b)

图 2-25 创建 MCS_03、MCS_04 坐标系

5. 创建 MCS_04 坐标系

（1）设置工件坐标系（WCS） 打开源文件，将工作坐标系（WCS）设置在工件下表面的中心处，方法与上述步骤相同，这里不赘述。

（2）创建机床坐标系（MCS_04） 将软件默认的机床坐标系【MCS_MILL】重命名为

“MCS_04”，双击打开即可进行设置。机床坐标系位置参考 WCS，安全平面的设置方法与上述步骤相同，这里不赘述。创建的 MCS_04 坐标系如图 2-25b 所示。

6. 创建 MCS_05 坐标系

（1）设置工件坐标系（WCS） 打开源文件，该工件为圆柱体，将工作坐标系（WCS）定位在工件左侧表面的圆心处（坐标系的 Z 轴要指向直径方向），方法与上述步骤相同，这里不赘述。

（2）创建机床坐标系（MCS_05） 将软件默认的机床坐标系【MCS_MILL】重命名为“MCS_05”，双击打开即可进行设置。机床坐标系位置参考 WCS，方法与上述步骤相同，这里不赘述。

（3）安全设置 如图 2-26 所示，【安全设置选项】选择“圆柱”，【指定点】为圆柱左侧面的圆心，【指定矢量】选择圆柱的轴线方向，【半径】输入“30”，单击【确定】按钮，该工件的安全区域即虚线圆圈所示的范围（略大于圆柱直径即可）。

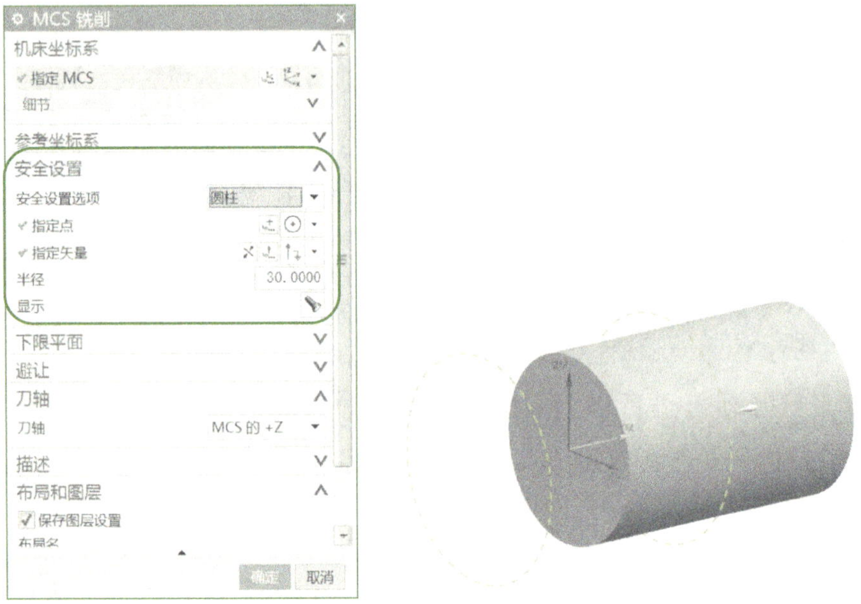

图 2-26　创建 MCS_05 坐标系

【专家点拨】

上述序号 1~5 创建机床坐标系和安全平面的方法适用于大部分的加工场合。序号 6 创建坐标系的方法适用于多轴加工（如四轴定向或联动加工），虚线圆圈所示的范围即在多轴加工时刀具相对于圆柱工件的安全位置。

五、指定部件及毛坯几何体

在创建工序时需要指定部件，刀轨的仿真加工操作需要指定毛坯。

1. 指定部件几何体

预先指定的部件几何体可以在多个工序中使用，也可以在创建工序时再指定几何体。

1）在【工序导航器】中打开【几何视图】，将【MCS_MILL】选项展开，双击【WORKPIECE】，弹出如图 2-27a 所示对话框。

2）单击【工件】对话框中的【指定部件】按钮，弹出【部件几何体】对话框，如图 2-27b 所示。在【选择对象】的状态下，单击工件模型，将其设置为指定的部件，在列表中显示所选的部件，单击【确定】按钮完成部件几何体的设置。

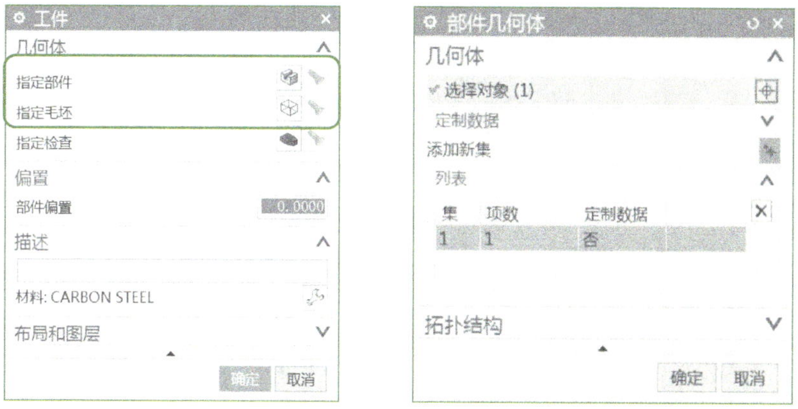

图 2-27　指定部件几何体

2. 指定毛坯几何体

指定毛坯几何体是为了方便在编程后进行刀轨模拟的加工，并根据工件的不同类型选用适当的方法创建毛坯。预先创建的毛坯可以在多个工序中使用，也可以在创建工序中再指定毛坯。

指定毛坯几何体

打开源文件“指定毛坯几何体”，按照表 2-10 所给的任务要求和工件特点，使用几何体毛坯、包容块毛坯、部件的偏置毛坯和包容圆柱体毛坯方法创建毛坯几何体。

表 2-10　指定毛坯几何体任务内容

序号	名称	毛坯创建的方法和任务要求	工件预览
1	几何体毛坯	根据工件的尺寸创建几何体毛坯，要求厚度比工件大 5mm，其余尺寸与工件一致	
2	包容块毛坯	根据工件的尺寸创建包容块毛坯，要求毛坯上表面比工件高 5mm，长度和宽度比工件大 5mm	

（续）

序号	名称	毛坯创建的方法和任务要求	工件预览
3	部件的偏置毛坯	根据工件的尺寸创建部件的偏置毛坯，要求毛坯比工件整体大5mm	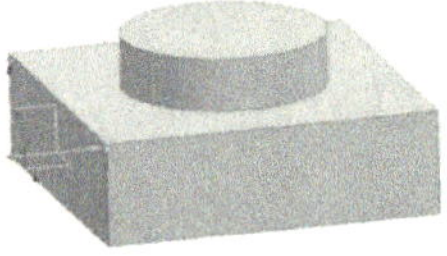
4	包容圆柱体毛坯	根据工件的尺寸创建包容圆柱体毛坯，要求毛坯比工件的直径大5mm，长度与工件一致	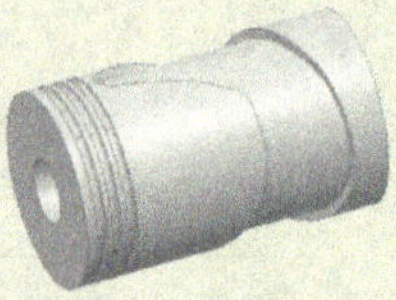

（1）几何体毛坯　在图2-27a所示的【工件】对话框中，单击【指定毛坯】按钮，弹出【毛坯几何体】对话框，如图2-28a所示，在【类型】中选择“几何体”，单击预先创建好的毛坯模型，在列表中显示所选的毛坯实体模型，单击【确定】按钮，完成毛坯几何体的设置，如图2-28b所示。当指定毛坯完成后，【工件】对话框中【指定毛坯】按钮后的图标是亮的，表示指定毛坯成功，不亮表示没有指定毛坯。

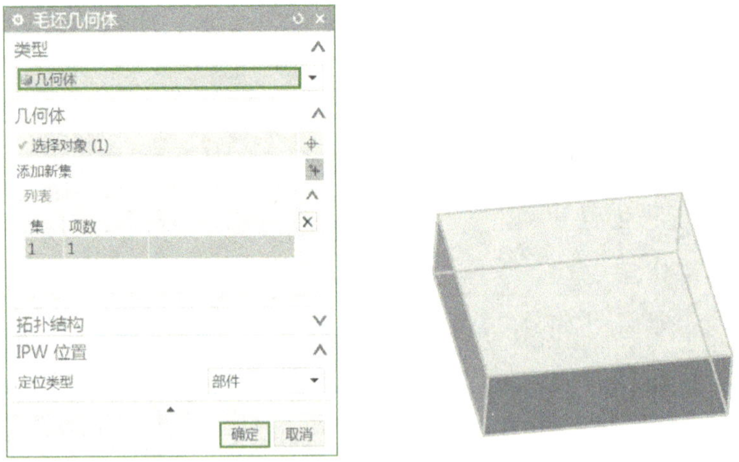

a)　　b)

图2-28　指定毛坯几何体（一）

（2）包容块毛坯　按上述步骤，在【毛坯几何体】对话框的【类型】中选择“包容块”，如图2-29a所示，此时工件的模型被透明的毛坯轮廓包裹。在该对话框【限制】区域的X、Y处输入数值“5”，即表示包容块毛坯在对应的坐标轴方向上比部件几何体尺寸大5mm（可以根据要求灵活设置某一坐标轴方向的尺寸余量），单击【确定】按钮，完成毛坯几何体的设置，如图2-29b所示。（注意：除了创建几何体毛坯的方法外，其他指定毛坯的方法都要先指定部件几何体后才能指定毛坯几何体。）

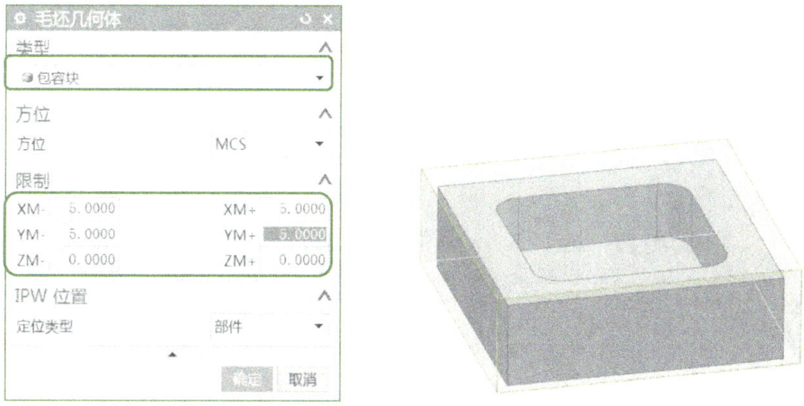

a)　　　　　　　　　　b)

图 2-29　指定毛坯几何体（二）

（3）部件的偏置毛坯　对于铸造类的工件，适合创建与工件轮廓一致的毛坯。按上述步骤，在【毛坯几何体】对话框的【类型】中选择“部件的偏置”，【偏置】输入“5”，即表示毛坯以指定的部件几何体为参照，在各个坐标轴方向上的尺寸均偏置扩大 5mm，如图 2-30a 所示，单击【确定】按钮完成设置，如图 2-30b 所示。（可以在型腔铣加工工序中显示建立的毛坯形状。）

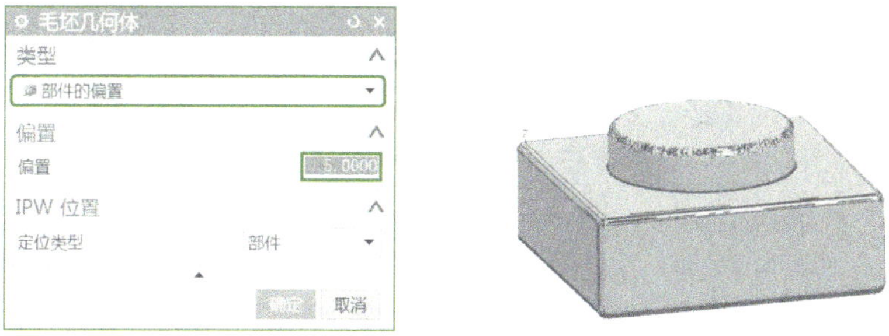

a)　　　　　　　　　　b)

图 2-30　指定毛坯几何体（三）

（4）包容圆柱体毛坯

1）对于圆柱形状的轴类工件，在【毛坯几何体】对话框的【类型】中选择“包容圆柱体”，【轴】中的【方向】选择“指定矢量”（指定的矢量是与圆柱工件轴线平行的方向），【限制】中的【高度-】和【高度+】表示包容圆柱体毛坯的长度（毛坯的长度可以等于或者大于工件的长度），如图 2-31a 所示。

2）在【毛坯几何体】对话框中，【半径】中的【偏置】（指包容圆柱体的毛坯半径在指定的部件圆柱最大的半径基础上再偏置的数值）输入“5”，即创建的包容圆柱体毛坯直径会大于指定部件圆柱的直径，完成设置后如图 2-31b 所示。

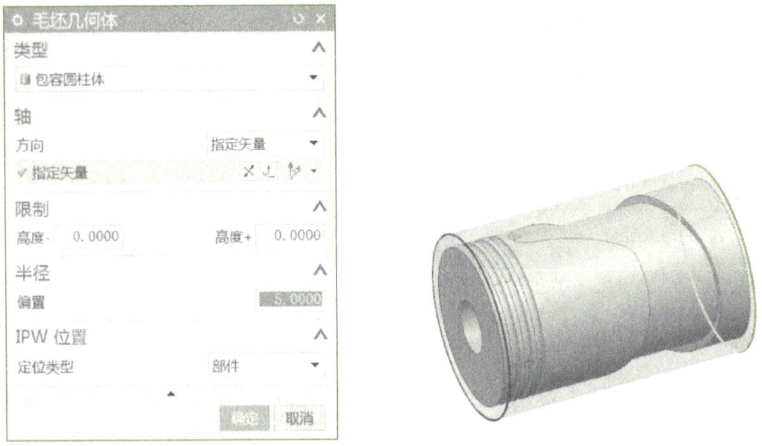

a) b)

图 2-31 指定毛坯几何体（四）

【专家点拨】

在数控编程时，一般使用软件默认的【WORKPIECE】指定部件和毛坯（一般不需要再创建新的【WORKPIECE】），这种方式创建的部件和毛坯几何体，在工序中可以直接调用，也可以在工序中再自行创建。

毛坯的创建方法最常用的是上述四种，对于轮廓简单的工件，采用包容块毛坯和包容圆柱体毛坯的方法最为方便；对于轮廓复杂的工件；可以预先做好工件毛坯的实体模型，再采用几何体毛坯的方法进行创建。

六、创建加工方法

工件的加工需要粗加工、半精加工和精加工等多个步骤。它们的差异在于加工后保留在工件上的余量和表面粗糙度。在加工方法中，通过设置加工余量、几何体的内、外公差和进给速度等选项来控制加工余量。

打开源文件“创建加工方法”，创建半精加工的加工方法，要求部件余量为 0.5mm，内、外公差为 0.03mm。

1. 创建方法

单击【菜单】→【插入】→【方法】，或者单击【刀片】选项中的【加工方法】按钮，弹出如图 2-32a 所示对话框。在该对话框的【类型】中选择“mill_planar”，【位置】中的【方法】选择“MILL_SEMI_FINISH”，【名称】命名为“半精加工”，单击【确定】按钮。

2. 设置加工参数

在图 2-32b 所示的【铣削方法】对话框中，将【部件余量】设置为“0.5”，【公差】

区域中的【内公差】和【外公差】均输入“0.03”，其他参数默认即可，单击【确定】按钮，半精加工方法创建完成。

a)　　b)

图 2-32　创建加工方法

【铣削方法】对话框中各选项的说明见表 2-11。

表 2-11　【铣削方法】对话框中各选项的说明

选项	说明
部件余量	用于为当前所创建的加工方法指定部件余量
内公差	用于设置切削过程中刀具穿透曲面的最大量
外公差	用于设置切削过程中刀具避免接触曲面的最大量
切削方法	单击该按钮，在弹出的【搜索结果】对话框中，系统为用户提供了 7 种切削方法，分别是 FACE MILLING（面铣）、END MILLING（端铣）、SLOT MILLING（台阶加工）、SIDE/SLOT MILL（边和台阶铣）、HSM ROUTH MILLING（高速粗铣）、HSM SEMI FINISH MILLING（高速半精铣）、HSM FINISH MILLING（高速精铣）
进给	单击该按钮，可以在弹出的【进给】对话框中设置切削进给量
颜色	单击该按钮，可以在弹出的【刀轨颜色】对话框中对刀轨的显示颜色进行设置
编辑显示	单击该按钮，可以在弹出的【显示选项】对话框中设置刀具显示方式、刀轨显示方式等

七、创建工序

创建工序—底壁铣

在 UG NX12.0 加工环境中，每个加工工序产生的加工刀具轨迹、参数形态及使用状态有所不同，所以用户应根据零件图和工艺技术状况选择合理的加工工序。创建工序的完整过程包括创建程序组、创建刀具、创建坐标系、指定部件和毛坯以及创建加工方法等。

打开源文件“创建工序”，以工件 1 为例，其零件图如图 2-33 所示。该工件长度和宽度方向的四个表面已经加工至尺寸精度，要求通过创建底壁铣工序，完成该工件型腔部分的铣削粗加工，刀具为立铣刀 D10R0，机床坐标系（MCS）设置在工件上表面中心位置，型腔的底面和侧面余量均为 0.5mm。

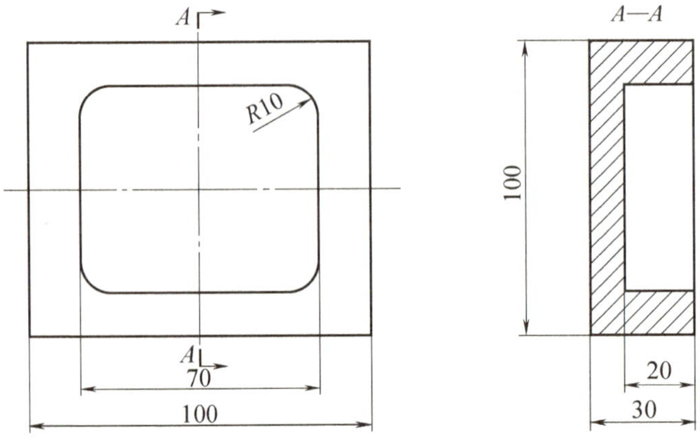

图 2-33　零件图

1. 进入加工环境

打开源文件工件 1，进入加工环境。

2. 创建程序组

将程序组命名为“型腔铣削粗加工”，具体方法参考前面的相关内容。

3. 创建刀具

刀具的名称为“立铣刀 D10R0”，规格为 ϕ10mm，下半径为 0mm，其余参数默认即可，创建方法不再赘述。

4. 创建坐标系

工件坐标系（WCS）和机床坐标系（MCS_MILL）设置在工件的上表面中心位置，安全平面距离工件上表面 10mm。

5. 指定部件和毛坯

将工件 1 作为指定的部件，毛坯的类型为包容块，不用设置限制的尺寸。

6. 创建加工方法

使用默认的 MILL_ROUTH（粗铣），【部件余量】设置为“0.5”，【内公差】和【外公差】均设置为“0.03”。

7. 创建工序

1）单击【菜单】→【插入】→【工序】，或者单击【刀片】选项中的【创建工序】按钮 ，弹出如图 2-34a 所示对话框。在该对话框中，【类型】选择“mill_planar”，【工序子类

型】选择“底壁铣”，【程序】选择“型腔铣削粗加工”，【刀具】选择“立铣刀D10R0”，【几何体】选择“WORKPIECE”，【方法】选择“MILL_ROUTH”，【名称】命名为“铣削粗加工”，单击【确定】按钮，弹出如图 2-34b 所示对话框。单击【指定切削区底面】按钮，弹出如图 2-34c 所示对话框，选择工件的型腔底面，如图 2-34d 所示，单击【确定】按钮。

2）刀轨设置参数。如图 2-34b 所示，在【底壁铣-铣削粗加工】对话框中，【切削模式】选择“跟随部件”，【步距】选择“% 刀具平直”，【平面直径百分比】输入“50”，【底面毛坯厚度】（要铣削的型腔深度）输入“20”，【每刀切削深度】输入“2”，其他参

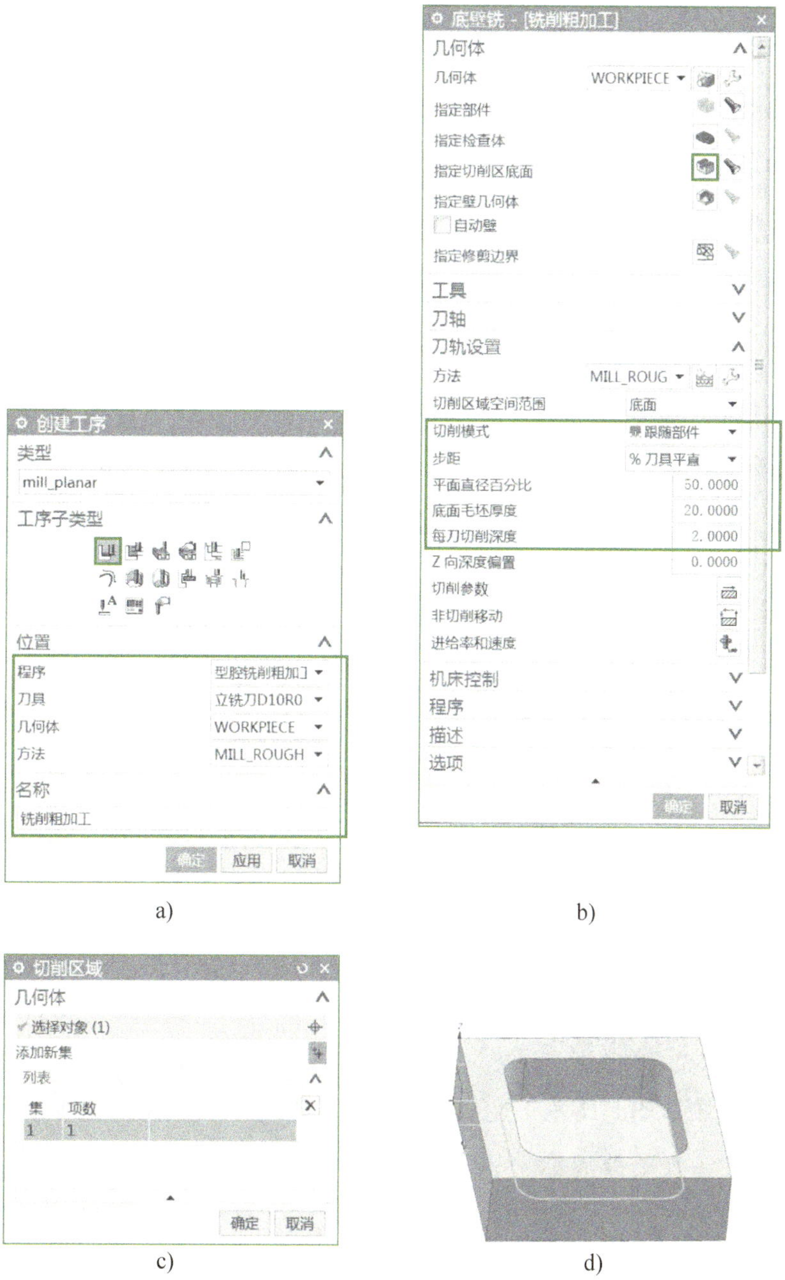

图 2-34　创建工序

数默认即可。

3）设置切削参数。如图 2-34b 所示，在【底壁铣-铣削粗加工】对话框中，单击【切削参数】按钮，弹出如图 2-35a 所示【切削参数】对话框，在【余量】选项卡中，【最终底面余量】输入“0.5”，其余参数默认即可，单击【确定】按钮。

4）设置非切削移动参数。如图 2-34b 所示，在【底壁铣-铣削粗加工】对话框中，单击【非切削移动】按钮，弹出如图 2-35b 所示【非切削移动】对话框，在【进刀】选项卡的【封闭区域】区域中，【进刀类型】选择“螺旋”，其余参数默认即可，单击【确定】按钮。

5）设置进给率和速度参数。

如图 2-34b 所示，在【底壁铣-铣削粗加工】对话框中，单击【进给率和速度】按钮，弹出如图 2-35c 所示【进给率和速度】对话框，勾选【主轴速度】，并且输入“1500”，【进给率】中的【切削】输入“250”，单击【主轴速度】后的【计算】按钮，软件自动计算对话框中的【表面速度】和【每齿进给量】，单击【确定】按钮。

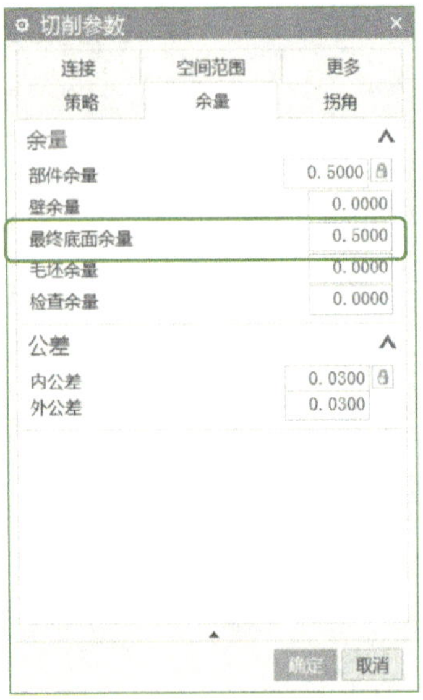

a)

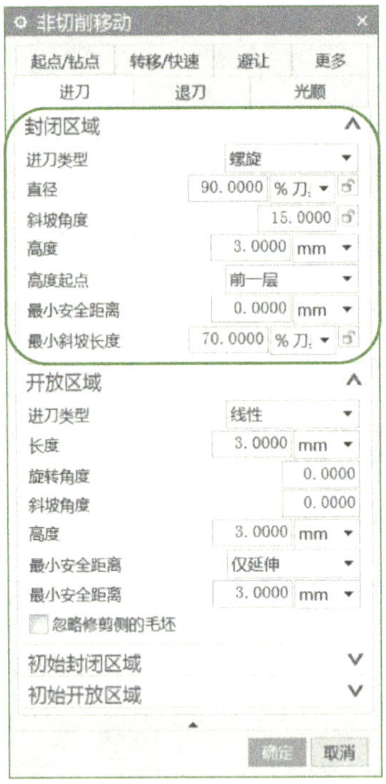

b)

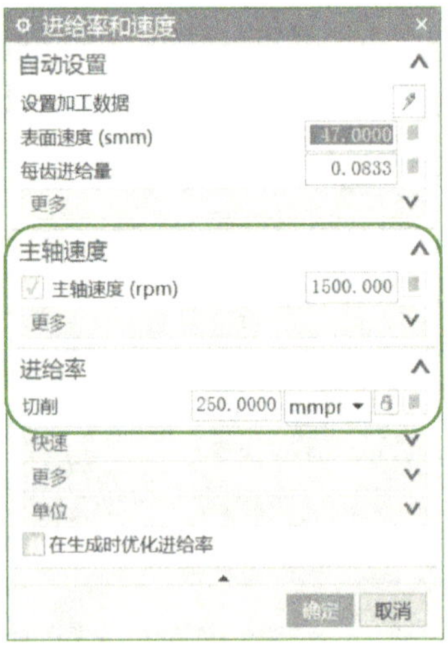

c)

图 2-35　设置参数

6）生成刀轨。在图 2-36a 所示的【底壁铣-铣削粗加工】对话框中，单击【操作】区的【生成】按钮，生成工件的加工刀轨，如图 2-36b 所示，单击【确定】按钮。

7）刀轨的仿真模拟加工。在图 2-36a 所示的【底壁铣-铣削粗加工】对话框中，单击【操作】区的【确认】按钮，系统弹出【刀轨可视化】对话框，单击【3D 动态】选项卡，再单击【播放】按钮，即可进行刀轨仿真，仿真加工前后对比如图 2-37 所示。

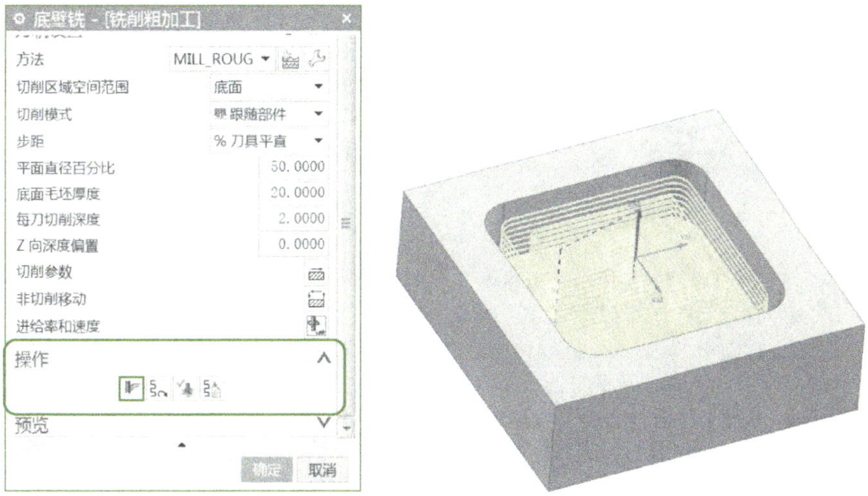

a)　　　　　　　　b)

图 2-36　生成刀轨

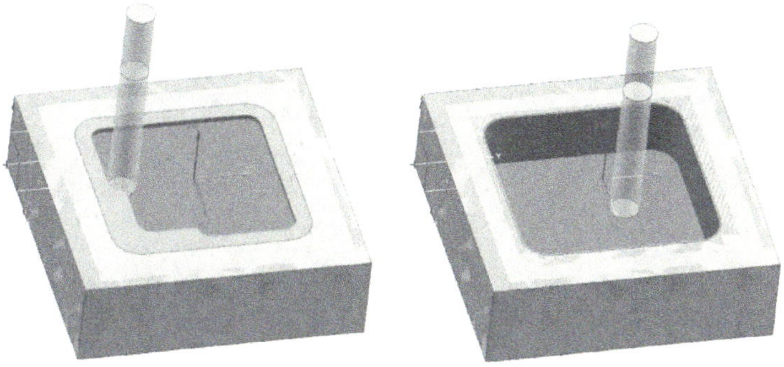

a)　　　　　　　　b)

图 2-37　仿真加工前后对比

a）加工前　b）加工后

【专家点拨】

在设置非切削移动参数时，【封闭区域】用于设置工件封闭型腔的加工，【开放区域】用于设置工件开放轮廓的加工。

应根据工件的特点选择加工工序，如平面铣削、三轴铣削、多轴铣削，在满足加工要求的前提下应尽量选择适合的工序。工序中切削模式、切削参数、非切削移动、进给率和速度等参数都要根据工件的材质、刀具的规格等进行合理的设定，后续内容会详细讲解。

任务评价

总结本次任务完成情况，填写表 2-12，根据考核项目进行自评、互评和教师评价，完成任务评价。

表 2-12　任务评价表

考核项目与权重	考核内容	评价标准	自评	互评	教师评价
专业知识（20%）	(1)掌握创建程序组、刀具和几何体的方法(6分)	能利用所学正确创建程序组、刀具和几何体，每处错误扣1分			
	(2)掌握创建机床坐标系及安全平面、指定部件和毛坯几何体的方法(6分)	能利用所学正确创建机床坐标系及安全平面、指定部件和毛坯几何体，参数设置合理，每处错误扣1分，扣完为止			
	(3)掌握创建底壁铣工序的方法(8分)	底壁铣工序的特征选择、参数设置合理，每处错误扣1分，扣完为止			
专业能力（30%）	(1)能正确创建程序组、刀具和几何体(10分)	方法有错误或采用不合理的策略，每处扣2分			
	(2)能正确创建机床坐标系及安全平面、指定部件和毛坯几何体(10分)	合理设置参数，每处错误扣1分，扣完为止			
	(3)能正确创建底壁铣工序(10分)	合理创建底壁铣工序和设置参数，每处错误扣1分，扣完为止			
职业素养（20%）	(1)敬业守时、认真负责、踏实严谨、谦虚好学(5分)	迟到、早退、无故缺勤等，每次扣1分，扣完为止			
	(2)具有良好的团队合作精神，能热心帮助其他同学完成任务(5分)	根据表现酌情扣分			
	(3)能根据工作任务对资源进行合理分配，能正确控制、激励、协调小组全过程(5分)	根据小组任务分配及任务完成情况酌情扣分			
	(4)能准确、快速表达个人思想和见解，能灵活运用所学知识，有创造性(5分)	根据创意设计情况酌情扣分			
任务总结（30%）	(1)能进行归纳总结，得出规律和指导性经验，技术文件完整、规范、条理清晰。在任务结束后，反思自己的任务完成情况和质量(10分)	根据任务总结情况酌情扣分			
	(2)安全、有效地完成任务中的每个要求(20分)	根据任务完成情况酌情扣分			
合计(自评占比40%，互评占比20%，教师评价占比40%)					
任务反思					

任务二　设定切削参数

任务描述

在 UG NX 12.0 软件的 CAM 功能中，切削参数的设定起着至关重要的作用，它决定了计算出的刀具轨迹是否合理可行，其中包括切削模式、步距、切削深度、策略、余量、拐角、连接、空间范围和更多等项目的设定。本任务以面铣工序为例，介绍各种切削模式下的常用共有参数，而某些切削模式下的特有参数设置将在后续任务中学习。

学习目标

【知识目标】

1. 掌握各切削参数的定义、功能与设置方法。
2. 掌握各种切削模式的特点。
3. 熟悉各切削参数之间的关系和用法。

【能力目标】

1. 能够合理地设置各切削参数。
2. 能够根据不同工件选择合理的切削模式。
3. 能够恰当地调节各切削参数，使刀轨更优化。

【素养目标】

1. 通过了解各切削参数的功能，体会自动编程的灵活性。
2. 通过设置切削参数，培养学生做事严谨认真的态度。

知识准备

一、切削模式

图 2-38　载体模型

在 UG NX 12.0 中，切削模式的选择决定了刀具的走刀方式，本任务以“带边界面铣”加工工序为例，以图 2-38 所示的模型为载体，来介绍切削模式类型及其各自特点，见表 2-13。

二、步距

步距指的是在连续切削时，刀轨与刀轨之间相隔的距离，如图 2-39 所示。

表 2-13　切削模式类型及其各自特点

切削模式	走刀方式	特点
跟随部件	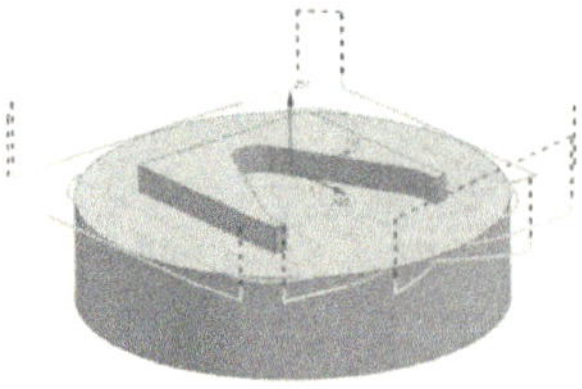	用跟随部件产生的刀轨在工件外部进刀，刀轨之间的距离相等，进退刀次数较多，适用范围广
跟随周边	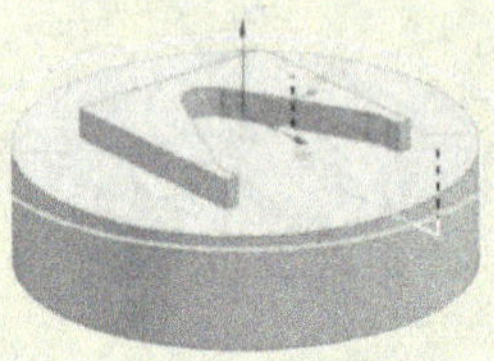	用跟随周边产生的刀轨在工件内部进刀，刀具轨迹整齐，刀轨之间的距离不相等，有欠加工的情况，适用范围广
轮廓	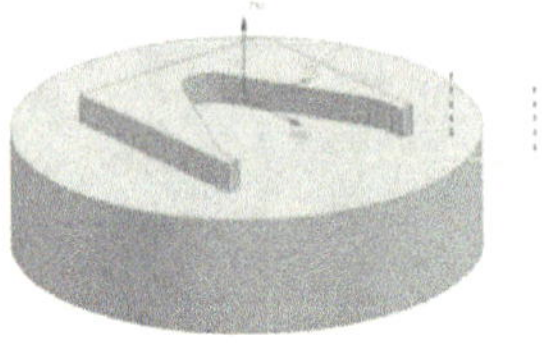	用轮廓产生的刀轨在工件外部进刀，只生成了一条中间岛屿的刀具轨迹，只适合于轮廓的半精加工和精加工
摆线	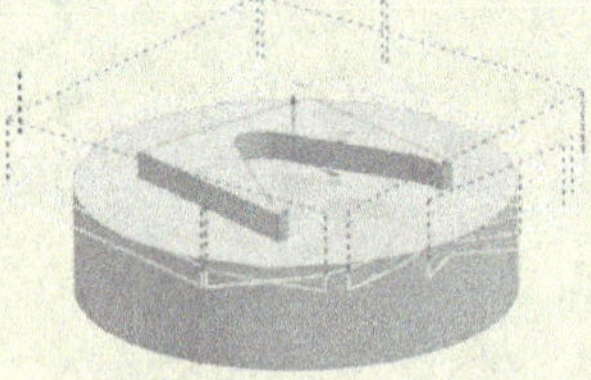	用摆线产生的刀轨，通过特殊的走刀方式，可避免在切削时发生满刀切入而导致切削量过大，用较低且相对均匀的切削负荷进行粗加工
单向	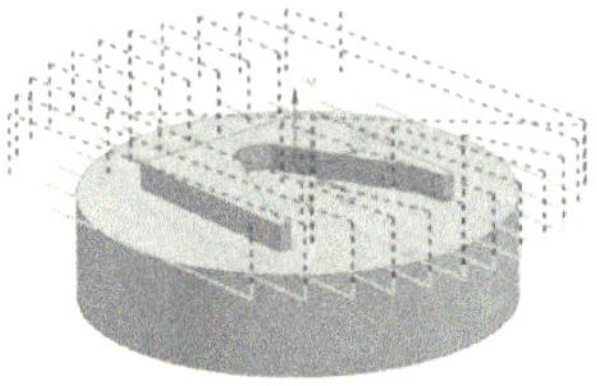	用单向产生刀轨，能保证加工过程中维持单纯的顺铣或逆铣，每次走刀完成后抬刀，并快速返回至下一切削起点，适用于较简单结构的精加工
往复	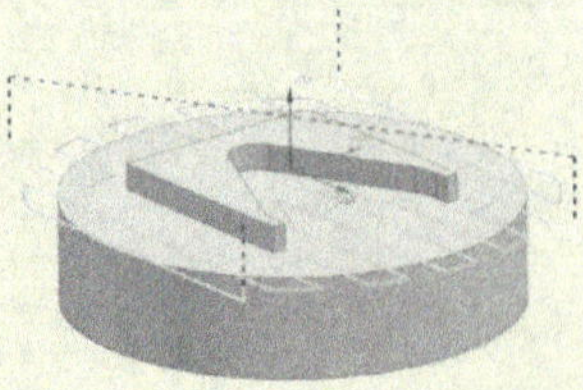	用往复产生刀轨，相比单向方式而言，不用抬刀，提高了效率。可顺铣和逆铣交替并存，会影响加工工件的表面质量，适用于较简单结构的粗加工和半精加工
单向轮廓	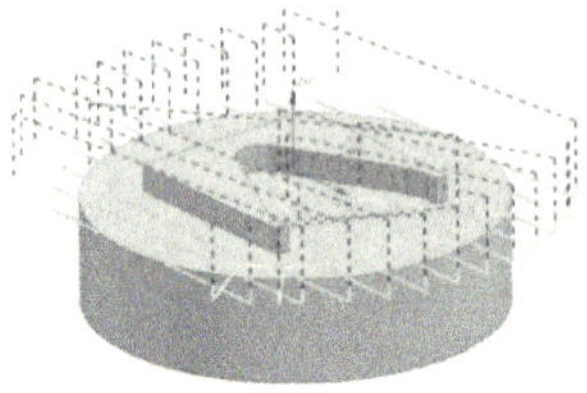	用单向轮廓产生的刀轨与单向产生的刀轨基本一样，但单向轮廓切削平移时对刀具冲击较小，适合于加工薄壁工件

（续）

切削模式	走刀方式	特点
 混合	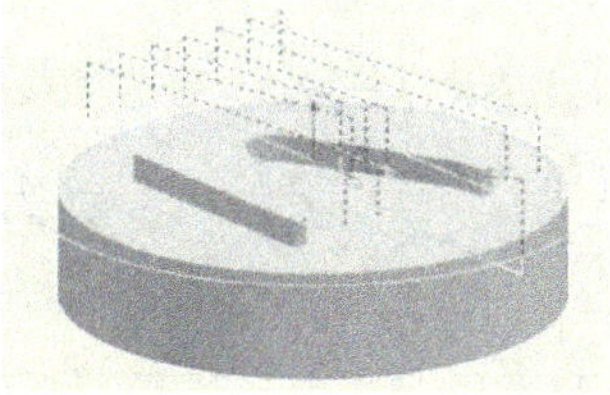	混合面铣是特有的切削模式，在同一个工序中，可在不同的切削区域中指定不同的切削模式，如左图中使用了单向和跟随周边两种切削模式

在 UG NX 12.0 中，常用步距的单位类型有恒定（mm）、%刀具平直（刀具直径的百分比）和残余高度（一般用于加工曲面）等。

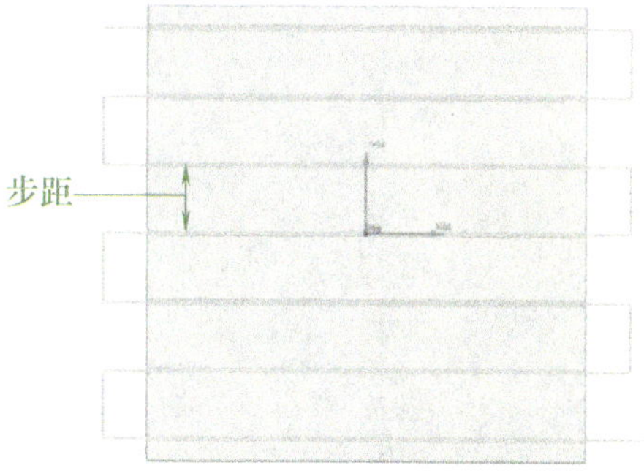

图 2-39　步距

三、毛坯距离、每刀切削深度、最终底面余量

毛坯距离是指从部件面到毛坯面的距离。每刀切削深度是指每一切削层的深度。最终底面余量是指加工后保留在面上的材料量。其中毛坯距离值必须大于或等于最终底面余量值，这三者与切削层数的关系为

每刀切削深度=(毛坯距离-最终底面余量)/切削层数

由此可见，实际的每刀切削深度值小于或等于设置的每刀切削深度值。

四、策略

在【切削参数】对话框的【策略】选项卡中，可以设置的参数有切削方向、添加精加工刀路、毛坯距离、延伸至部件轮廓、合并距离、简化形状、刀具延展量和允许底切等。这里的毛坯距离与面铣主对话框中的毛坯距离为同一参数，而允许底切参数多是在使用 T 形刀具之类的特殊刀具和用法时才选用，这里不做赘述。【策略】选项卡中各参数的说明见表 2-14。

五、余量

在【切削参数】对话框的【余量】选项卡中，可以设置的参数有部件余量、壁余量、最终底面余量、毛坯余量、检查余量、内公差和外公差。各种余量参数用于指定当前工序之后保留在部件上的材料量，内公差和外公差参数是指刀轨在实际加工中允许从部件表面偏离的范围。越小的公差值生成的切削表面越光顺、越精确，但生成程序所需的时间也更长。【余量】选项卡中各参数的说明见表 2-15。

表 2-14 【策略】选项卡中各参数的说明

参数名称	设置方式/类型	说明	图示
切削方向	顺铣	指定刀具沿顺时针方向旋转，沿刀具运动方向观察，材料在刀具右侧	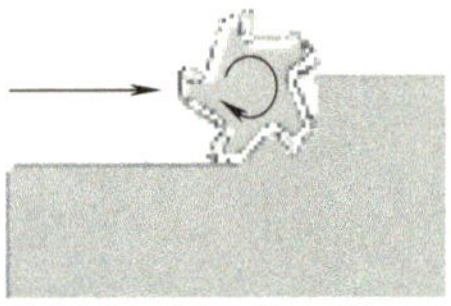
	逆铣	指定刀具沿顺时针方向旋转，沿刀具运动方向观察，材料在刀具左侧	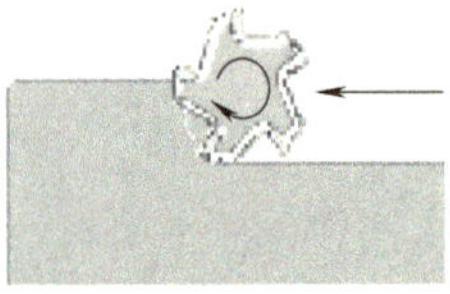
添加精加工刀路	□	未添加精加工刀路，以选定的切削模式为标准算出刀路	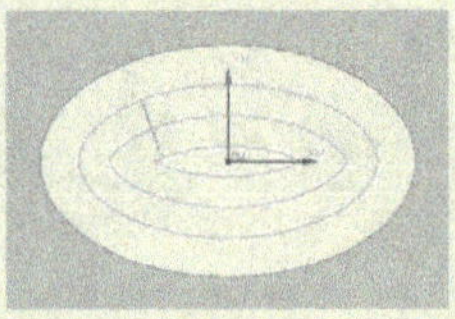
	☑	为工序添加精加工刀路，可指定添加的精加工刀路的数量和仅应用于精加工刀路的步距，此值必须大于零	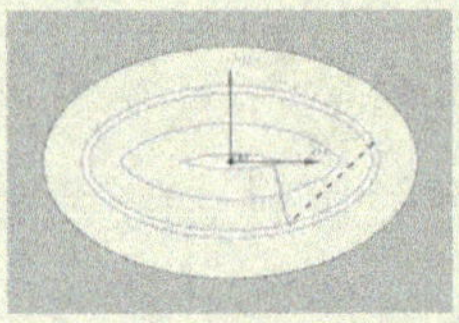
延伸至部件轮廓	□	无延伸，按指定的切削区域计算刀轨	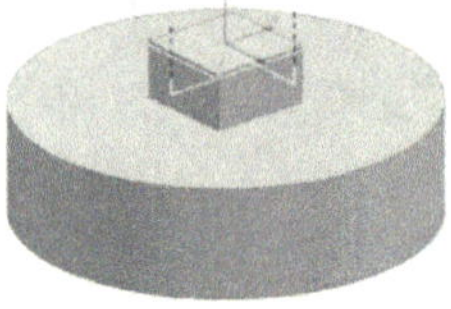
	☑	使刀路超出切削区域，计算的刀轨延伸至部件，加工到整个部件	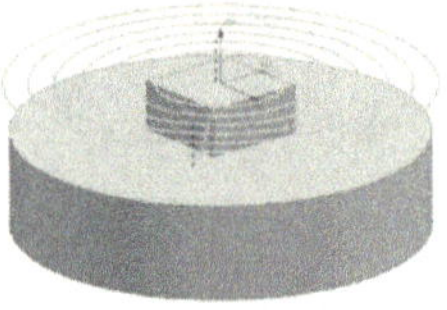
合并距离	数值输入百分比刀具或毫米值	通过调整合并距离数值，允许软件将两个或多个面合并到一个刀轨，以减少进刀和退刀次数	不合并 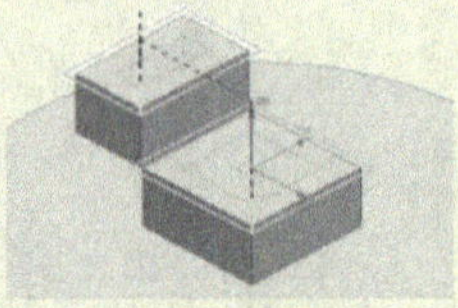
			合并 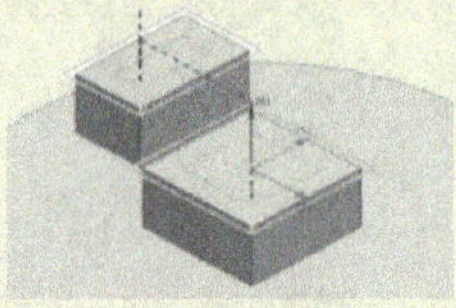

（续）

参数名称	设置方式/类型	说明	图示	
简化形状	无	无简化，按指定的切削区域计算刀轨	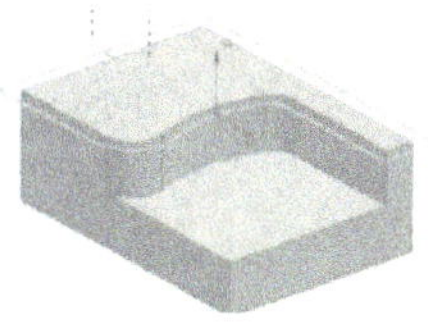	
	凸包	基于部件的简化凸面形状来定义切削区域，边界的凹部分将替换为直线	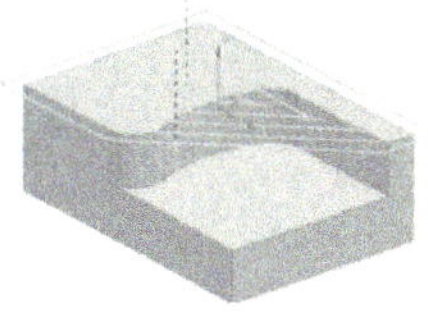	
	最小包围盒	将切削区域定义为包含要加工的整个面的包容块。包容块与 XM 和 YM 轴对齐	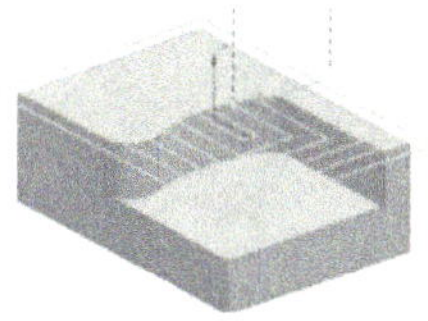	
刀具延展量	数值输入百分比刀具或毫米值	在计算程序时，指定刀具可超出面边缘的距离	50% 刀具延展量	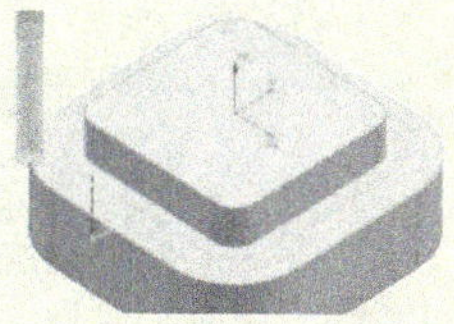
			100% 刀具延展量	

表 2-15 【余量】选项卡中各参数的说明

参数名称	说明	图示
部件余量	适用于底壁加工、面铣、平面铣和曲面轮廓铣工序，指此工序加工后保留的材料量。默认情况下，如果不指定“最终底面余量”或“壁余量”值，会对底面或壁应用“部件余量”值	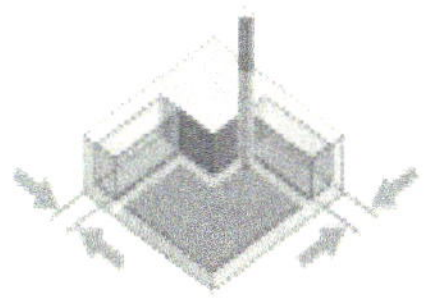
壁余量	适用于底壁加工和面铣区域工序，可设置壁使用的唯一余量。配合使用“壁几何体”可替代全局部件余量	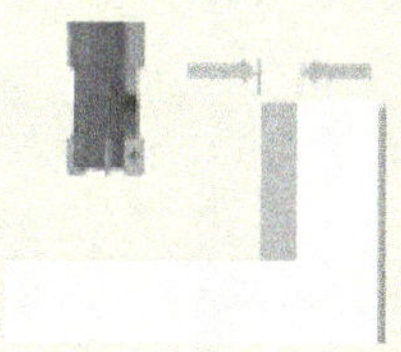

（续）

参数名称	说明	图示
最终底面余量	适用于底壁加工、面铣和平面铣工序，最终底面余量是从面或平面测量并沿刀轴偏置的量	
毛坯余量	适用于底壁加工、面铣、平面铣和型腔铣工序，指定刀具偏离已定义毛坯几何体的距离	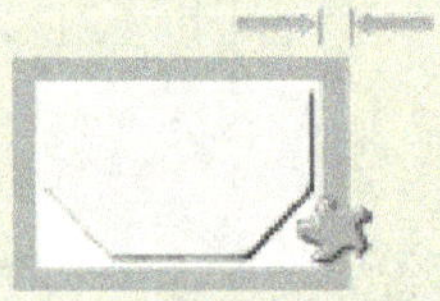
检查余量	适用于底壁加工、面铣、平面铣、型腔铣、深度铣和曲面轮廓铣工序，指定刀具位置与已定义检查边界或检查体之间的距离	
内公差	指定切削刀切入部件表面时可以偏离预期刀轨的最大距离	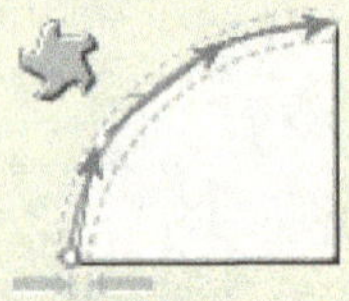
外公差	指定切削刀远离部件表面切削时可以偏离预期刀轨的最大距离	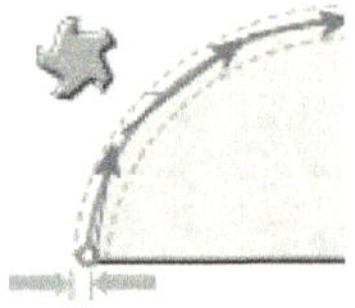

六、拐角

在【切削参数】对话框的【拐角】选项卡中，可以设置的参数有凸角和光顺，其中凸角是指刀轨在切削区域拐角处的走刀形式，而光顺是指刀轨在改变切削方向时提供添加圆弧刀轨的功能，可避免加工方向突然改变导致机床和刀具应力过大。【拐角】选项卡中各参数的说明见表 2-16。

表 2-16 【拐角】选项卡中各参数的说明

参数名称	设置方式/类型	说明	图示
凸角	绕对象滚动	通过在拐角滚动的方式过渡部件侧壁	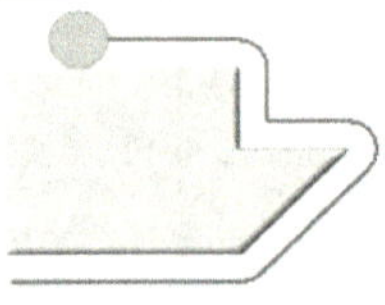
	延伸并修剪	通过延伸相邻壁的方式过渡部件。仅当侧壁之间的角度小于 60°时，才进行修剪	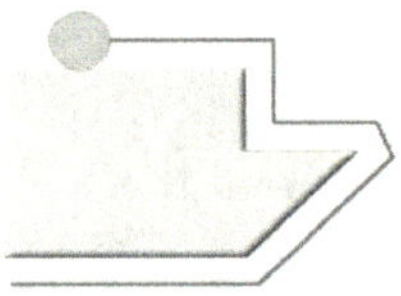

（续）

参数名称	设置方式/类型	说明	图示
凸角	延伸	通过延伸相邻壁到交点的方式过渡部件侧壁	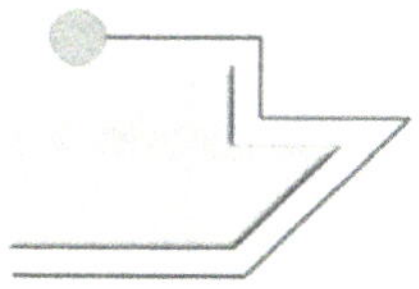
光顺	无	按无光顺计算刀轨	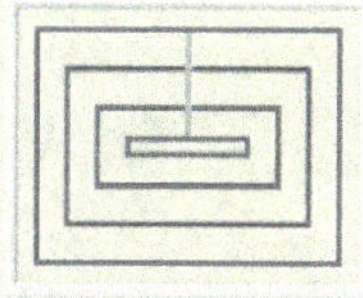
	所有刀轨	应用光顺，并可设置刀轨拐角的半径和步距。加工硬质材料或高速加工材料时，为所有拐角添加圆角，可以避免方向突然改变导致机床和刀具应力过大	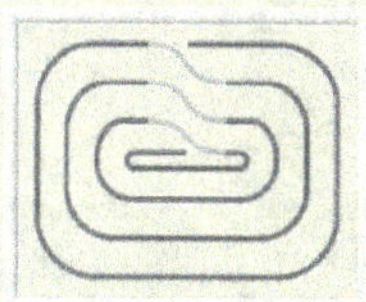

七、连接

在【切削参数】对话框的【连接】选项卡中，可以设置多个切削区域的切削顺序，以及进一步优化走刀路径中的移刀、抬刀等，从而提高加工效率。【连接】选项卡包含切削顺序、优化、开放刀路、跨空区域四部分，见表 2-17。

表 2-17　【连接】选项卡中各参数项目及其作用

项目	可选项	作用	备注
切削顺序（区域排序）	标准	任意或按照多个切削区域的创建顺序确定加工顺序，效率较低	一般情况用“优化”。而“跟随起点”和“跟随预钻点”须在非切削参数中设置预钻进刀点或切削区域起点
	优化	系统自动计算最短刀路进行加工	
	跟随起点	跟随所指定的切削区域起点来加工多个区域	
	跟随预钻点	指定预钻点完成多腔加工	
优化	跟随检查几何体	勾选此项，可以让刀具沿检查几何体周围生成刀路，减小检查几何体周围的残余余量	默认勾选
开放刀路	保持切削方向	切削方向保持一致，抬刀、移刀较多	
	变换切削方向	选择后，优化项目中增加了短距离移动时的进给和最大移刀距离，其作用是进一步减少抬刀、移刀次数，提高加工效率	推荐选择
跨空区域（运动类型）	跟随	刀具在移动到孔的上方时，抬刀经过孔的区域	
	切削	刀具在移动到孔的上方时，以切削的方式经过孔的区域	
	移刀	刀具在移动到孔的上方时，快速移动经过孔的区域。可指定最小移刀距离	切削模式必须设置为“单向”“往复”或“单向轮廓”

八、空间范围

在【切削参数】对话框的【空间范围】选项卡中，检查刀具和夹持器的作用是防止加工时出现碰撞。如果勾选此项，需根据加工实际，在【创建刀具】对话框中设置刀具和夹持器的详细参数。若在编程前已根据工件的加工深度选择了合适的加工刀具，则可以不勾选此项。

九、更多

在【切削参数】对话框的【更多】选项卡中，一般默认所有选项，无须修改。【更多】选项卡中各参数项目及其作用见表 2-18。

表 2-18 【更多】选项卡中各参数项目及其作用

<table>
<tr><th colspan="2">项目</th><th colspan="2">可选项及作用</th><th>备注</th></tr>
<tr><td rowspan="3">最小间隙</td><td>刀具夹持器</td><td colspan="2">设置刀具夹持器和加工轮廓之间的距离</td><td rowspan="3">一般默认,不需更改</td></tr>
<tr><td>刀柄</td><td colspan="2">设置刀柄和加工轮廓之间的距离</td></tr>
<tr><td>刀颈</td><td colspan="2">设置刀颈和加工轮廓之间的距离</td></tr>
<tr><td rowspan="3">原有</td><td>区域连接</td><td colspan="2">优化加工区域之间刀轨的连接,减少抬刀进刀刀轨</td><td>默认勾选</td></tr>
<tr><td>容错加工</td><td colspan="2">找到正确的可加工区域,不过切</td><td>默认勾选</td></tr>
<tr><td>边界逼近</td><td colspan="2">加工轮廓含二次曲线或样条曲线时,勾选此项可减少处理时间并缩短刀轨</td><td></td></tr>
<tr><td rowspan="5">下限平面</td><td>下限平面</td><td colspan="2">当出现碰撞刀轨时,可选择平面改变切削深度,避免碰撞</td><td>一般默认使用继承的</td></tr>
<tr><td rowspan="3">操作</td><td>警告</td><td>发生碰撞,系统弹出警告信息</td><td rowspan="3">一般默认警告,有碰撞警告时,根据加工区域特点选择</td></tr>
<tr><td>垂直于平面</td><td>用于平面和二维轮廓加工深度方向的确定</td></tr>
<tr><td>沿刀轴</td><td>用于多轴加工深度方向的确定</td></tr>
<tr><td>显示</td><td colspan="2">显示下限平面的按钮</td><td>默认</td></tr>
</table>

进给率和速度

十、进给率和速度

【进给率和速度】对话框如图 2-40 所示，用于设置主轴转速和进给速度。下面介绍该对话框中各参数的含义和设置方法。

1. 自动设置

主轴转速和进给率均有两种设置方法：

1）当刀具已经选定时，即刀具直径和齿数是确定的，而且刀具材料和工件材料是确定的，可以根据参数手册或经验得到刀具切削的表面线速度和每齿进给量。所以，在【自动设置】区域下的【表面速度】框中输入加工线速度，按<Enter>键，再单击后面的计算按钮，则主轴转速自动生成；在【每齿进给量】框中输入刀具的每齿进给量，按<Enter>键，并单击后面的计算按钮，则进给率的切削速度自动生成。

2）当已知转速和进给时，可直接在【主轴速度】和【进给率】位置输入数值，按<Enter>键，并单击计算按钮，则【自动设置】区域会自动生成相应的表面速度和每齿进给量。

2. 主轴速度

主轴转速的默认单位是 r/min，可直接输入数值并按<Enter>键，再单击计算按钮。单击【更多】，可以选择主轴的旋转方向：顺时针、逆时针和无。

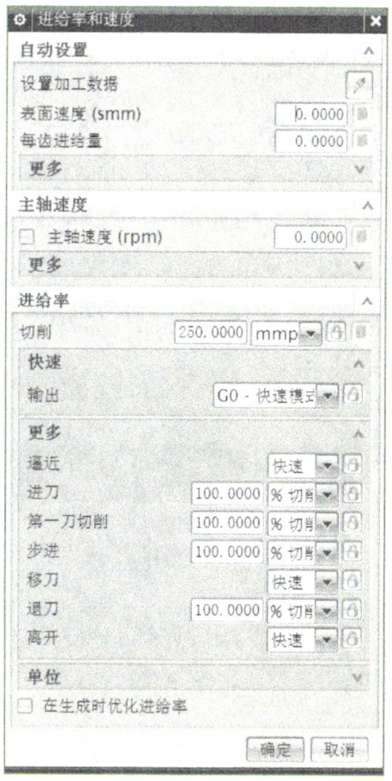

图 2-40 【进给率和速度】对话框

3. 进给率

进给率用于指定机床切削加工的进给速度，直接关系到加工质量和切削效率，在数控代码中用指令代码 F 来表示。UG NX 12.0 提供了在不同刀具运动类型下设定不同进给的功能，以满足机床不同运动形式的需求，同时提高效率并保障安全。各类进给后面都有单位，可以设置为毫米/分钟或是毫米/转，也可以设置成不输出单位（否）。切削运动进给及其含义见表 2-19。

表 2-19　切削运动进给及其含义

切削运动进给	含　义
切削	刀具在切削工件过程中的速度
快速	设置快速移动的速度，一般选用 G0（快速模式），也可以选择 G1（切削模式）
逼近	用于设置接近速度，即刀具从起刀点到进给点的进给速度
进刀	用于设置进刀速度，即刀具切入工件时的进给速度
第一刀切削	设置刀具水平方向第一刀切削时的进给速度
步进	设置刀具进入到下一行切削时的进给速度
移刀	设置刀具从一个加工区域到达另一个加工区域的非切削移动速度
退刀	设置退刀速度，即刀具从工件材料切出时的速度
离开	设置离开速度，即刀具从退刀点到返回点的速度

任务准备

学习教师提供的图片、视频等资料。准备计算机、检查 UG NX 软件，并准备上课所需的源文件。预习相关二维码视频，对设置切削参数有一定的了解，为任务实施做好准备。

任务实施

1）认识切削参数的设置方法。

2）了解常用切削参数的功能及应用。

3）设置切削参数。

4）完成学习任务单（见表 2-20）。

表 2-20 学习任务单

问题与项目	描述与解答
简述四种常见的切削模式	
毛坯距离、每刀切削深度和最终底面余量之间的关系和注意事项	
简述步距的定义与单位类型	
将工序的切削模式设置为跟随部件，切削方向设置为顺铣	
将工序的部件余量设置为 0.3mm，凸角设置为延伸，光顺所有刀轨	
将工序的主轴速度设置为 4000r/min，进给率设置为 500mm/min	

任务评价

总结本次任务完成情况，填写表 2-21，根据考核项目进行自评、互评和教师评价，完成任务评价。

表 2-21 任务评价表

考核项目与权重	考核内容	评价标准	自评	互评	教师评价
专业知识（20%）	（1）简述四种常见的切削模式（6 分）	任务单描述错误或不足，酌情扣分			
	（2）毛坯距离、每刀切削深度和最终底面余量之间的关系和注意事项（6 分）	任务单描述错误或不足，酌情扣分			
	（3）简述步距的定义与单位类型（8 分）	任务单描述错误或不足，酌情扣分			
专业能力（30%）	（1）能够将工序的切削模式设置为跟随部件，切削方向设置为顺铣（10 分）	根据设置情况酌情扣分			
	（2）能够正确设置工序的部件余量为 0.3mm，凸角为延伸，光顺所有刀轨（10 分）	根据设置情况酌情扣分			
	（3）能够正确设置工序的主轴速度为 4000r/min，进给率为 500mm/min（10 分）	根据设置情况酌情扣分			

（续）

考核项目与权重	考核内容	评价标准	自评	互评	教师评价
职业素养（20%）	（1）敬业守时、认真负责、踏实严谨、谦虚好学（5分）	迟到、早退、无故缺勤等，每次扣1分，扣完为止			
	（2）具有良好的团队合作精神，能热心帮助其他同学完成任务（5分）	根据表现酌情扣分			
	（3）能根据工作任务对资源进行合理分配，能正确控制、激励、协调小组全过程（5分）	根据小组任务分配及任务完成情况酌情扣分			
	（4）能准确、快速表达个人思想和见解，能灵活运用所学知识，有创造性（5分）	根据创意设计情况酌情扣分			
任务总结（30%）	（1）能进行归纳总结，得出规律和指导性经验，技术文件完整、规范、条理清晰。在任务结束后，反思自己的任务完成情况和质量（10分）	根据任务总结情况酌情扣分			
	（2）安全、有效地完成任务中的每个要求（20分）	根据任务完成情况酌情扣分			
合计（自评占比40%，互评占比20%，教师评价占比40%）					
任务反思					

任务三 设定非切削移动参数

任务描述

本任务学习非切削移动参数中各参数项的含义及用途。非切削移动参数可控制刀具不切削工件时的移动，包括进刀、退刀、各刀轨之间的刀具非切削移动等。创建的加工工序不同，【非切削移动】对话框中包含的参数大体相同，但略有差别。本任务重点学习在常用加工工序中出现较多的参数。

学习目标

【知识目标】

1. 掌握【非切削移动】对话框中【进刀】【退刀】【转移/快速】选项卡中各参数的含义及用途。

2. 了解【非切削移动】对话框中【起点/钻点】【避让】【更多】选项卡中各参数的含义及用途。

【能力目标】

1. 能够根据实际需要正确设置刀具的进退刀方式及相关参数。

2. 能够优化设置【转移/快速】选项卡中的参数，减小非切削移动时的进退刀距离。

【素养目标】

1. 通过转移/快速中的参数学习，培养学生追求效率的工匠精神。

2. 通过进刀、起点/钻点中的参数学习，培养学生追求质量的工匠精神。

3. 通过避让、退刀中的参数学习，培养学生安全意识。

知识准备

非切削移动参数可控制刀具不切削工件时的移动，包括进刀、退刀、各刀轨之间的刀具非切削移动等。【非切削移动】对话框如图 2-41 所示，其中有多个选项卡，如进刀、退刀、起点/钻点、转移/快速、避让、更多、光顺等。

一、进刀

在【进刀】选项卡中，可以定义刀具切入工件的方式，分为封闭区域和开放区域两种情况。封闭区域是指刀具只能在加工区域内部进刀，进刀过程中会切削工件；开放区域是指刀具可在工件外进刀，进刀过程中不切削工件。

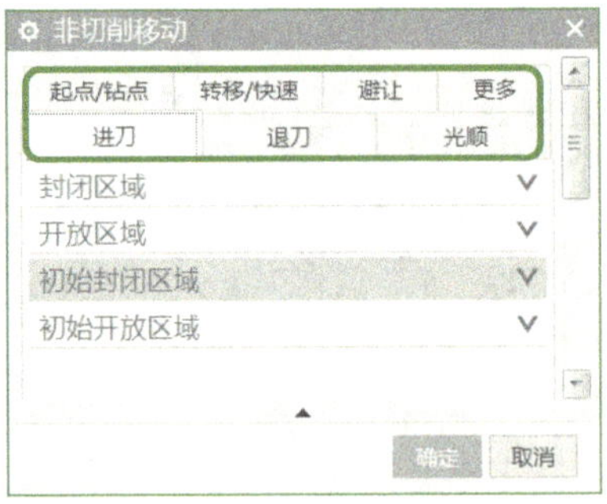

图 2-41 【非切削移动】对话框

1. 最小安全距离、最小斜坡长度

最小安全距离和最小斜坡长度是封闭区域进刀类型中螺旋和沿形状斜进刀共有的参数，参数位置如图 2-42 所示。

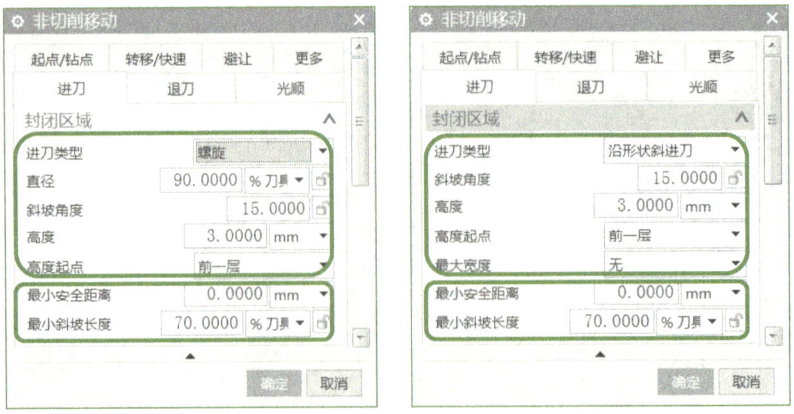

a) b)

图 2-42 封闭区域进刀参数

a）螺旋进刀 b）沿形状斜进刀

（1）最小安全距离　在跟随部件模式下，最小安全距离无效，无须设置。在跟随周边和轮廓模式下，最小安全距离可以设置刀具与轮廓之间的距离，一般不需设置，默认即可。

（2）最小斜坡长度　对于中心无切削刃的一类刀具（尤其是可转位刀具），若数值设置不当，则会出现顶刀和撞刀，使刀具报废甚至主轴受损，后果严重。最小斜坡长度有两种设置方式，即 mm（长度）和%刀具（所占刀具百分比数值）。通常使用后者，其最小值可按$\frac{D-2W}{D}$计算。其中，D 为刀具直径，W 为刀片宽度（或底刃长度）。

封闭区域进刀方式

2. 螺旋进刀和沿形状斜进刀

对于封闭区域的加工，尤其是使用立铣刀或可转位刀具等中心无切削刃的刀具切削时，不能使用垂直下刀的方式切入工件，常使用螺旋进刀和沿形状斜进刀两种进刀方式，其参数如图 2-42 所示。

螺旋进刀是现代数控加工应用较广泛的进刀方式，特别是在模具制造行业中应用最为广泛。通过螺旋进刀方式，可以避开刀具中心无切削刃部分与工件的干涉，使刀具沿螺旋线朝深度方向渐进，从而达到进刀的目的，如图 2-43a 所示。螺旋进刀时，刀具要在所加工型腔轮廓范围内，同时需注意螺旋半径不能过小，速度不能过快，否则刀尖易崩坏，但螺旋半径越大，进刀的切削路线就越长，下刀耗费的时间也就越长。一般螺旋半径应大于刀具半径，但不超过刀具直径。螺旋进刀也有其缺点，如切削路线较长，刀具磨损严重、易崩刃，在狭窄的型腔加工中往往因为切削范围过小而无法实现螺旋进刀等，所以有时可采用沿形状斜进刀或钻下刀孔等方法来弥补。

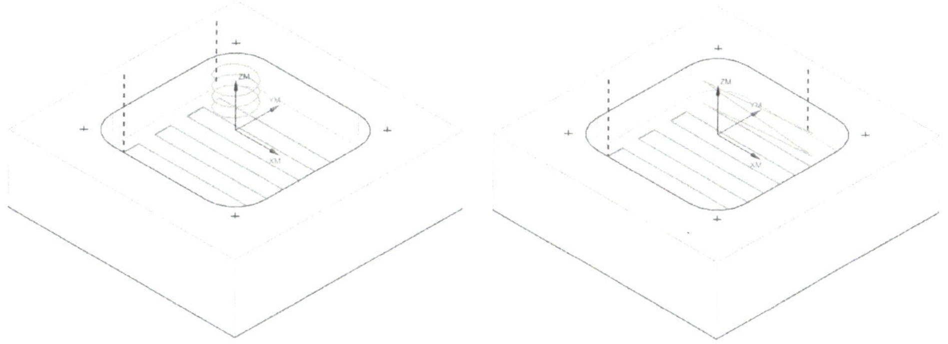

a)　　　　b)

图 2-43　封闭区域走刀路径

a）螺旋进刀　b）沿形状斜进刀

沿形状斜进刀是现代数控加工中应用较多的另一种进刀方式，刀具沿与加工平面成一定角度的走刀路线，斜向切入工件，达到在深度方向进刀的目的，如图 2-43b 所示。沿形状斜进刀作为螺旋进刀的补充，通常用于因范围限制而无法实现螺旋进刀的狭窄型腔的加工。

封闭区域常用进刀类型参数见表 2-22。

表 2-22　封闭区域常用进刀类型参数

参数	沿形状斜进刀	螺旋进刀
直径	无	刀具中心螺旋线路径的直径，一般采用默认设置
斜坡角度	斜线进刀的角度，角度越小，刀具所受冲击越小，最好在 3°之内	螺旋进刀螺旋角，在切削深度已定的情况下，角度越小，螺旋线越完整，刀具切入工件时的冲击力越小。普通材料为 2°~3°，较硬材料为 0.5°~1°，很软材料为 5°~15°
高度	刀具开始螺旋进刀或沿形状斜进刀时与参数高度起点的距离	
高度起点	常用当前层和前一层 当前层：刀具即将切削的一层 前一层：刀具刚刚切削完成的一层	
最大宽度	用于控制斜进刀的路线长度，一般采用默认设置	无
备注	刀具磨损大，效率高	刀具磨损严重，易崩刃，效率低

3. 线性进刀和圆弧进刀

对于开放区域的加工，一般从工件外进刀，常使用线性进刀和圆弧进刀两种进刀方式，其参数如图 2-44 所示。

开放区域进刀方式

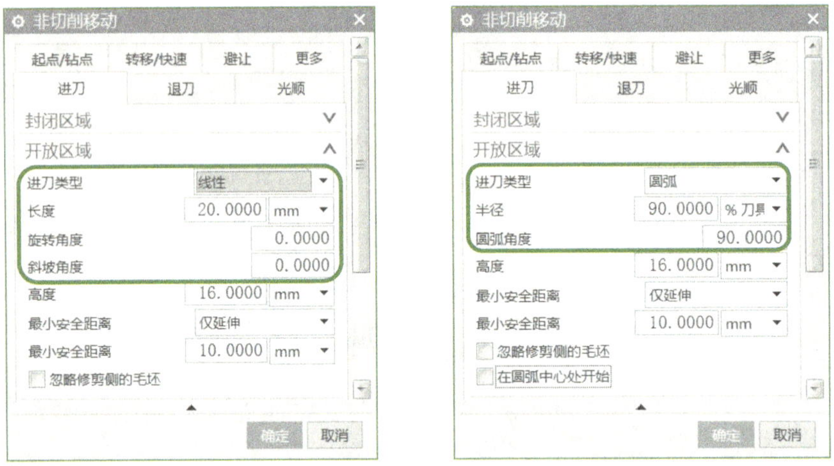

a)　　　　b)

图 2-44　开放区域进刀参数

a）线性进刀　b）圆弧进刀

线性进刀是指刀具沿直线法向切入工件，如图 2-45a 所示，刀具受到的冲击力较大，会造成主轴系统和刀具刚度发生变化，容易在切入点产生刀痕，多用于粗加工。

圆弧进刀是指刀具沿一段与工件侧面相切的圆弧切入工件，如图 2-45b 所示，可以改善铣刀开始接触工件时的状况，避免刀具直接与工件表面相撞，保护已加工表面，因此多用于精加工。

a)　　　　b)

图 2-45　开放区域走刀路径

a）线性进刀　b）圆弧进刀

开放区域常用进刀类型参数见表 2-23。

表 2-23　开放区域常用进刀类型参数

<table>
<tr><th>参数</th><th>线性进刀</th><th>圆弧进刀</th></tr>
<tr><td>长度</td><td>切入直线长度，有两种指定方式，即直线长度和占刀具百分比值</td><td>无</td></tr>
<tr><td>旋转角度</td><td>使切入直线旋转一定的角度，默认为 0</td><td>无</td></tr>
<tr><td>斜坡角度</td><td>切入直线与加工平面的夹角，默认为 0</td><td>无</td></tr>
<tr><td>半径</td><td>无</td><td>切入圆弧的半径值，有两种指定方式，即半径长度和占刀具百分比值</td></tr>
<tr><td>圆弧角度</td><td>无</td><td>切入圆弧的圆心角，默认为 90°</td></tr>
<tr><td>高度</td><td colspan="2">刀具在与加工平面垂直方向用设置的进给率进刀的高度，一般粗加工略大于每刀切削深度，精加工略大于底面余量</td></tr>
<tr><td>最小安全距离</td><td colspan="2">最小安全距离指刀具与加工侧面之间的距离，一般默认即可
三种方式：无、修剪和延伸、仅延伸
无：最小安全距离不起作用
修剪和延伸：刀具切入点与加工侧面之间的距离为最小安全距离参数值。进刀类型为线性进刀时，长度参数无效；进刀类型为圆弧进刀时，若进刀圆弧在最小安全距离范围内，则刀具先走一段直线再圆弧切入，若进刀圆弧在最小安全距离范围外，则最小安全距离外的圆弧被切除
仅延伸：进刀类型为线性进刀时，刀具切入点与加工侧面距离为最小安全距离与长度两参数数值大者；进刀类型为圆弧进刀时，刀具切入点与加工侧面距离为最小安全距离与半径两参数数值大者</td></tr>
<tr><td>忽略修剪侧的毛坯</td><td colspan="2">一般默认不勾选此项。对于可以指定修剪边界的工序，若勾选，保留的刀轨虽然不越过修剪边界，但刀具沿刀轨走可能越过剪切边界；若不勾选，保留的刀轨和刀具都不会越过剪切边界</td></tr>
<tr><td>在圆弧中心处开始</td><td>无</td><td>刀具从切入圆弧的圆心进刀。若勾选此项，最小安全距离中的修剪无效</td></tr>
</table>

【专家点拨】

对于封闭区域侧壁精加工，若使用圆弧进刀方式，封闭区域进刀类型可选择为与开放区域相同，然后在开放区域中设置圆弧进刀的相关参数。

二、初始进刀和退刀

1. 初始进刀

初始进刀用于定义刀具轨迹中第一层切削加工的进刀类型，包括初始封闭区域和初始开放区域两类。

（1）初始封闭区域　初始封闭区域的进刀类型一般设置成与封闭区域相同，设置成不同时，其选项的含义与封闭区域进刀类型相同。

（2）初始开放区域　初始开放区域的进刀类型一般设置成与开放区域相同，设置成不同时，其选项的含义与开放区域进刀类型相同。

2. 退刀

【退刀】选项卡用于定义刀具在切出工件时的模式。退刀选项可以设置成与进刀选项相同，也可以单独设置，设置方法参考进刀选项。

（1）退刀　退刀类型设置的是所有切削层刀轨退出工件的类型，具体选项含义与进刀选项相同。

（2）最终　最终参数下的退刀类型设置是指最后一层加工轨迹的退刀类型。

起点和钻点

三、起点/钻点

【起点/钻点】选项卡如图 2-46 所示，主要用于设置切削区域的起点以及预钻点，可以通过设置该参数来指定切削开始的位置。

1. 重叠距离

在进刀时，由于开始切削加工时的切削条件与正常切削加工时有所差别，在此处可能产生较大的让刀量，进而产生进刀痕。而设置重叠距离可确保此处余料完全被切削，避免产生进刀痕迹。在进行工件轮廓精加工时，设置的重叠距离可以有效去除进刀痕迹，并能避免因刀具误差或机床误差造成的明显切削不到位。

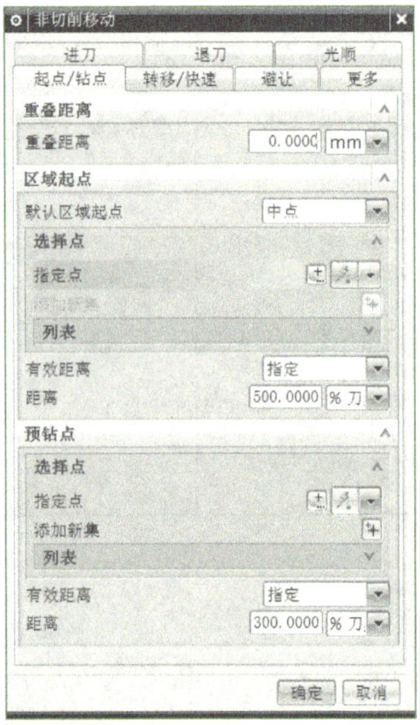

图 2-46　【起点/钻点】选项卡

2. 区域起点

区域起点用于指定切削加工的起始位置。可以采用【默认区域起点】，则允许系统自动生成起点位置，默认的位置可以是“拐角”或“中点”。也可以通过指定区域起点来定义刀具进刀位置和步进方向。当指定点的位置之后，系统将以该点为起点进行加工，并以靠近指定点的位置作为区域的起始位置。指定区域起点时，可以设置【有效距离】，当距离超过时，将忽略指定的起点。通常将【区域起点】选定在对工件加工质量影响最小的位置。

3. 预钻点

在进行平面铣削或型腔铣削时，为改善下刀时的刀具受力状况，除了采用斜线进刀或螺旋进刀方式外，也可以采用预钻点的方式，先在下刀位置钻一个落刀孔，再在该孔的中心下刀，然后水平走刀开始加工。在【预钻点】区域下的【选择点】中指定预钻点位置。当指定多个预钻点时，系统自动以距离坐标原点最近的点为最终使用点。

四、转移/快速

快速和转移

【转移/快速】选项卡中的参数用于指定切削过程中的退刀位置和刀具如何从一个切削加工刀轨移动到另一个切削加工刀轨。【转移/快速】选项卡中部分参数的选项及含义见表 2-24。

表 2-24 【转移/快速】选项卡中部分参数的选项及含义

选项卡区域	参数名称	选项及含义	图示说明
安全设置：用于指定切削加工过程中的退刀位置（安全平面）	安全设置选项	使用继承的：继承 MCS 工件坐标系中定义的安全平面	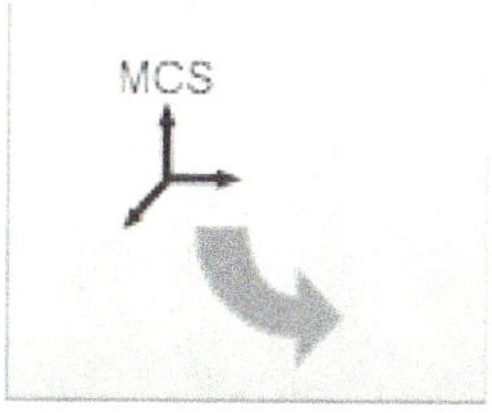
		无：不退刀，直接移动到下一个切削加工刀轨	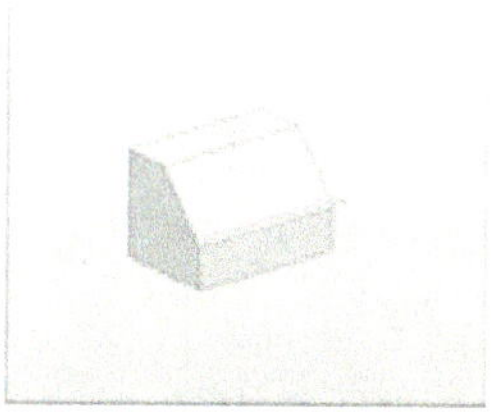
		自动平面：系统自动根据毛坯及部件几何体情况计算最高点，安全平面与最高点的距离为设置的安全距离数值	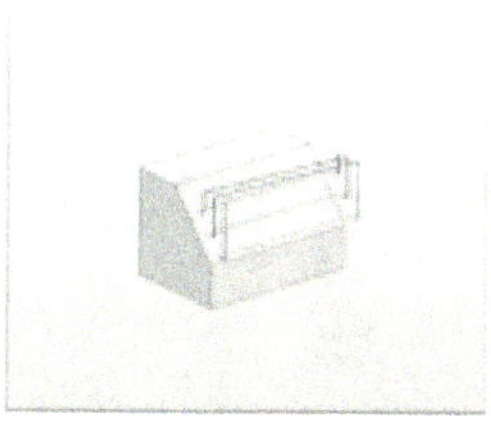
		平面：可为工序任意指定安全平面	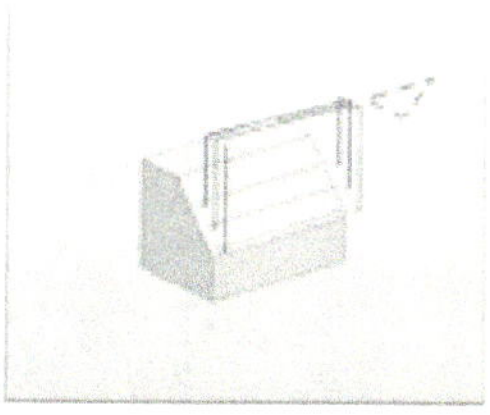

（续）

选项卡区域	参数名称	选项及含义	图示说明
区域之间：控制刀具在区域之间的抬刀和避让方式	转移类型	安全距离-刀轴：所有移动都沿刀轴方向返回到安全几何体	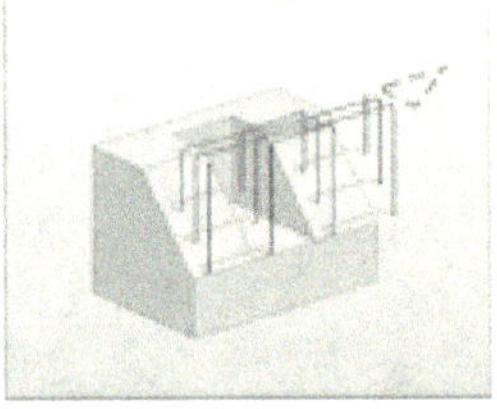
		安全距离-最短距离：所有移动都根据最短距离返回到已标识的安全平面	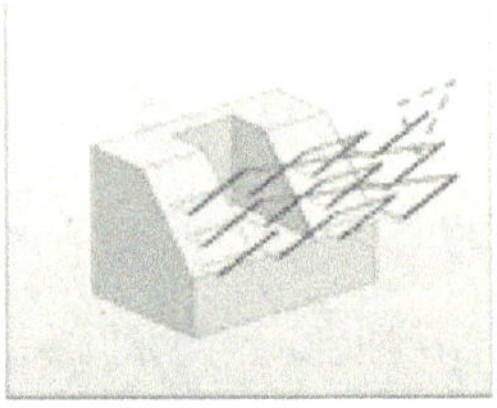
		前一平面：所有移动都返回到前一切削层，此层可以安全移动刀具，以使刀具沿平面移动到新的切削区域	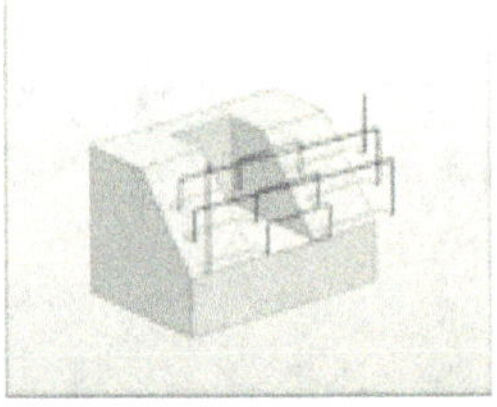
		直接：在两个位置之间进行直接移动。直接选项会忽略安全距离	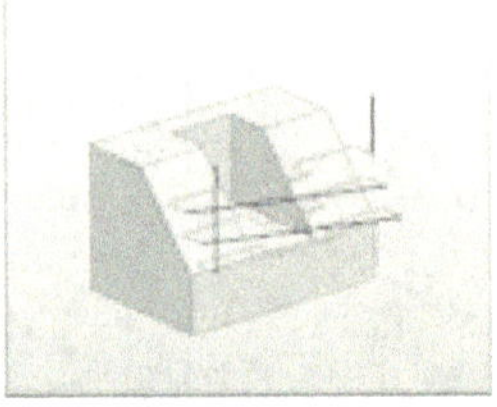
		Z向最低安全距离：首先应用直接移动。如果移动无过切，则使用前一安全深度加工平面	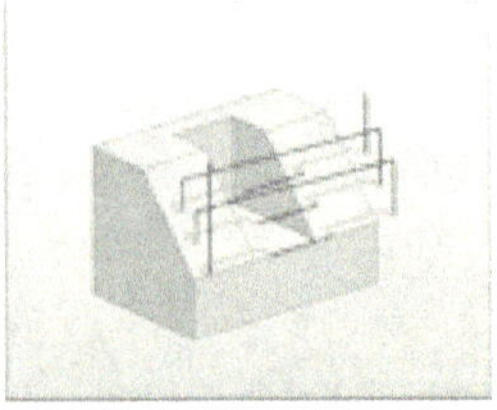
		毛坯平面：使刀具沿着由要除料的上层定义的平面移动	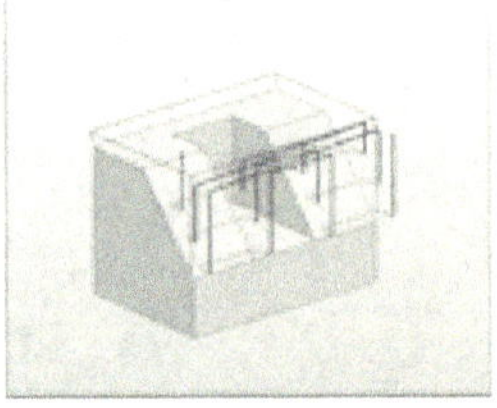

（续）

选项卡区域	参数名称	选项及含义	图示说明
区域内：同一切削范围内刀具的转移方式	转移方式	进刀/退刀：使用默认进刀/退刀定义	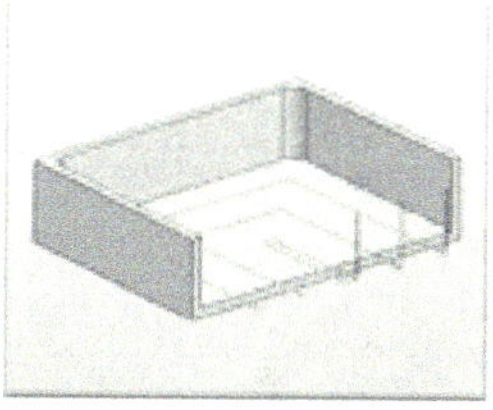
		抬刀和插削：以竖直移动产生进刀和退刀，需要输入抬刀/插削高度	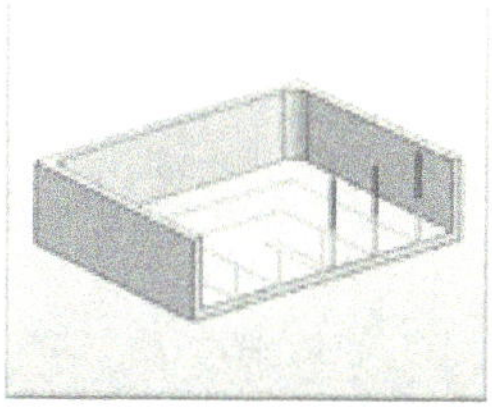
		无：不在区域内添加进刀或退刀移动	—
	转移类型	与区域之间的转移类型相同	

五、避让

【避让】选项卡用于定义刀具在非切削移动时的出发点、起点、返回点和回零点，避免碰撞和过切。【避让】选项卡中各选项含义见表 2-25。

表 2-25　【避让】选项卡中各选项含义

选项	含　义	图　示
出发点	指定刀具开始运动前的初始位置，若未指定，则把第一个加工运动的起点作为出发点	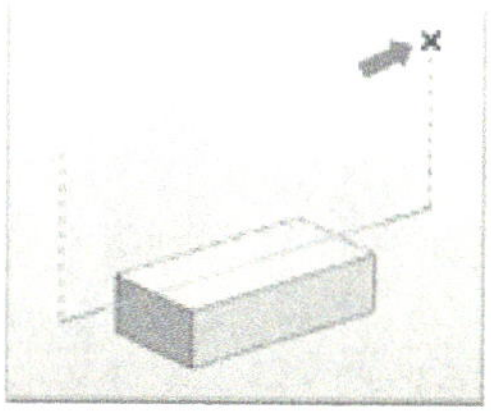
起点	定义刀具轨迹的起始位置，指定位置用于避让	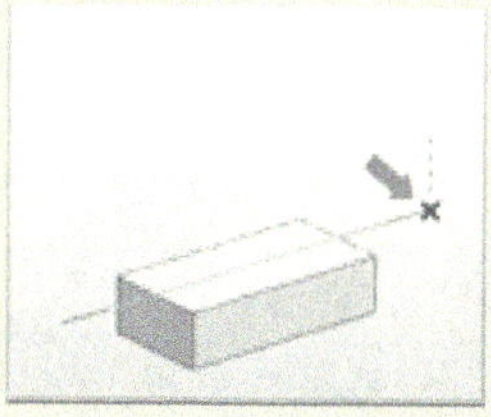
返回点	定义刀具切削完成时离开工件后到达的运动目标点	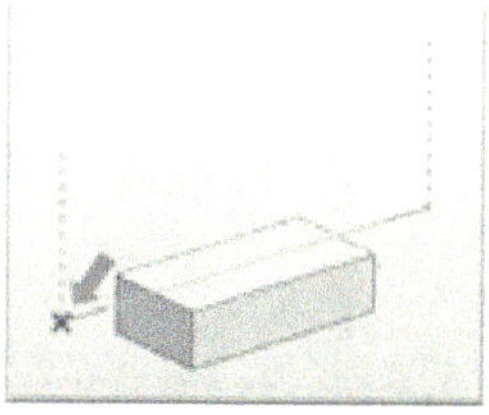

（续）

选项	含　义	图　示
回零点	刀具加工完成后最后达到的位置	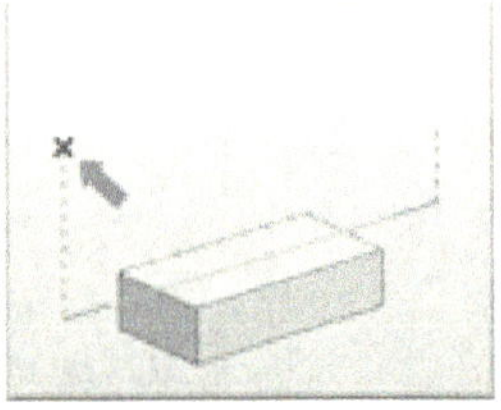

六、更多

非切削移动的【更多】选项卡包括碰撞检查和刀具补偿两个选项。

1. 碰撞检查

勾选【碰撞检查】复选框，可以检测与部件几何体、检查几何体的碰撞，如图 2-47a 所示；如果取消勾选该项，则不能避让检查体，如图 2-47b 所示。通常勾选【碰撞检查】选项，以保证切削安全和避免过切。

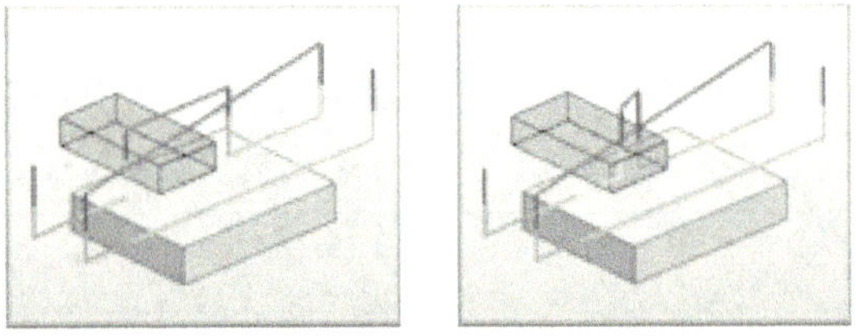

a)　　b)

图 2-47　碰撞检查

a）勾选【碰撞检查】　b）取消勾选【碰撞检查】

2. 刀具补偿

在实际加工中，由于刀具更换、刀具磨损或刀具重磨，会造成刀具尺寸发生变化，如果设置了刀具补偿，则只需修改数控系统中相应刀具的刀补值，而不必重新生成新的加工程序。刀具补偿类型及其含义见表 2-26。

表 2-26　刀具补偿类型及其含义

补偿类型	含　义	图　示
无	不采用刀具补偿	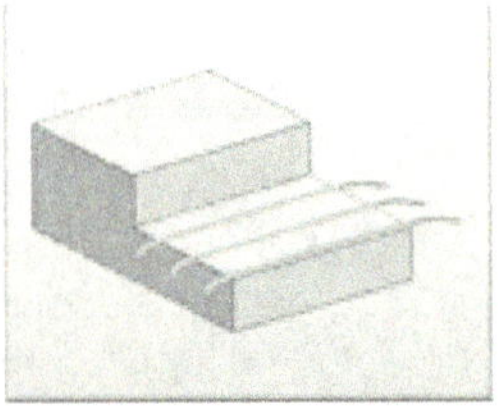
所有精加工刀路	刀具补偿所有精加工刀路	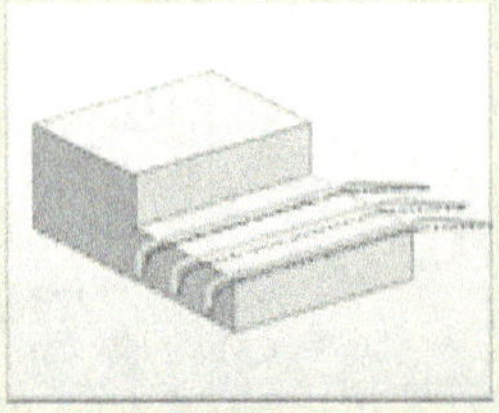

（续）

补偿类型	含　义	图　示
最终精加工刀路	刀具补偿最终精加工刀路	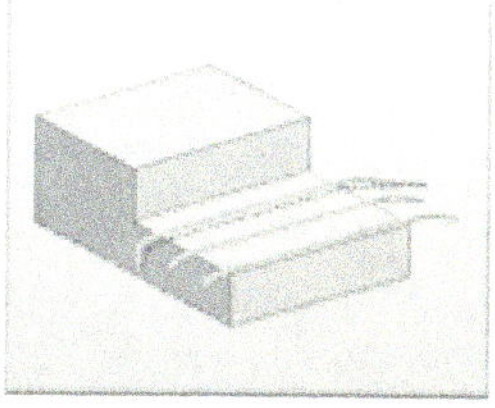

当选择刀具补偿时，相应选项含义见表 2-27。

表 2-27　使用刀具补偿时的参数含义

参数选项	含　义	图　示
最小移动	沿最小角度方向远离刀具进刀点的距离	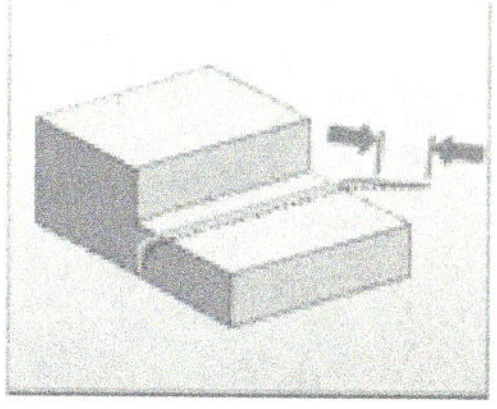
最小角度	圆弧的延长线绕进刀点旋转的角度	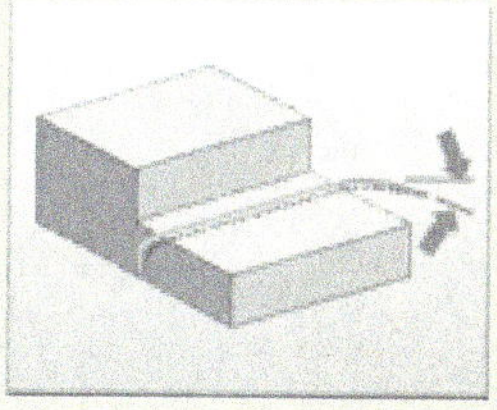
如果小于最小值，则抑制刀具补偿	勾选该选项，如果刀具补偿距离小于最小值，则不产生补偿刀路	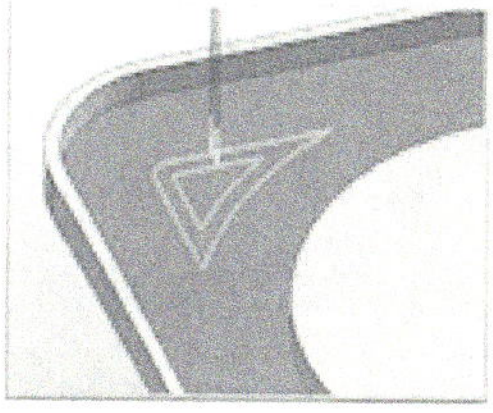
	不勾选该选项，则会产生补偿刀路	
输出平面	勾选该选项，刀具补偿命令中包含平面数据	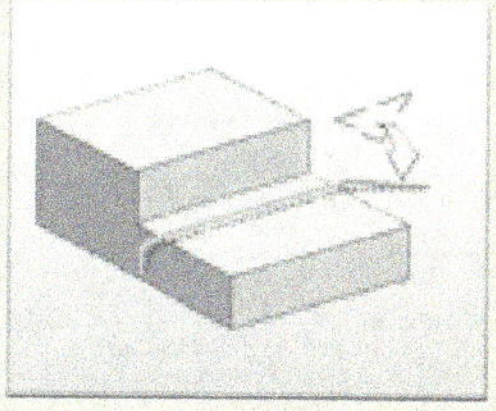

（续）

参数选项	含　义	图　示
输出平面	不勾选该选项，则不包含平面数据	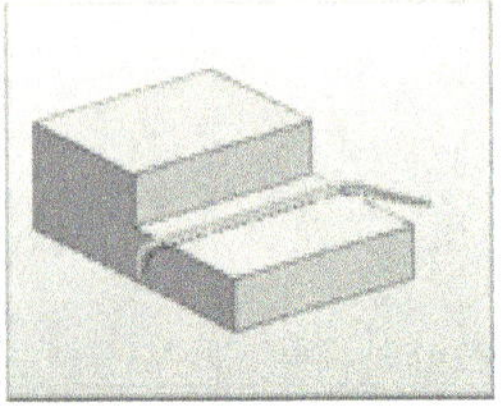
输出接触/跟踪数据	勾选该选项，输出的刀路是刀具接触加工轮廓的轨迹位置	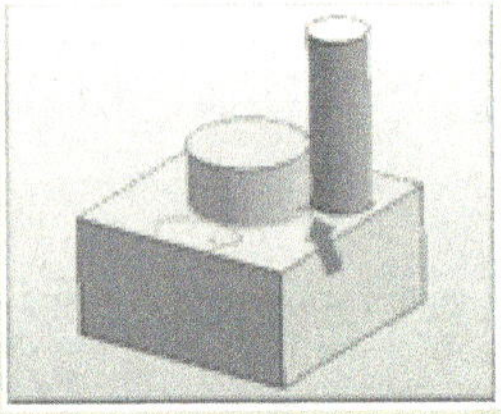
	不勾选该选项，输出的刀路是刀具中心的轨迹位置	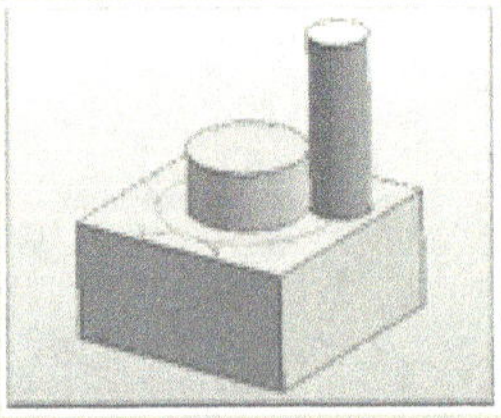

任务准备

学习图片、视频等资料。准备计算机、检查 UG NX 软件，并准备相关源文件。预习相关二维码视频，对设置非切削移动参数有一定的了解，为任务实施做好准备。

任务实施

1）观看相关视频，认识非切削移动参数的含义及用途。

2）设置非切削移动参数。

3）完成学习任务单（见表 2-28）。

表 2-28　学习任务单

问题与项目	描述与解答
封闭区域进刀 1）进刀类型选择螺旋进刀，结合观看视频后对参数的理解，修改相关参数的数值，观察进刀轨迹的变化 2）进刀类型选择沿形状斜进刀，结合观看视频后对参数的理解，修改相关参数的数值，观察进刀轨迹的变化	
开放区域进刀 1）进刀类型选择线性进刀，结合观看视频后对参数的理解，修改相关参数的数值，观察进刀轨迹的变化 2）进刀类型选择圆弧进刀，结合观看视频后对参数的理解，修改相关参数的数值，观察进刀轨迹的变化	

（续）

问题与项目	描述与解答
退刀类型：选择不同的退刀类型，观察退刀轨迹的特点	
起点 1）封闭区域进刀，将起点设置在轮廓线中某一条直线的中点 2）开放区域进刀，将起点设置在拐点	

任务评价

总结本次任务完成情况，填写表2-29，根据考核项目进行自评、互评和教师评价，完成任务评价。

表2-29　任务评价表

考核项目与权重	考核内容	评价标准	自评	互评	教师评价
专业知识（20%）	（1）简述非切削移动参数各选项卡的用途（10分）	回答错误或不足，酌情扣分			
	（2）简述常用进刀类型的用途及优点（10分）	回答错误或不足，酌情扣分			
专业能力（30%）	（1）能够正确设置不同的进刀方式，并根据具体情况合理设置相关参数（10分）	根据设置情况酌情扣分			
	（2）能够根据需要选择合适的退刀方式（10分）	根据设置情况酌情扣分			
	（3）能够正确设置刀轨的起点（10分）	根据设置情况酌情扣分			
职业素养（20%）	（1）敬业守时、认真负责、踏实严谨、谦虚好学（5分）	迟到、早退、无故缺勤等，每次扣1分，扣完为止			
	（2）具有良好的团队合作精神，能热心帮助其他同学完成任务（5分）	根据表现酌情扣分			
	（3）能根据工作任务对资源进行合理分配，能正确控制、激励、协调小组全过程（5分）	根据小组任务分配及任务完成情况酌情扣分			
	（4）能准确、快速表达个人思想和见解，能灵活运用所学知识，有创造性（5分）	根据创意设计情况酌情扣分			

（续）

考核项目与权重	考核内容	评价标准	自评	互评	教师评价
任务总结（30%）	（1）能进行归纳总结，得出规律和指导性经验，技术文件完整、规范、条理清晰。在任务结束后，反思自己的任务完成情况和质量（10分）	根据任务总结情况酌情扣分			
	（2）安全、有效地完成任务中的每个要求（20分）	根据任务完成情况酌情扣分			
合计（自评占比40%，互评占比20%，教师评价占比40%）					
任务反思					

项目总结

如图2-48所示，在项目二中，学习了UG NX CAM自动编程的相关基础知识，包括认识UG NX工序创建流程、设定切削参数和设定非切削移动参数。

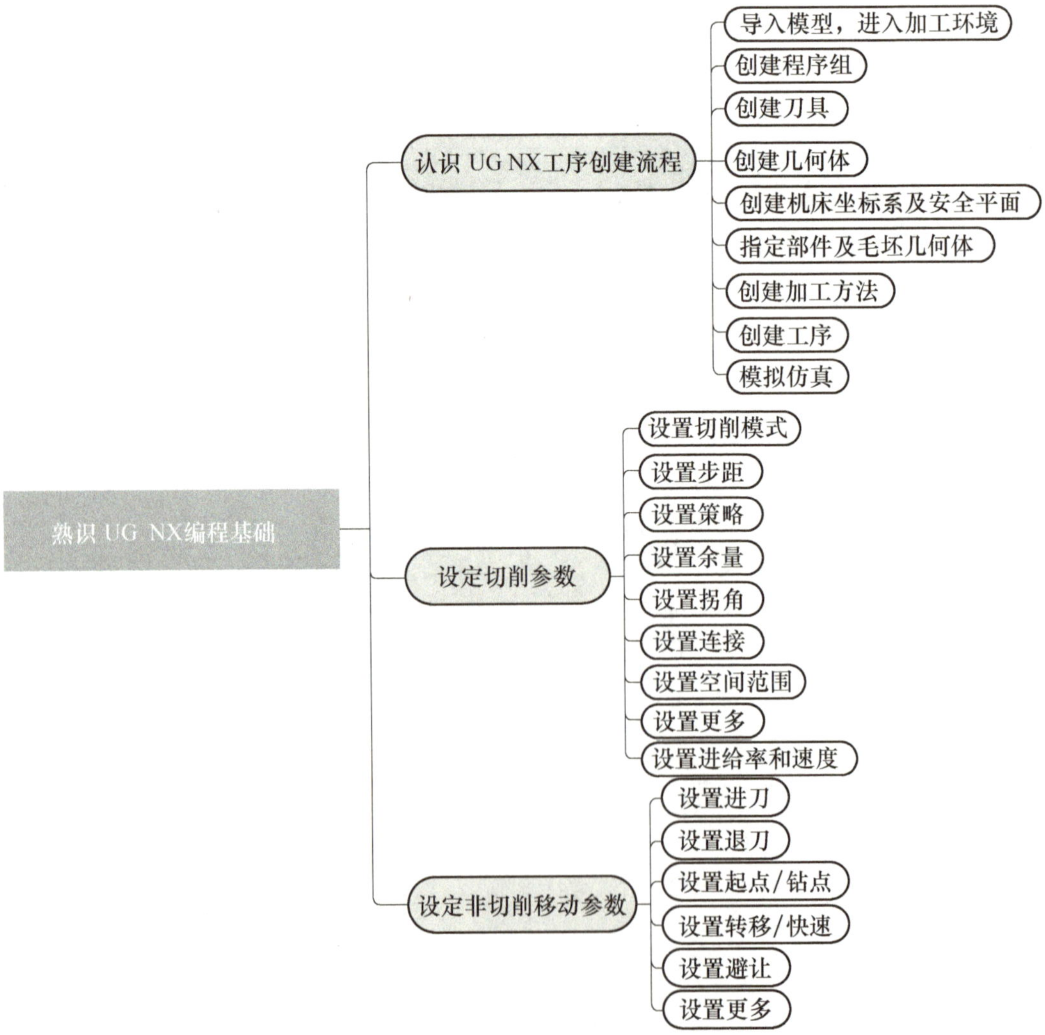

图2-48　项目二总结思维导图

项目练习题

一、填空题

1. 在粘贴程序组时，如果要与当前的程序组同为父级显示，则选择________；如果要与当前的程序组为父子级显示，则选择________。

2. 加工四轴工件时，通常【安全设置选项】选择________，【指定点】为圆柱侧面的________，【指定矢量】选择________方向。

3. 如果没有显示工件坐标系，则单击【菜单】→【________】→【________】→【________】，即可显示工件坐标系位置。

4. 创建几何体主要是定义加工的________，包括________、________，指定________、________、________、________等参数。

5. 在加工过程中，经常用到压板类夹具，为了使编程的刀轨能避开压板，需要用到________或________。

二、选择题

1. 对刀具轨迹不同颜色的表述中，下面（　　）是错误的。

A. 黄色的进刀线表示离真正切削只要很短的一段距离，刀具在此处移动非常慢

B. 青色的切削线指刀具按照给定进给速度切削工件

C. 绿色的步进线指两条切削线之间的连接线，通常使用进给

D. 红色的快速移动线通常使用 G0 的速度移动机床，不可以使用 G1 给定的速度

2. 【刀轨可视化】对话框中的选项可以指定刀具的显示形式为（　　）。

A. 线框显示　　B. 点显示　　C. 轴显示　　D. 以上都有

3. 跟随周边切削模式的刀具特点是（　　）。

A. 刀具在工件外部进刀，刀轨之间的距离相等，进退刀次数较多，适用范围广

B. 刀具在工件内部进刀，刀轨整齐，刀轨之间的距离不相等，有欠加工的情况，适用范围广

C. 能保证加工过程中维持单纯的顺铣或逆铣，每次走刀完成后抬刀，并快速返回至下一切削起点，适用于较简单结构的精加工

D. 不用抬刀，提高了效率，可顺铣和逆铣交替并存，会影响加工工件的表面质量，适用于较简单结构的粗加工和半精加工

4. 设置刀具从一个切削加工区域到达另一个加工区域的非切削移动速度是（　　）切削进给运动。

A. 逼近　　B. 退刀　　C. 移刀　　D. 切削

5. 封闭区域宜采用（　　）进刀方式。

A. 线性进刀切入　　B. 圆弧进刀切入　　C. 摆线进刀切入　　D. 螺旋进刀切入

三、判断题

1. UG NX 生成的刀轨有多种颜色，不同颜色代表了不同意义的切削速度。（　　）

2. 在使用【检查边界】时，可以在指定【检查边界】对话框中设置每条边界的检查余量。（　　）

3. 3D 动态模拟能够以三维实体模式显示动态刀具切除工件材料的过程，模拟过程非常直观，但播放时不允许用户在窗口中缩放、放大、旋转、移动，以便观察加工的细节问题。（　　）

4. 预先创建的刀具只可以在一个工序中重复使用，也可以在创建工序时创建刀具。（　　）

5. 在创建工序时需要指定部件，刀轨的仿真加工操作需要指定毛坯，根据工件的特点掌握不同的指定方法。预先指定的部件几何体不能在多个工序中使用，也可以在创建工序时指定几何体。（　　）

四、简答题

1. 简述 UG NX 12.0 数控加工编程流程。

2. 加工视图有哪几个？各有什么功能？

项目三 加工三轴工件

项目概述

三轴加工是UG NX软件编程的基础内容，主要包括平面、轮廓、型腔、孔、曲面等加工要素的编程方法。本项目主要学习带边界面铣、平面轮廓铣等工序的加工方法，理解UG NX软件的编程加工思路，掌握工序中指定几何体、切削区域和相关切削参数的设置方法，能根据工件特点和加工要求生成并且优化加工刀轨，为后面的学习打好坚实的理论和实操基础。

项目目标

1. 了解UG NX软件加工环境的界面。
2. 掌握槽板、转接块和楔块工件创建坐标系、指定部件及毛坯的方法。
3. 能合理制订槽板、转接块和楔块工件的加工工艺。
4. 掌握带边界面铣和平面轮廓铣的加工编程方法。
5. 掌握型腔铣、定心钻和钻孔的加工编程方法。
6. 掌握深度轮廓铣、区域轮廓铣和曲面区域轮廓铣的加工编程方法。

任务一 加工槽板

任务描述

本任务加工槽板，该工件由平面、轮廓等加工要素组成，如图3-1所示。本任务主要熟悉 UG NX 软件的加工环境，学习带边界面铣、平面轮廓铣和平面铣等工序的创建方法和参数的设置方法，合理制订工件的加工工艺，巩固创建程序组、坐标系和刀具等知识，能正确、合理地生成加工刀轨。

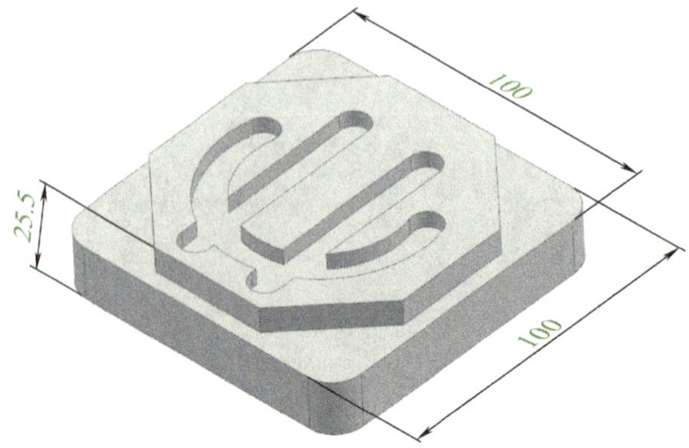

图 3-1　槽板

学习目标

【知识目标】

1. 理解槽板工件的加工工艺内容。
2. 掌握创建槽板加工坐标系和毛坯的方法。
3. 掌握用带边界面铣工序加工平面的编程方法。
4. 掌握用平面轮廓铣工序加工内、外轮廓的编程方法。

【能力目标】

1. 能合理制订槽板工件的加工工艺。
2. 能根据槽板工件特点创建加工坐标系和毛坯。
3. 能使用带边界面铣工序完成槽板工件平面的加工编程。
4. 能使用平面轮廓铣工序完成槽板工件内、外轮廓的加工编程。

【素养目标】

1. 通过本任务的学习，熟悉 UG NX 软件的编程加工环境，为多轴加工学习做好铺垫。

2. 学习三轴工件加工的编程方法，分析工件的特点和加工要求，逐渐提高优化加工刀轨的意识，增强认真思考和分析问题的能力。

知识准备

1. UG NX 数控编程中两轴铣削常用的加工方法

两轴铣削加工的工件，常以铣削平面、轮廓、型腔等加工要素为主，本任务以槽板工件加工为例来介绍两轴铣削常用的加工方法，详见表 3-1。

表 3-1　两轴铣削常用的加工方法

序号	名称	图标	功能和特点
1	带边界面铣		常用于铣削平面、底面等区域，使用时要指定部件和面边界，设定毛坯厚度和每刀切削深度，可用于粗、精加工
2	平面轮廓铣		常用于使用“轮廓”切削模式来生成单刀轨和沿部件边界描绘轮廓的多层平面刀轨，使用时要指定部件和面边界，可用于粗、精加工

2. 带边界面铣参数

带边界面铣是常用的平面加工指令，该指令包括指定面边界、切削模式、步距和毛坯距离等参数，具体内容见表 3-2。

表 3-2　带边界面铣参数

序号	参数名称		作　用
1	指定面边界		选取需要加工的表面(外轮廓面或型腔底面)
2	切削模式	跟随部件	根据整个部件几何体生成并且偏移刀轨，相比跟随周边抬刀次数较多，适用于有岛屿或型腔工件的粗加工
		跟随周边	沿切削区域的外轮廓生成刀轨，通过偏移该刀轨生成一系列的同心并且封闭的刀轨，同样适用于有岛屿或型腔工件的粗加工，相比跟随部件加工效率高，抬刀次数较少
		轮廓	用于创建一条或几条指定数量的刀轨，以完成工件侧壁或内、外轮廓的加工，适用于半精加工或精加工
		单向	切削时，从起点切削至终点后抬刀回到下一刀轨的起点再次进刀，始终保持一个方向的顺铣或逆铣，加工效率较低，适用于岛屿的精加工或无法使用往复加工的场合
		往复	往复切削生成多条平行直线刀轨，刀具在同一切削层内不抬刀，在步距宽度的范围内沿着切削区域的轮廓做连续往复的切削运动，交替进行顺铣和逆铣，是较为经济和高效的切削方式，适用于型腔的粗加工
3	步距		步距是两个切削路径之间的水平间隔距离。设置步距的方式有恒定、残余高度、%刀具平直和多重变量
4	毛坯距离		在需要分层切削时，第一层刀轨与最后一层刀轨之间的距离(毛坯顶面与加工平面之间的距离)为毛坯距离

3. 平面轮廓铣参数

平面轮廓铣指令常用于轮廓铣削加工，该指令包括指定部件边界、指定毛坯边界、指定检查边界、指定修剪边界和指定底面等参数，具体内容见表 3-3。

表 3-3　平面轮廓铣参数

序号	参数名称	作　用
1	指定部件边界	选择要加工的轮廓的边界(可以选择该轮廓的面或曲线)
2	指定毛坯边界	选择工件毛坯的边界
3	指定检查边界	设定不需要加工，刀具需要避让的区域
4	指定修剪边界	设定要修剪的范围边界
5	指定底面	选择要加工的轮廓的底面

任务准备

学习相关文档、视频等资料，打开计算机，启动 UG NX 软件，检查计算机及软件是否正常，准备上课所需的源文件。

任务实施

一、工件分析和工艺制订

1. 工件分析

槽板工件的加工特征见表 3-4。该工件需要两次装夹，首先加工大平面和轮廓，翻面装夹再进行八边形轮廓、底面和型腔的粗、精加工。

表 3-4　槽板工件的加工特征

图　　示	加工要素
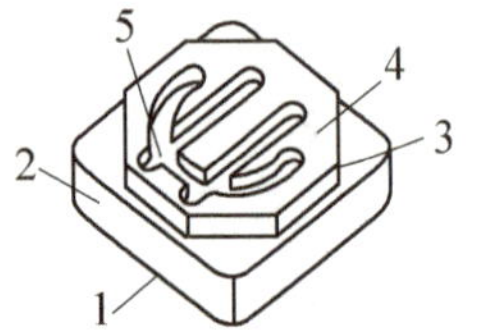	1. 平面
	2. 外轮廓
	3. 八边形外轮廓及底面
	4. 八边形轮廓顶面
	5. 八边形内型腔

2. 工艺方案

本任务选用尺寸为 102mm×102mm×27mm 的铝料毛坯，机床夹具为机用平口钳（安装时注意工件的装夹高度，保证露出钳口的高度满足加工要求）。量具准备满足工件测量要求的外径千分尺、深度千分尺、游标卡尺等，刀具清单见表 3-5。根据工件的特点，分析制订加工策略，见表 3-6。

表 3-5　刀具清单

序号	名称	规格	材质	齿数
1	立铣刀	D8	硬质合金	4
2	立铣刀	D12	硬质合金	4

表 3-6　加工策略

序号	加工部位	刀具规格名称	加工工序	加工结果图示
1	铣削顶面至尺寸要求	D12 立铣刀	带边界面铣 	

（续）

序号	加工部位	刀具规格名称	加工工序	加工结果图示
2	铣削侧壁轮廓至尺寸要求	D12 立铣刀	平面轮廓铣	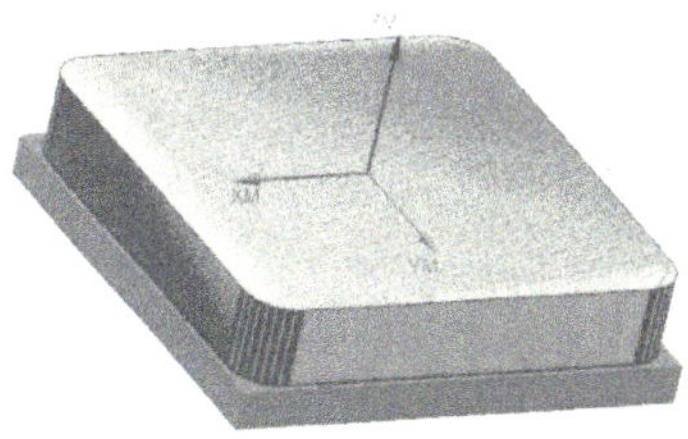
3	翻面装夹，粗铣八边形外轮廓的侧壁和底面，均保留 0.2mm 的余量	D12 立铣刀	带边界面铣	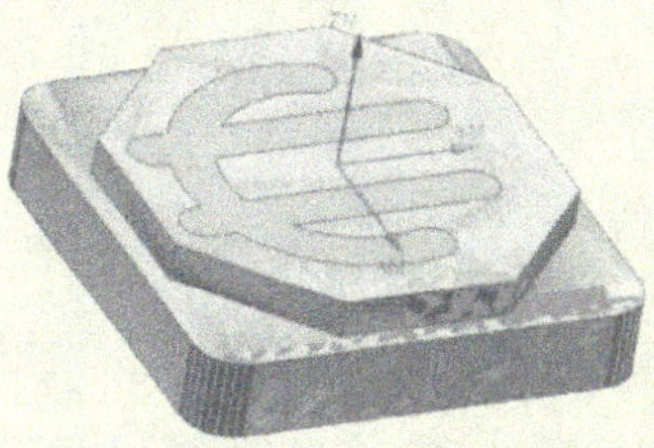
4	铣削八边形的顶面至尺寸要求			
5	精铣八边形外轮廓的侧壁和底面至尺寸要求			
6	粗铣八边形轮廓的内型腔、侧壁和底面，均保留 0.2mm 的余量	D8 立铣刀		
7	精铣八边形轮廓的内型腔、侧壁和底面至尺寸要求			

二、编程准备

1. 创建几何体

（1）创建机床坐标系　启动软件，打开槽板工件源文件，进入加工模块，单击【菜单】→【格式】→【WCS】→【定向】，弹出【坐标系】对话框，在【类型】中选择“自动判断”，选择工件的底面，WCS 坐标系自动设定在工件表面中心的位置，如图 3-2 所示。

加工槽板—创建坐标系和WORKPIECE

图 3-2　WCS 坐标系位置

在【工序导航器】中打开【几何视图】，在工序导航器界面双击【MCS_MILL】，弹出

【MCS】对话框，单击【指定 MCS】选项按钮，弹出【坐标系】对话框，在【参考坐标系】的【参考】中选择“WCS”，如图 3-3 所示。

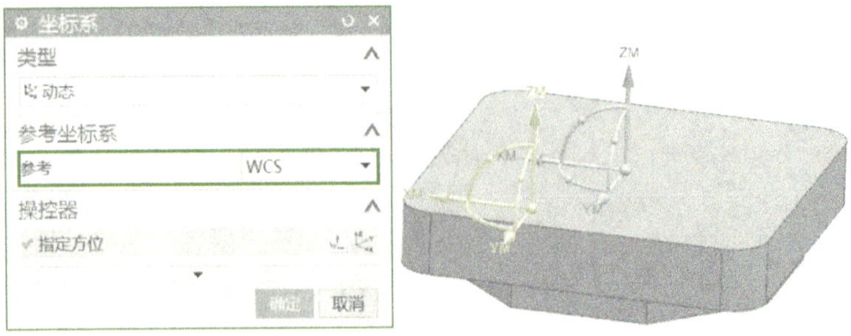

图 3-3　MCS 坐标系位置

（2）设置安全平面　在【MCS 铣削】对话框的【安全设置选项】中，选择“平面”，单击工件底面，输入距离“10”，单击【确定】按钮，将安全平面设定在所选的工件底面上侧 10mm 处，即完成安全平面的设置，如图 3-4 所示。

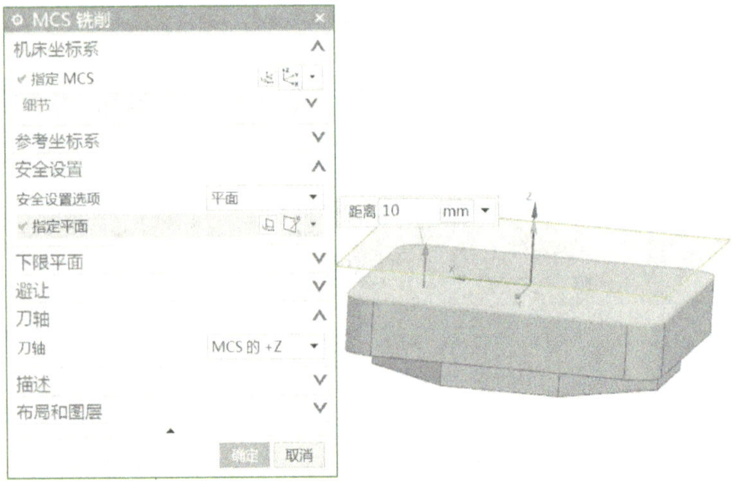

图 3-4　设置安全平面

（3）指定部件和毛坯几何体　在【工序导航器】中打开【几何视图】，将【MCS_MILL】选项展开，双击【WORKPIECE】，弹出【工件】对话框。单击该对话框中的【指定部件】按钮，弹出【部件几何体】对话框，如图 3-5 所示。在【选择对象】的状态

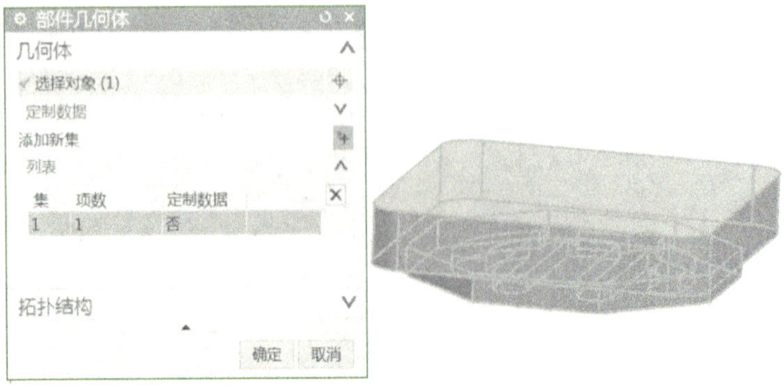

图 3-5　指定部件几何体

下，单击工件模型设置部件几何体，在列表中显示所选的部件，单击【确定】按钮完成部件几何体的设置。

在【工件】对话框中，单击【指定毛坯】按钮，弹出【毛坯几何体】对话框，在该对话框的【类型】中选择“包容块”，【限制】区域输入数值“1”，单击【确定】按钮，完成毛坯几何体的设置，如图 3-6 所示。

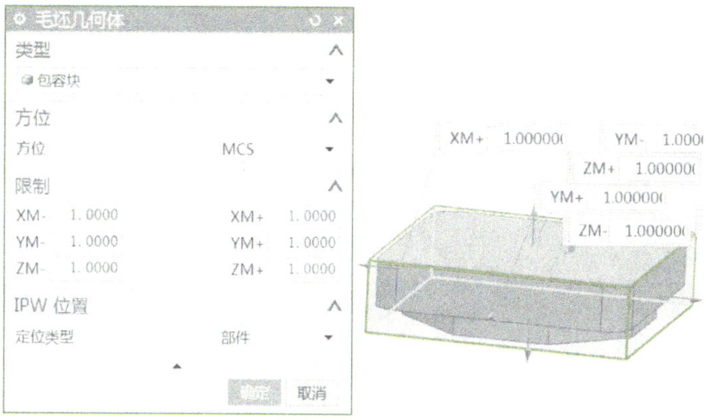

图 3-6　指定毛坯几何体

（4）创建机床坐标系 MCS_MILL-2 以及指定部件和毛坯几何体 WORKPIECE-2　在进行该槽板零件在表 3-4 中序号 3 的编程时需要翻面装夹，因此需要再创建机床坐标系 MCS_MILL-2 以及指定部件和毛坯几何体 WORKPIECE-2。要求机床坐标系设置在八边形上表面中心处，MCS_MILL-2 和 WORKPIECE-2 与上面创建的 MCS_MILL 和 WORKPIECE 同为父级的并列关系，如图 3-7 所示。请按照要求在软件中完成创建，并将创建步骤写在表 3-7 中。

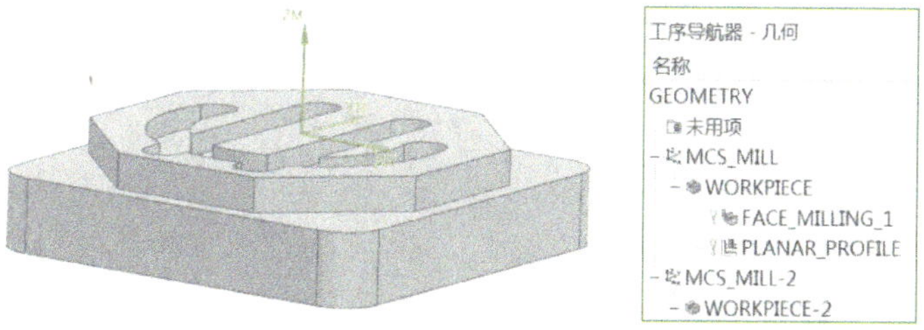

图 3-7　MCS_MILL-2 和 WORKPIECE-2

表 3-7　创建机床坐标系以及指定部件和毛坯几何体的步骤

创建机床坐标系 MCS_MILL-2 的步骤	指定部件和毛坯几何体 WORKPIECE-2 的步骤

加工槽板—创建刀具

2. 创建刀具

根据加工要求，创建两把规格为 ϕ8mm 和 ϕ12mm 的立铣刀。请按照要求在软件中完成刀具的创建，并将创建的步骤写在表 3-8 中。

表 3-8　创建刀具的步骤

名称	规格	创建刀具的步骤
立铣刀	D8	
立铣刀	D12	

加工槽板—创建程序组

3. 创建程序组

该工件的加工需要两次装夹，要求在【工序导航器】的【程序顺序视图】中创建两个程序组，分别命名为“槽板加工程序 1”和“槽板加工程序 2”。请按照要求在软件中完成程序组的创建，并将创建的步骤写在表 3-9 中。

表 3-9　创建程序组的步骤

名称	创建程序组的步骤
槽板加工程序 1	
槽板加工程序 2	

铣削零件顶面

三、创建程序

1. 铣削顶面

（1）选择加工工序　单击【创建工序】，弹出【创建工序】对话框，【类型】选择“mill_planar”，【工序子类型】选择“带边界面铣”，对话框中其他参数设置如图 3-8a 所示，单击【确定】按钮后弹出【面铣】对话框。在【面铣】对话框中，【刀轨设置】的参数如图 3-8b 所示。

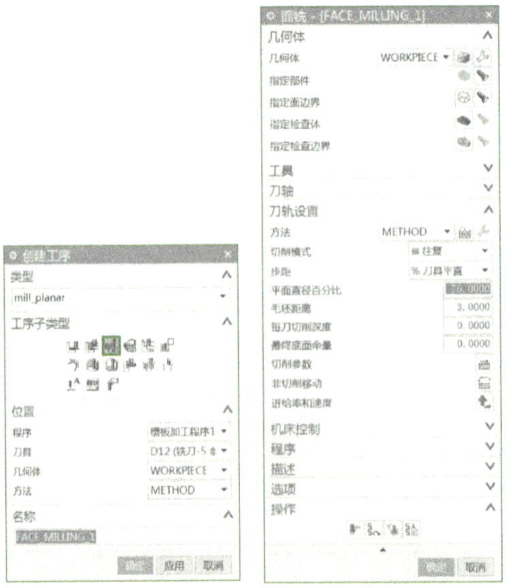

a)　　b)

图 3-8　创建带边界面铣

（2）选择加工区域　在【面铣】对话框中，单击【指定面边界】按钮，弹出【毛坯边界】对话框，选择槽板的底面，将该平面作为加工的平面，如图 3-9 所示。

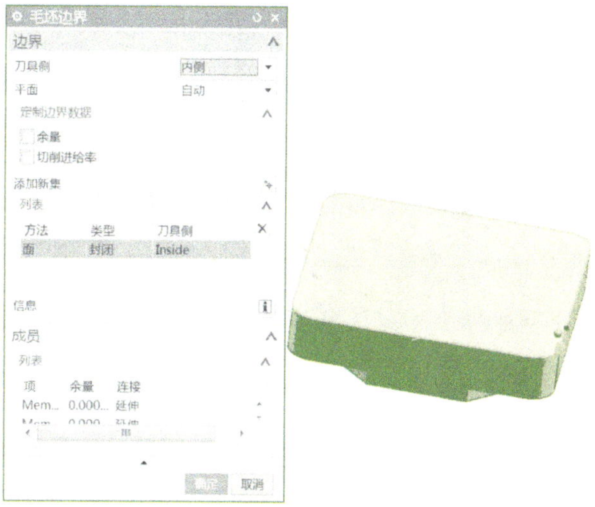

图 3-9　选择加工区域

（3）设置切削参数　在【面铣】对话框中，单击【切削参数】按钮，弹出如图 3-10a 所示对话框，在【余量】选项卡中，各余量均设置为“0”，其他参数默认，单击【确定】按钮。

（4）设置非切削移动　在【面铣】对话框中，单击【非切削移动】按钮，弹出如图 3-10b 所示对话框，【开放区域】中的【进刀类型】选择“线性”，【长度】为刀具的 50%，其他参数默认，单击【确定】按钮。

（5）设置进给率和速度　在【面铣】对话框中，单击【进给率和速度】按钮，弹出如图 3-10c 所示对话框，【进给率】中的【切削】输入“350”，【主轴速度】输入“2000”，按<Enter>键，再单击【计算】按钮，其他参数自动生成，单击【确定】按钮。

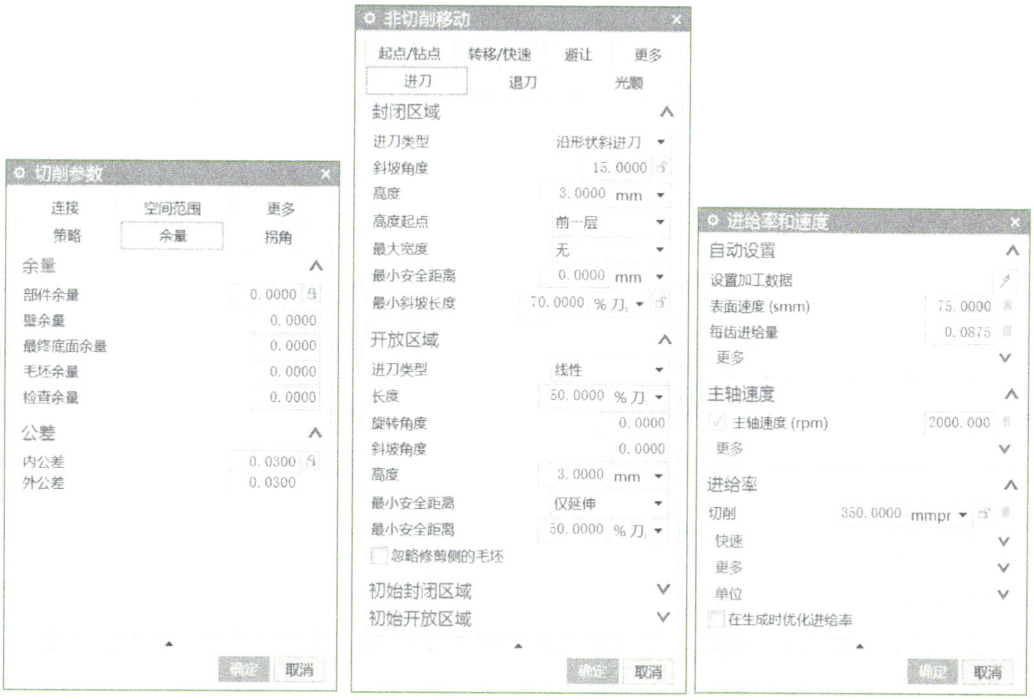

a)　　b)　　c)

图 3-10　设置参数

（6）生成刀具轨迹　单击【面铣】对话框中的【生成】按钮生成刀轨，单击对话框中的【确认】按钮，弹出【刀轨可视化】对话框，选择【3D 动态】，单击【播放】

按钮即可模拟仿真加工过程，如图 3-11 所示。

图 3-11　加工刀轨和仿真结果

【专家点拨】

带边界面铣提供了多种切削模式，如往复、单向等，应根据加工的内容（如铣削平面、外轮廓或型腔）并考虑加工的效率、质量等问题，合理设置参数，优化刀轨。

2. 铣削侧壁轮廓

（1）选择加工工序　单击【创建工序】，弹出【创建工序】对话框，【类型】选择“mill_planar”，【工序子类型】选择“平面轮廓铣”，对话框中其他参数设置如图 3-12a 所示，单击【确定】按钮后弹出【平面轮廓铣】对话框。在【平面轮廓铣】对话框中，【刀轨设置】的参数如图 3-12b 所示。

铣削零件外轮廓

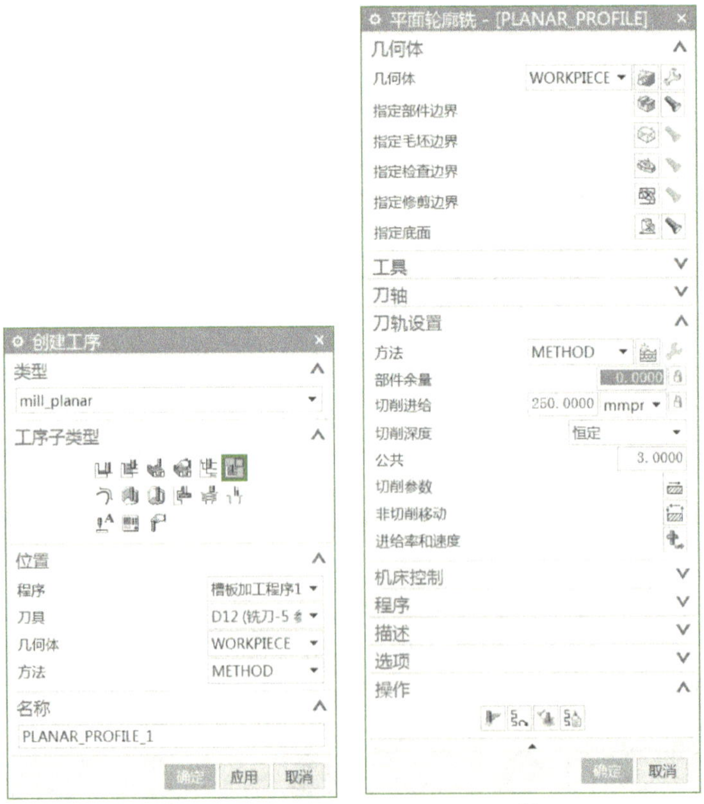

a)　　　　b)

图 3-12　创建平面轮廓铣

（2）选择加工区域　在【平面轮廓铣】对话框中，单击【指定部件边界】按钮，弹出【部件边界】对话框，选择槽板的底面，单击【确定】按钮，如图 3-13 所示。

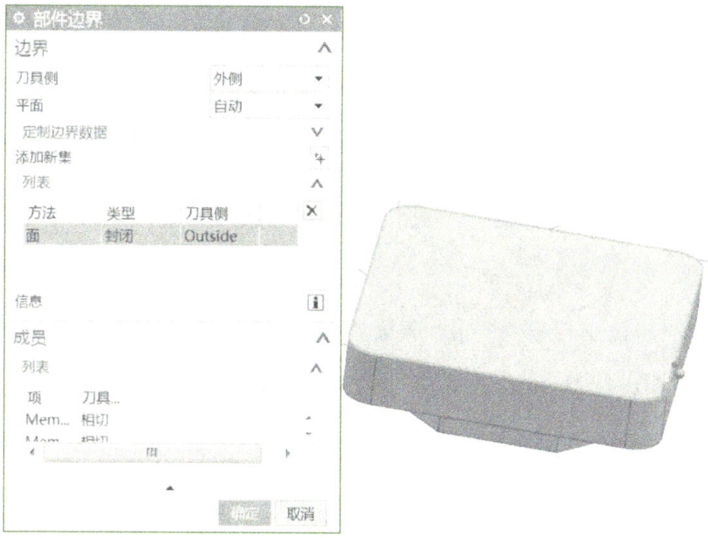

图 3-13　指定部件边界

单击【指定底面】按钮，弹出【平面】对话框，【类型】选择“按某一距离”，选择槽板轮廓的下平面，方向为 Z 轴负方向，偏置距离为“0. 5”，如图 3-14 所示。

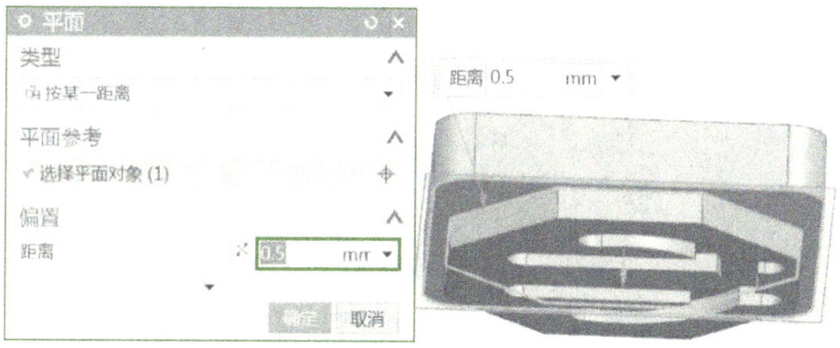

图 3-14　指定底面

（3）设置切削参数　在【平面轮廓铣】对话框中，单击【切削参数】按钮，在【余量】选项卡中，各余量均设置为“0”，其他参数默认，单击【确定】按钮。

（4）设置非切削移动　在【平面轮廓铣】对话框中，单击【非切削移动】按钮，【开放区域】中的【进刀类型】选择“圆弧”，【半径】为刀具的 50%，其他参数默认，单击【确定】按钮。

（5）设置进给率和速度　在【平面轮廓铣】对话框中，单击【进给率和速度】按钮，【进给率】中的【切削】输入“350”，【主轴速度】输入“2000”，其他参数默认，单击【确定】按钮。

（6）生成刀具轨迹　单击【平面轮廓铣】对话框中的【生成】按钮生成刀轨，加工刀轨和仿真结果如图 3-15 所示。

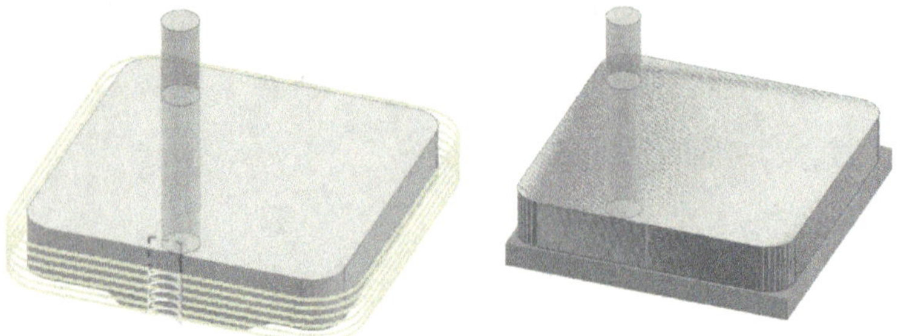

图 3-15　加工刀轨和仿真结果

【专家点拨】

平面轮廓铣在指定切削区域时，首先要指定部件边界，它可以直接选取平面或轮廓的曲线，其次要指定底面，以此确定轮廓加工的深度。

粗铣零件八边形外轮廓的侧壁和底面

铣削零件八边形的顶面

3. 翻面装夹，粗铣八边形外轮廓的侧壁和底面

本工步粗铣八边形外轮廓的侧壁和底面，工步内容及参数设置见表 3-10。

4. 铣削八边形的顶面

在【工序导航器】中复制上述创建好的工序【FACE_MILLING_3】，用鼠标右键单击【WORKPIECE-2】，选择【内部粘贴】，重命名为“FACE_MILLING_4”，该工序会继承上面工序的内容。

双击打开【面铣-FACE_MILLING_4】对话框，将【指定面边界】更改为选择槽板八边形的上表面，如图 3-16 所示。

表 3-10　粗铣八边形外轮廓的侧壁和底面工步内容及参数设置

工步内容	参数设置及图示	工步内容	参数设置及图示
选择加工工序	“带边界面铣” 【程序】:槽板加工程序 2 【刀具】:D12 立铣刀 【几何体】:WORKPIECE-2 【方法】:METHOD 【名称】:粗铣八边形外轮廓的侧壁和底面(FACE_MILLING_3)	设置加工参数	【刀轴】:默认 【切削模式】:跟随部件 【毛坯距离】:8 【每刀切削深度】:2 【最终底面余量】:0.2 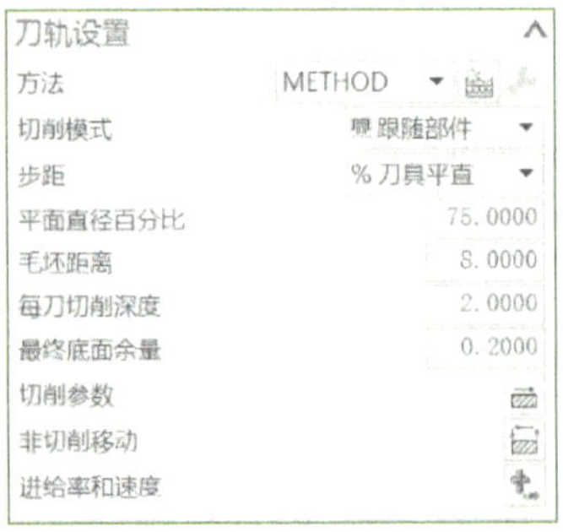
选择加工区域	【指定面边界】选择槽板八边形轮廓的底面 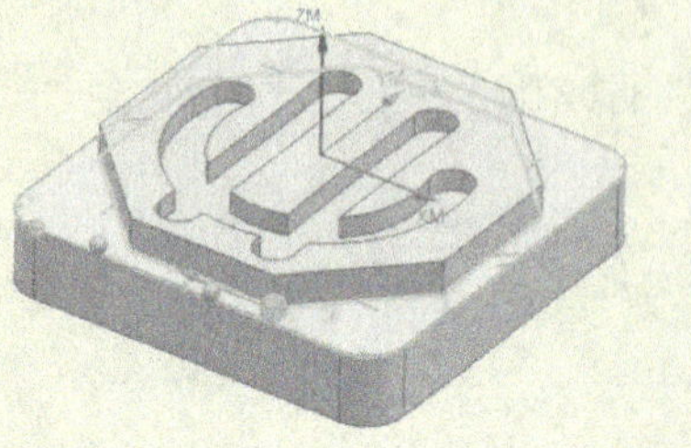	设置切削参数	【部件余量】:0.2 【最终底面余量】:0.2

（续）

工步内容	参数设置及图示	工步内容	参数设置及图示
设置非切削移动	【开放区域】中的【进刀类型】选择“线性” 【长度】为刀具的 50% 其他参数默认	仿真确认结果	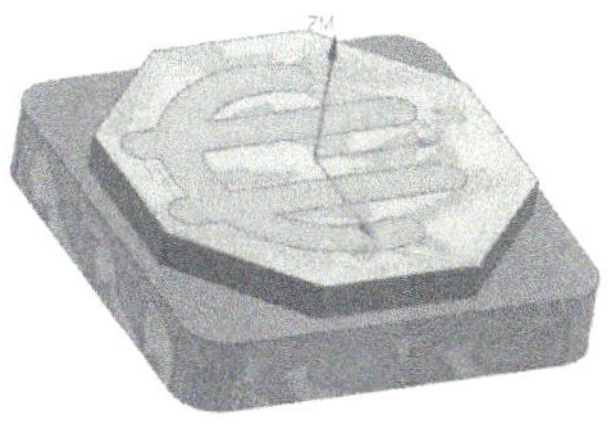
设置进给率和速度	【主轴转速】:1600 【进给率】中的【切削】:450		
生成刀具轨迹	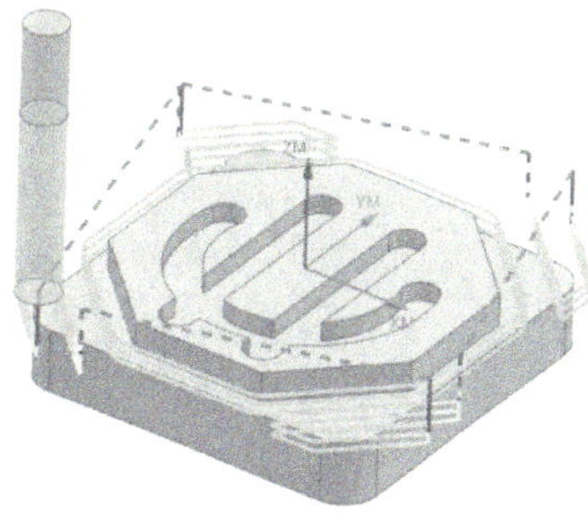		

在【切削参数】对话框的【余量】选项卡中，【部件余量】输入“0”，【最终底面余量】输入“0”，其他参数默认。【非切削移动】对话框中的参数默认。在【进给率和速度】对话框的【进给率】区域中，【切削】输入“350”，【主轴速度】输入“2000”，加工刀轨和仿真结果如图 3-17 所示。

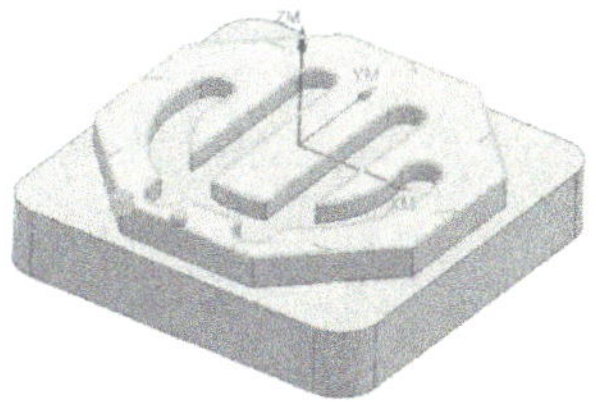

图 3-16　选择加工区域（一）

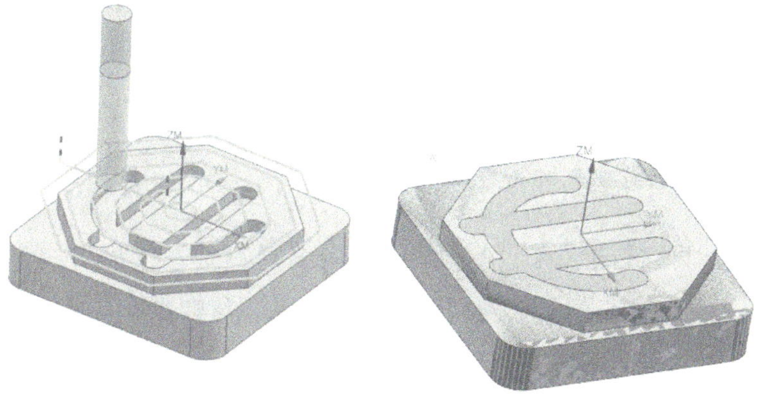

图 3-17　加工刀轨和仿真结果（一）

5. 精铣八边形外轮廓的侧壁和底面

精铣零件八边形外轮廓的侧壁和底面

在【工序导航器】中复制上述创建好的工序【FACE_MILLING_3】，用鼠标右键单击【WORKPIECE-2】，选择【内部粘贴】，重命名为“FACE_MILLING_5”。

双击打开【面铣-FACE_MILLING_5】对话框，将【指定面边界】更改为选择槽板八边形的外轮廓底面，如图 3-18 所示。

在【切削参数】对话框中，【余量】选项卡中的各余量均输入“0”；在【策略】选项卡中勾选【添加精加工刀路】，其他参数默认。【非切削移动】对话框中的参数默认。在【进给率和速度】对话框的【进给率】区域中，【切削】输入“350”，【主轴速度】输入“2000”。加工刀轨和仿真结果如图 3-19 所示。

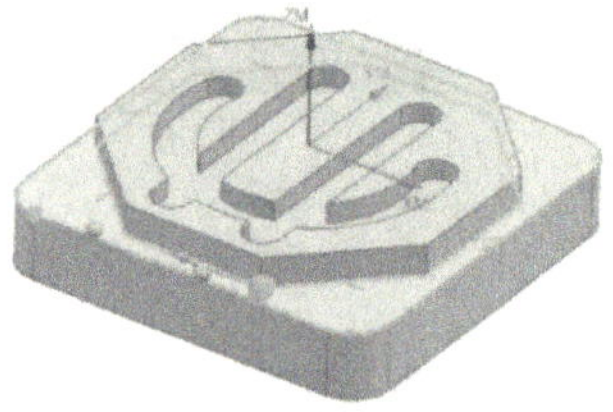
图 3-18 选择加工区域（二）

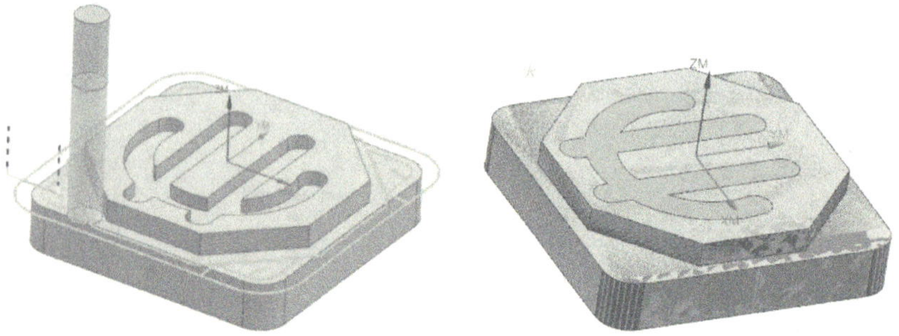
图 3-19 加工刀轨和仿真结果（二）

6. 粗铣八边形轮廓的内型腔、侧壁和底面

在【工序导航器】中复制上述创建好的工序【FACE_MILLING_3】，用鼠标右键单击【WORKPIECE-2】，选择【内部粘贴】，重命名为“FACE_MILLING_6”。

粗铣零件八边形轮廓的内型腔

双击打开【面铣-FACE_MILLING_6】对话框，将【指定面边界】更改为选择槽板八边形型腔的底面，如图 3-20 所示。【刀具】选择“D8 立铣刀”。

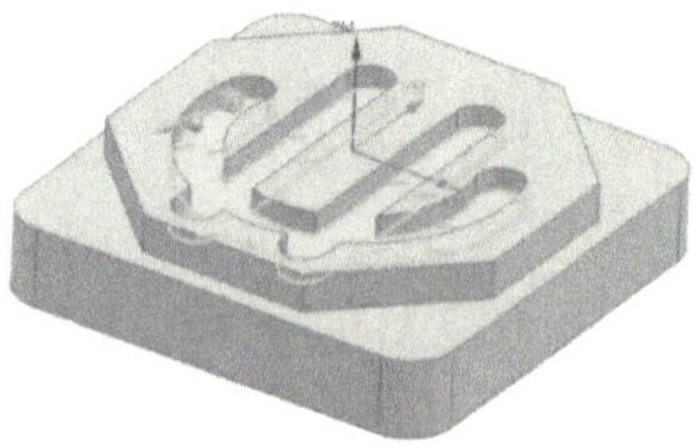
图 3-20 选择加工区域（三）

在【切削参数】对话框的【余量】选项卡中，【部件余量】输入“0.2”，【最终底面余量】输入“0.2”，其他参数默认。【非切削移动】对话框中的参数默认。在【进给率和速度】对话框的【进给率】区域中，【切削】输入“500”，【主轴速度】输入“3000”。加工刀轨和仿真结果如图 3-21 所示。

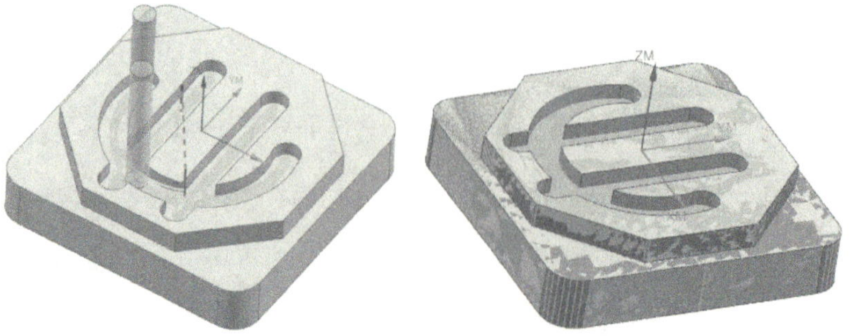
图 3-21 加工刀轨和仿真结果（三）

7. 精铣八边形轮廓的内型腔、侧壁和底面

精铣零件八边形轮廓的内型腔

在【工序导航器】中复制上述创建好的工序【FACE_MILLING_6】，用鼠标右键单击【WORKPIECE-2】，选择【内部粘贴】，重命名为“FACE_MILLING_7”。

在【切削参数】对话框的【余量】选项卡中，各余量均输入“0”，其他参数默认。在【非切削移动】对话框的【封闭区域】中，【进刀类型】选择与开放区域相同，【开放区域】中的【进刀类型】选择“圆弧”，【半径】输入“1”，其他参数默认。在【进给率和速度】对话框的【进给率】区域中，【切削】输入“500”，【主轴速度】输入“3500”。加工刀轨和仿真结果如图 3-22 所示。

至此，完成槽板加工程序的创建。

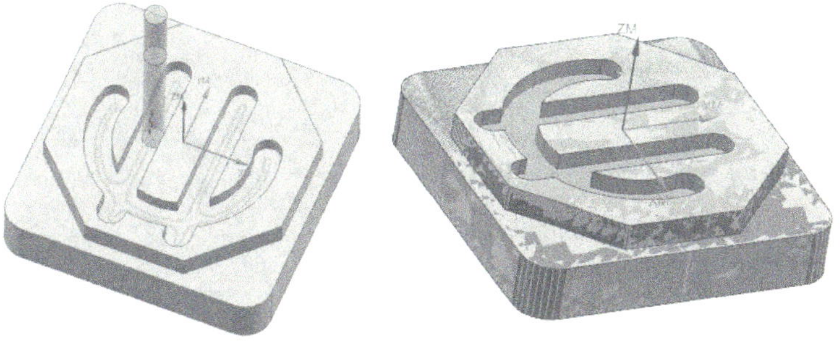

图 3-22　加工刀轨和仿真结果（四）

任务评价

总结本次任务完成情况，填写表 3-11，根据考核项目进行自评、互评和教师评价，完成任务评价。

表 3-11　任务评价表

考核项目与权重	考核内容	评价标准	自评	互评	教师评价
专业知识（20%）	（1）掌握两轴铣削的加工方法（6 分）	能利用所学知识生成加工刀具轨迹，每错误使用一个刀轨扣 1 分，扣完为止			
	（2）掌握槽板外轮廓的加工方法（6 分）	特征选择、参数设置合理，错误一处扣 1 分，扣完为止			
	（3）掌握槽板八边形顶面和内、外轮廓的加工方法（8 分）	特征选择、参数设置合理，错误一处扣 1 分，扣完为止			
专业能力（30%）	（1）能够根据所学加工策略生成槽板的加工刀具轨迹（10 分）	方法有误或使用不合理的策略，每处扣 2 分，扣完为止			
	（2）能够根据槽板外轮廓特点，使用平面轮廓铣工序生成加工刀具轨迹（10 分）	特征选择、参数设置合理，错误一处扣 1 分，扣完为止			
	（3）能够根据槽板八边形顶面和内、外轮廓特点，使用带边界面铣工序生成加工刀具轨迹，完成工件的加工（10 分）	特征选择、参数设置合理，错误一处扣 1 分，扣完为止			

（续）

考核项目与权重	考核内容	评价标准	自评	互评	教师评价
职业素养（20%）	（1）敬业守时、认真负责、踏实严谨、谦虚好学（5分）	迟到、早退、无故缺勤等，每次扣1分，扣完为止			
	（2）具有良好的团队合作精神，能热心帮助其他同学完成任务（5分）	不参加小组讨论每次扣1分，扣完为止			
	（3）能根据工作任务对资源进行合理分配，能正确控制、激励、协调小组工作全过程（5分）	根据对小组的引导、小组完成任务情况酌情扣分			
	（4）能准确、快速地表达个人思想和见解，能灵活运用所学知识，有创造性（5分）	根据创意设计情况酌情扣分			
任务总结（30%）	（1）能进行归纳总结，得出规律和指导性经验，技术文件完整、规范、条理清晰。在任务结束后，反思自己的任务完成情况和质量（10分）	根据任务总结情况酌情扣分			
	（2）安全、有效地完成任务中的每个要求（20分）	根据任务完成情况酌情扣分			
合计（自评占比40%，互评占比20%，教师评价占比40%）					
任务反思					

任务二　加工转接块

任务描述

本任务加工转接块，该工件由平面、轮廓、型腔、内孔和倒角等加工要素组成，如图3-23所示。通过加工转接块，学习型腔铣、定心钻和钻孔等工序的创建方法和参数的设置方法，合理制订工件的加工工艺，巩固所学的带边界面铣、平面轮廓铣等工序的内容，能

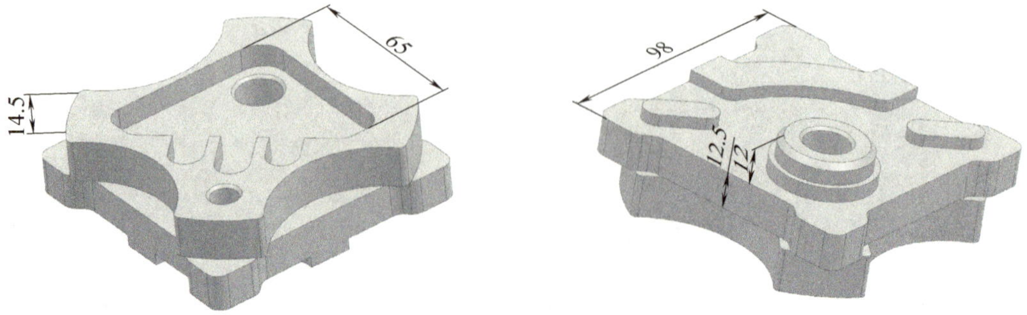

图3-23　转接块

通过参数的设置合理地优化加工刀轨。

学习目标

【知识目标】

1. 理解转接块的加工工艺内容。
2. 掌握创建转接块加工坐标系和毛坯的方法。
3. 掌握用型腔铣工序对转接块进行平面加工编程的方法。
4. 掌握用钻孔工序对转接块进行内孔加工编程的方法。
5. 掌握用平面铣工序对转接块进行平面和轮廓加工编程的方法。
6. 理解优化加工刀轨的原理。

【能力目标】

1. 能合理制订转接块的加工工艺。
2. 能根据转接块特点创建加工坐标系和毛坯。
3. 能使用型腔铣工序完成转接块平面的铣削加工编程。
4. 能使用钻孔工序完成转接块孔的钻削加工编程。
5. 能使用平面铣工序完成转接块平面和轮廓铣削的加工编程。
6. 能合理优化加工刀轨，提高加工效率和质量。

【素养目标】

1. 通过本任务的学习，培养学生对新知识的学习能力。

2. 引导学生对所学知识进行活学活用的意识，对不同的加工部位要合理选择加工工序和设置参数，逐渐提高学生自主分析和解决问题的能力。

知识准备

1. UG NX 数控编程中三轴铣削、钻削等常用的加工方法（见表 3-12）

表 3-12　三轴铣削、钻削等常用的加工方法

序号	名称	图标	功能和特点
1	型腔铣		常用于型腔或外轮廓的粗加工，适用于去除型芯、凹模和铸造类工件大量材料的场合
2	定心钻		常用于钻削内孔的中心孔，一般放在钻孔工序前面，适用于一个或多个平面的中心孔钻削场合
3	钻孔		常用于内孔的钻削加工，适用于一个或多个平面的通孔、盲孔等不同类型的加工场合
4	平面铣		常用于切除固定刀轴的平面切削层中的材料，使用时可以通过选取面或曲线的方式指定加工区域，选择底面确定底部切削层，可用于粗铣带直壁的棱柱部件上的大量材料

2. 型腔铣参数

型腔铣常用于复杂型腔的粗加工、半精加工等场合，该指令包括指定切削区域和切削层等参数，具体内容见表3-13。

表3-13 型腔铣参数

序号	参数名称	作　用
1	指定切削区域	指定要加工的一个或多个表面 当不指定切削区域时，软件会自动识别工件模型，加工+ZM方向的所有内、外轮廓
2	切削层	设定切削的顶部和底部的范围，可以根据工件特点或加工要求灵活设置切削的范围、深度等参数

3. 定心钻参数

定心钻常用于钻削中心孔，起到钻孔之前的定位作用，该指令包括指定特征几何体和深度等参数，具体内容见表3-14。

表3-14 定心钻参数

序号	参数名称	作　用
1	指定特征几何体	指定要加工的内孔特征
2	深度	在指定内孔特征后，设定要钻削中心孔的深度

4. 钻孔参数

钻孔常用于钻削通孔、盲孔和扩孔等场合，可以选择多种钻削方式，该指令包括深度和深度限制等参数，具体内容见表3-15。

表3-15 钻孔参数

序号	参数名称	作　用
1	深度	设置加工的内孔深度，在加工通孔时为了避免有接刀痕或毛刺，深度一般比内孔深1mm左右
2	深度限制	选择要加工孔的类型（盲孔或通孔）

任务准备

学习相关文档、视频等资料，打开计算机，启动UG NX软件，检查计算机及软件是否正常，准备上课所需的源文件。

任务实施

一、工件分析和工艺制订

1. 工件分析

转接块工件的加工特征见表3-16。该工件需要两次装夹，首先加工上表面的圆柱、圆弧凸台等，翻面装夹再进行下表面的圆弧外轮廓、型腔的加工。

表 3-16　转接块工件的加工特征

图　示	加工要素
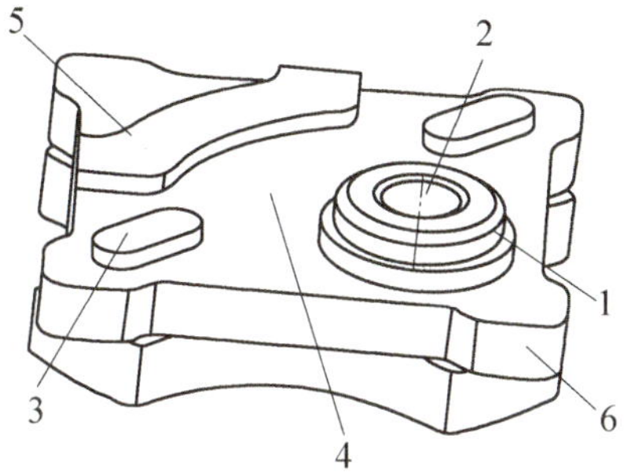	1. 圆柱凸台
	2. ϕ16H7 内孔
	3. 直边凸台
	4. 剩余区域
	5. 圆弧凸台
	6. 外轮廓
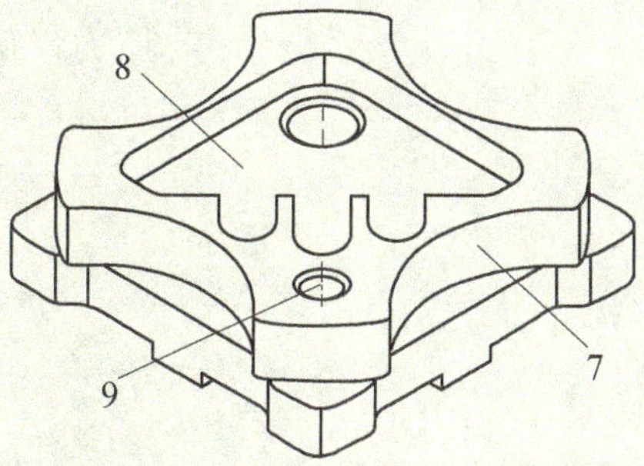	7. 圆弧外轮廓
	8. 凹型腔
	9. ϕ10mm 的内孔

2. 工艺方案

本任务选用尺寸为 102mm×102mm×43mm 的铝料毛坯，机床夹具为机用平口钳（安装时注意工件的装夹高度，保证露出钳口的高度满足加工要求）。量具准备满足工件测量要求的外径千分尺、深度千分尺、游标卡尺等，刀具清单见表 3-17。根据工件的特点，分析制订加工策略，见表 3-18。

表 3-17　刀具清单

序号	名称	规格	材质	齿数
1	立铣刀	D10	硬质合金	4
2	立铣刀(倒角)	D8C2	硬质合金	4
3	中心钻	D8	硬质合金	2
4	钻头	D15.7	高速工具钢	2
5	铰刀	D16	高速工具钢	5
6	钻头	D10	高速工具钢	2

表 3-18　加工策略

序号	加工部位	刀具规格名称	加工工序	加工结果
1	粗铣凸台及轮廓，保留 0.2mm 的余量	D10 立铣刀	型腔铣	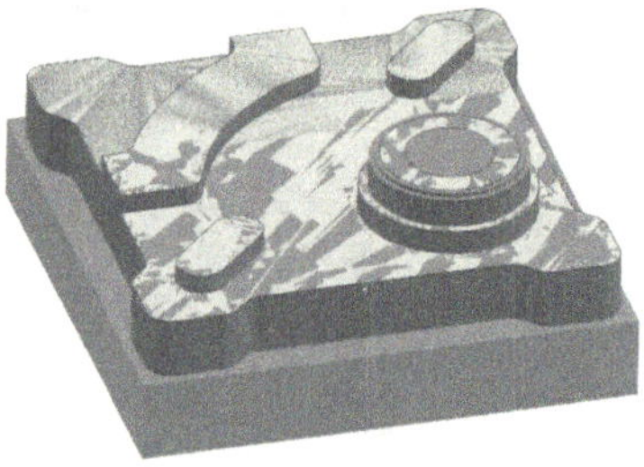
2	精铣平面至尺寸要求，凸台的侧壁保留 0.2mm 的余量		带边界面铣	
3	精铣凸台及轮廓侧壁至尺寸要求		型腔铣	
4	钻削 ϕ16H7 中心孔	D8 中心钻	定心钻	
5	钻削 ϕ16H7 孔至 ϕ15.7mm	D15.7 钻头	钻孔	
6	铰削 ϕ16H7 孔至尺寸要求	D16 铰刀		
7	铣削 ϕ32mm 圆柱凸台和 ϕ16H7 内孔的 $C1$、$C2$ 倒角	D8C2 立铣刀(倒角)	型腔铣	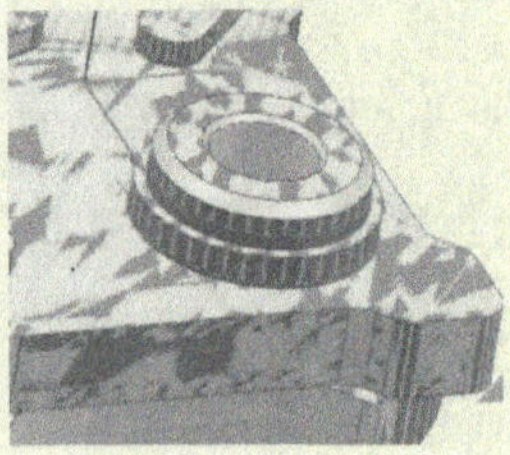
8	翻面装夹，粗铣外轮廓、型腔内轮廓，保留 0.2mm 的余量	D10 立铣刀	型腔铣	
9	精铣顶面至尺寸要求		平面铣	
10	精铣型腔底平面至尺寸要求		带边界面铣	
11	精铣外轮廓至尺寸要求		型腔铣	

（续）

序号	加工部位	刀具规格名称	加工工序	加工结果
12	钻削 ϕ10mm 的中心孔	D8 中心钻	定心钻	
13	钻削 ϕ10mm 孔至尺寸要求	D10 钻头	钻孔	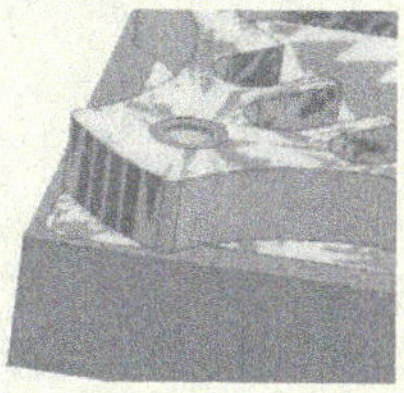
14	铣削 ϕ10mm 和 ϕ16H7 内孔的 $C1$ 倒角（要创建两个型腔铣工序，铣削两个倒角）	D8C2 立铣刀（倒角）	型腔铣	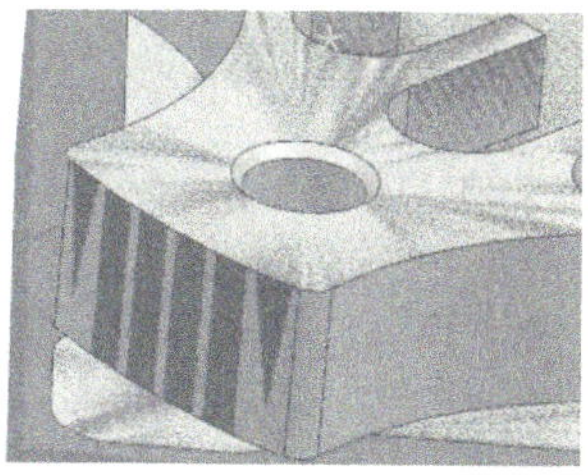 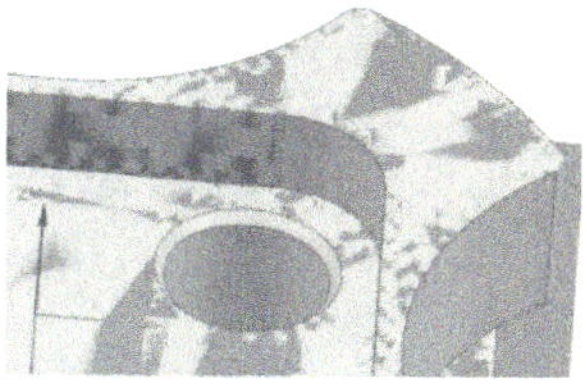

二、编程准备

1. 创建几何体

加工转接块—创建坐标系和WORKPIECE

（1）创建机床坐标系　启动软件，打开转接块工件源文件，进入加工模块，在【工序导航器】中打开【几何视图】，在工序导航器界面双击【MCS_MILL】，弹出【MCS】对话框，将坐标系设定在工件上表面中心，如图 3-24a 所示。

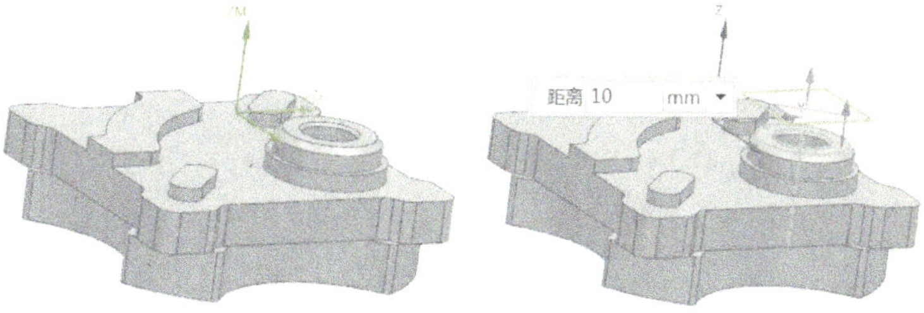

a)　　　　b)

图 3-24　MCS 坐标系位置

（2）设置安全平面　在【MCS】对话框的【安全设置选项】中，将安全平面定在所选的工件上表面上侧 10mm 处，即完成安全平面的设置，如图 3-24b 所示。

（3）指定部件和毛坯几何体　在【工序导航器】中打开【几何视图】，将【MCS_MILL】选项展开，双击【WORKPIECE】，弹出【工件】对话框，单击对话框中的【指定部件】按钮，弹出【部件几何体】对话框，在【选择对象】的状态下，单击工件模型设置部件几何体，在列表中显示所选的部件，单击【确定】按钮，完成部件几何体的设置。

在【工件】对话框中，单击【指定毛坯】按钮，弹出【毛坯几何体】对话框，在【类型】中选择“包容块”，【限制】区域输入数值“2”，单击【确定】按钮，完成毛坯几何体的设置，如图 3-25 所示。

（4）创建机床坐标系 MCS_MILL-2 以及指定部件和毛坯几何体 WORKPIECE-2　在进行该转接块工件在表 3-18 中序号 8 的编程时需要翻面装夹，因此需要再创建机床坐标系 MCS_MILL-2 以及指定部件和毛坯几何体 WORKPIECE-2。要求机床坐标系设置在工件上表面中心处，MCS_MILL-2 和 WORKPIECE-2 与上面创建的 MCS_MILL 和 WORKPIECE 同为父级的并列关系，如图 3-26 所示。请按照要求在软件中完成创建，并将创建步骤写在表 3-19 中。

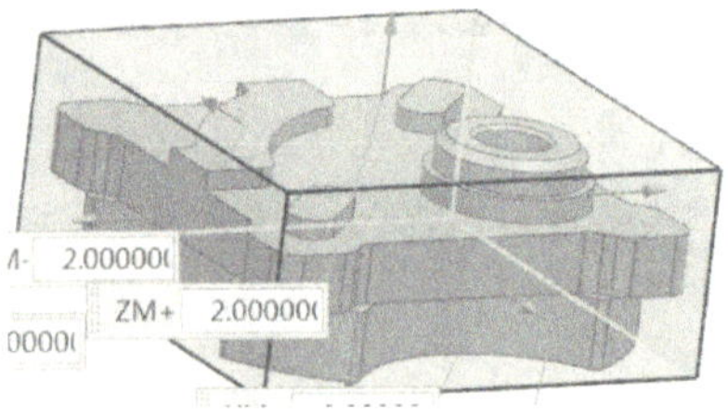

图 3-25　指定毛坯几何体

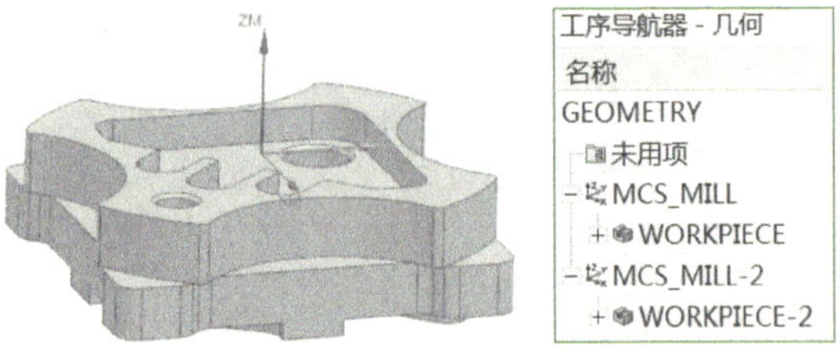

图 3-26　MCS_MILL-2 和 WORKPIECE-2

表 3-19　创建机床坐标系以及指定部件和毛坯几何体的步骤

创建机床坐标系 MCS_MILL-2 的步骤	指定部件和毛坯几何体 WORKPIECE-2 的步骤

2. 创建刀具

根据加工要求创建刀具。请按照要求在软件中完成刀具的创建，并将创建步骤写在表 3-20 中。

3. 创建程序组

该工件的加工需要两次装夹，要求在【工序导航器】的【程序顺序视图】中创建两个程序组，分别命名为“转接块加工程序 1”和“转接块加工程序 2”。请按照要求在软件中完成程序组的创建，并将创建步骤写在表 3-21 中。

表 3-20　创建刀具的步骤

名称	规格	创建刀具的步骤
立铣刀	D10	
立铣刀(倒角)	D8C2	
中心钻	D8	
钻头	D15.7	
铰刀	D16	
钻头	D10	

表 3-21　创建程序组的步骤

名称	创建程序组的步骤
转接块加工程序 1	
转接块加工程序 2	

三、创建程序

1. 粗铣凸台及轮廓

（1）选择加工工序　单击【创建工序】，弹出【创建工序】对话框，【类型】选择“mill_contour”，【工序子类型】选择“型腔铣”，对话框中其他参数设置如图 3-27a 所示，单击【确定】按钮后弹出【型腔铣】对话框，设置【刀轨设置】的参数，如图 3-27b 所示。

（2）设置切削层　在【型腔型】对话框中，单击

粗铣零件凸台及轮廓

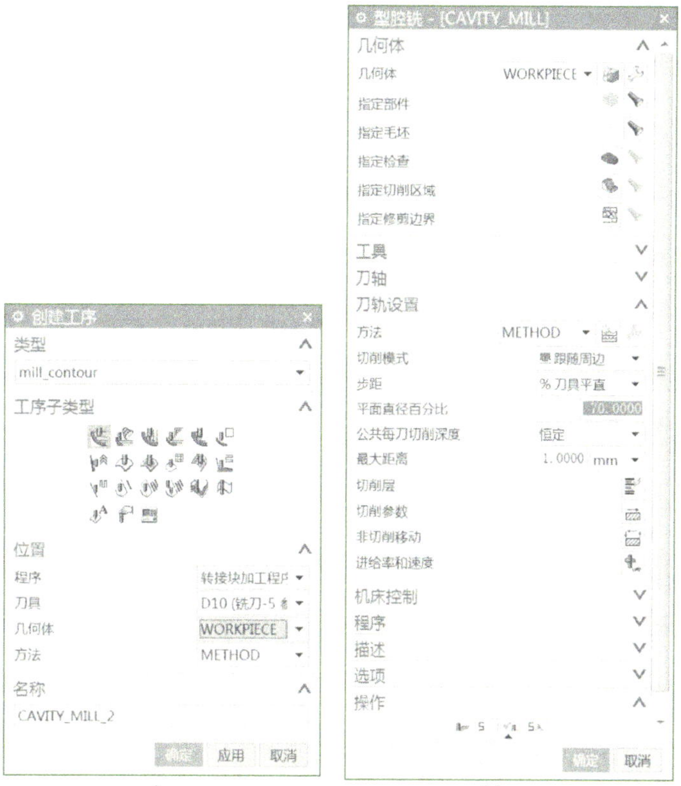

a)　b)

图 3-27　创建型腔铣

【切削层】按钮，弹出【切削层】对话框，在【范围 1 的顶部】区域中选择工件的上表面，【ZC】输入“1.5”（略高于工件上表面）。在【范围定义】区域中选择工件的轮廓交界处平面，【范围深度】输入“26.5”，如图 3-28 所示，其他参数默认，单击【确定】按钮。

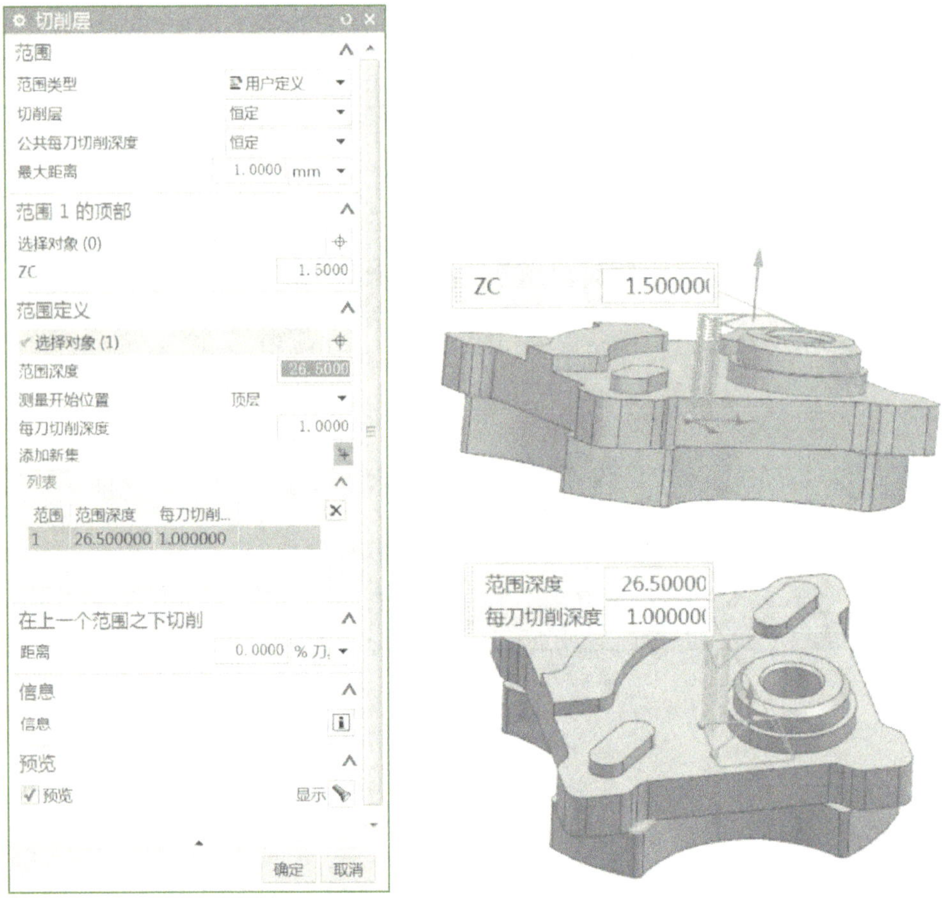

图 3-28　设置切削层

（3）设置切削参数　在【型腔铣】对话框中，单击【切削参数】按钮，在【余量】选项卡中勾选【使底面余量和侧面余量一致】，【部件侧面余量】输入“0.2”，其他参数默认，单击【确定】按钮。

【非切削移动】参数按默认即可。

（4）设置进给率和速度　在【型腔铣】对话框中，单击【进给率和速度】按钮，【进给率】中的【切削】输入“800”，【主轴速度】输入“3000”，按<Enter>键，再单击【计算】按钮，其他参数自动生成，单击【确定】按钮。

（5）生成刀具轨迹　单击【型腔铣】对话框中的【生成】按钮生成刀轨，加工刀轨和仿真结果如图 3-29 所示。

2. 精铣平面

本工步精铣平面，工步内容及参数设置见表 3-22。

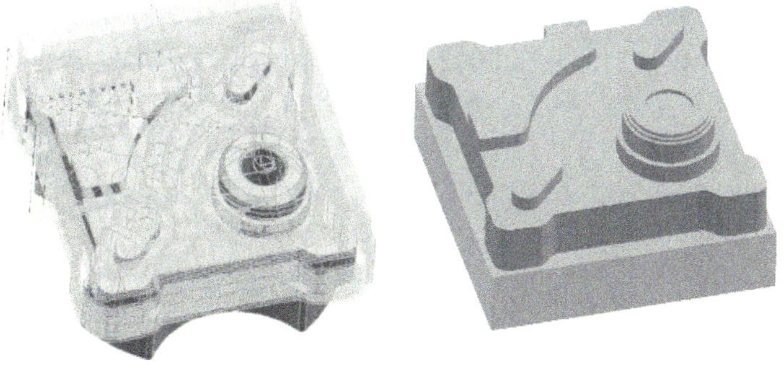

精铣零件平面

图 3-29　加工刀轨和仿真结果

表 3-22　精铣平面工步内容用及参数设置

工步内容	参数设置及图示
选择加工工序	“带边界面铣”  【程序】:转接块加工程序 1 【刀具】:D10 立铣刀 【几何体】:WORKPIECE 【方法】:METHOD 【名称】:精铣平面
选择加工区域	【指定面边界】:选择转接块的轮廓平面 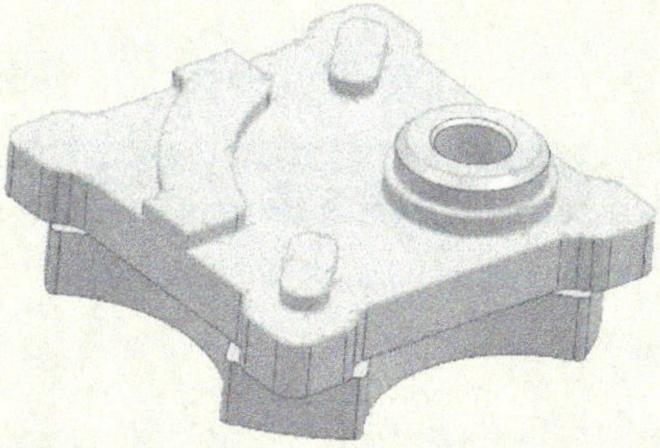
设置加工参数	【刀轴】:默认 【切削模式】:跟随部件 【毛坯距离】:3 【每刀切削深度】:0 【最终底面余量】:0
设置切削参数	【部件余量】:0. 2 【壁余量】:0. 2
设置非切削移动	参数按默认即可
设置进给率和速度	【主轴转速】:2600 【进给率】中的【切削】:500

（续）

工步内容	参数设置及图示
生成刀具轨迹	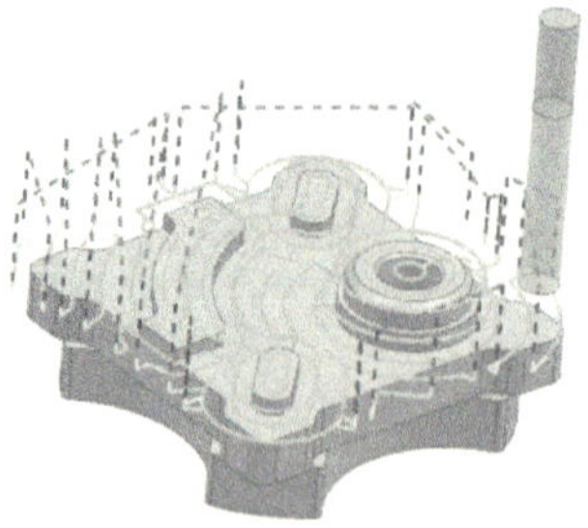
仿真确认结果	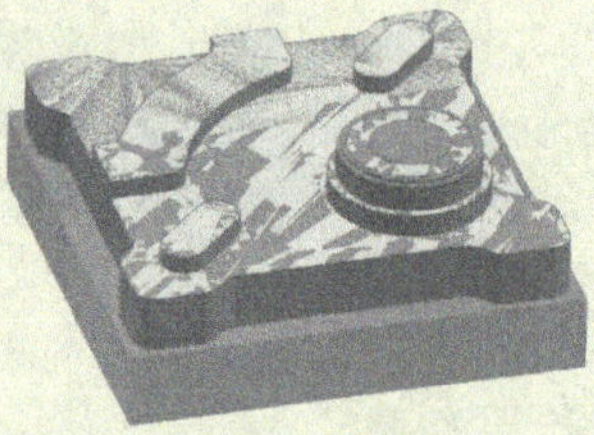

精铣零件凸台及轮廓侧壁

3. 精铣凸台及轮廓侧壁

复制粗铣凸台及轮廓的型腔铣工序，用鼠标右键单击【WORKPIECE】，选择【内部粘贴】，双击【CAVITY_MILL_COPY】，弹出对话框，工步内容及参数设置见表3-23。

表3-23 精铣凸台及轮廓侧壁工步内容及参数设置

工步内容	参数设置及图示
选择加工工序	“型腔铣” 【程序】:转接块加工程序 1 【刀具】:D10 立铣刀 【几何体】:WORKPIECE 【方法】:METHOD 【名称】:精铣凸台及轮廓侧壁
选择加工区域	【指定切削区域】:选择深颜色区域为切削区域 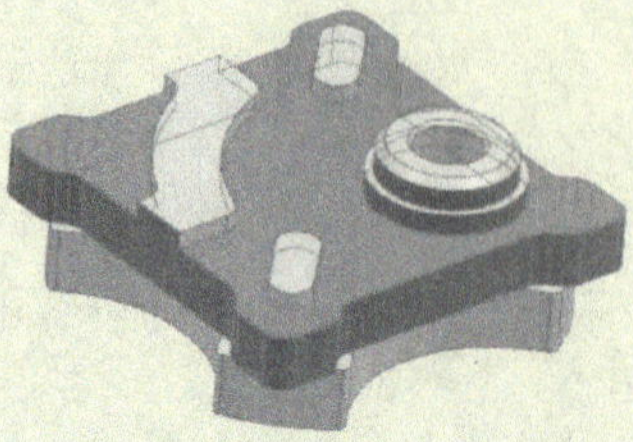

（续）

工步内容	参数设置及图示
设置加工参数	【刀轴】:默认 【切削模式】:轮廓 【步距】:%刀具平直 【平面直径百分比】:70 【公共每刀切削深度】:恒定 【最大距离】:8 
设置切削层	继承复制的工序参数,默认
设置切削参数	各余量均为 0
设置非切削移动	参数按默认即可
设置进给率和速度	【主轴转速】:2600 【进给率】中的【切削】:500
生成刀具轨迹	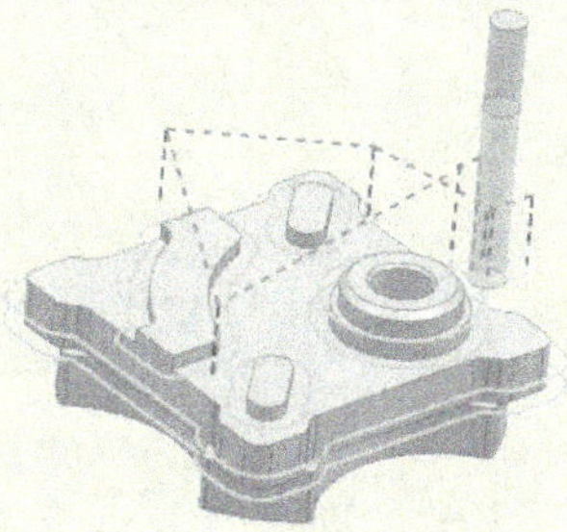
仿真确认结果	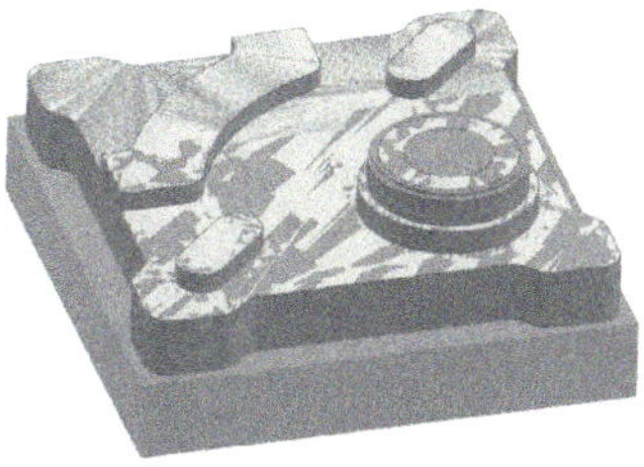

4. 钻削 ϕ16H7 中心孔

（1）选择加工工序　单击【创建工序】，弹出【创建工序】对话框，【类型】选择“hole_making”，【工序子类型】选择“定心钻” ，其他参数设置如图 3-30 所示。单击【确定】按钮后弹出【定心钻】对话框，如图 3-31 所示。

钻削 ϕ16H7 的中心孔

图 3-30　创建定心钻工序

图 3-31　【定心钻】对话框

（2）选择加工区域　在【定心钻】对话框中，单击【指定特征几何体】按钮，弹出【特征几何体】对话框，单击【中心孔】中的【选择对象】，选择 ϕ16H7 孔，其他参数默认，单击【确定】按钮，如图 3-32 所示。

【切削参数】和【非切削移动】的参数按默认即可。

（3）设置进给率和速度　在【定心钻】对话框中，单击【进给率和速度】按钮，【进给率】中的【切削】输入“50”，【主轴速度】输入“3300”。

（4）生成刀具轨迹　单击【定心钻】对话框中的【生成】按钮生成刀轨，加工刀轨和仿真结果如图 3-33 所示。

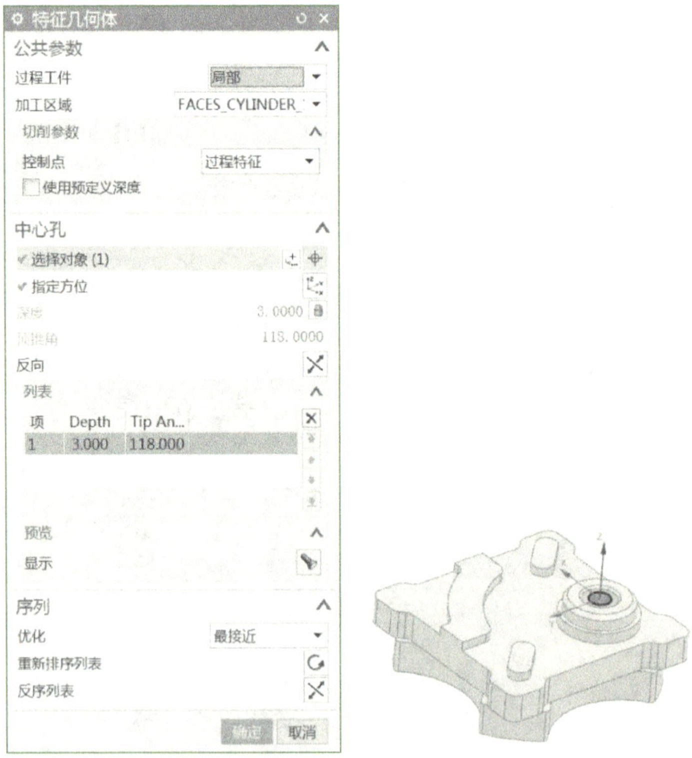

图 3-32　选择加工区域

5. 钻削 ϕ16H7 孔至 ϕ15.7mm

（1）选择加工工序　单击【创建工序】，弹出【创建工序】对话框，【类型】选择

“hole_making”，【工序子类型】选择“钻孔”，其他参数设置如图 3-34 所示，单击【确定】按钮后弹出【钻孔】对话框。

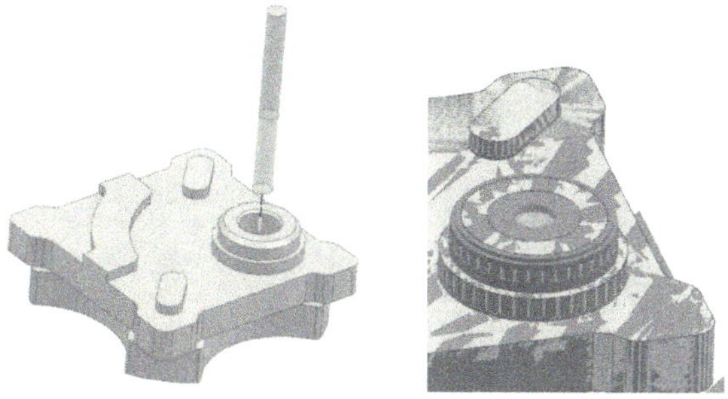

图 3-33　加工刀轨和仿真结果

图 3-34　创建钻孔工序

钻削 ϕ16H7 的内孔至 ϕ15.7mm

（2）选择加工区域　在【钻孔】对话框中，单击【指定特征几何体】按钮，弹出【特征几何体】对话框，单击【特征】中的【选择对象】，选择 ϕ16H7 的孔，单击【特征】中【深度】后面的小锁按钮，该小锁的图标由闭合变为打开，然后输入数值“35”（此步骤要求钻孔深度比预定的多一些，以提高钻削的质量），其他参数默认，单击【确定】按钮，如图 3-35 所示。

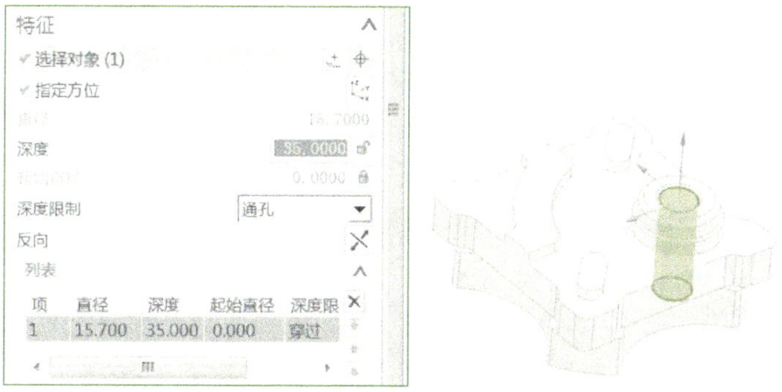

图 3-35　选择加工区域

【切削参数】和【非切削移动】的参数按默认即可。

（3）设置进给率和速度　在【钻孔】对话框中，单击【进给率和速度】按钮，【进给率】中的【切削】输入“150”，【主轴速度】输入“400”。

（4）生成刀具轨迹　单击【钻孔】对话框中的【生成】按钮生成刀轨，加工刀轨和仿真结果如图 3-36 所示。

6. 铰削 ϕ 16H7 孔

复制钻孔工序，用鼠标右键单击【WORKPIECE】，选择【内部粘贴】。在【创建工序】

铰削 ϕ16H7 的内孔

对话框中，刀具选择 D16 的铰刀。在【钻孔】对话框中，单击【指定特征几何体按钮】，弹出【特征几何体】对话框，单击【特征】中【深度】后面的小锁按钮，该小锁的图标由闭合变为打开，然后输入数值“35”，其他参数默认，单击【确定】按钮，如图 3-37 所示。

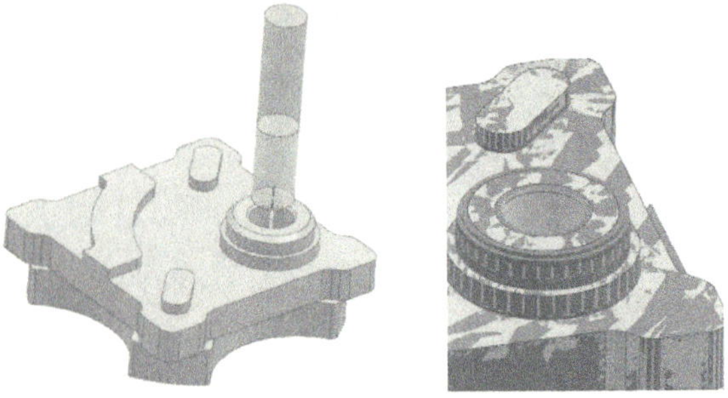

图 3-36　加工刀轨和仿真结果

【切削参数】和【非切削移动】的参数按默认即可。在【进给率和速度】对话框中，【进给率】中的【切削】输入“160”，【主轴速度】输入“100”。

单击【钻孔】对话框中的【生成】按钮生成刀轨，加工刀轨如图 3-38 所示。

铰削 ϕ32mm 圆柱凸台和 ϕ16H7内孔的倒角

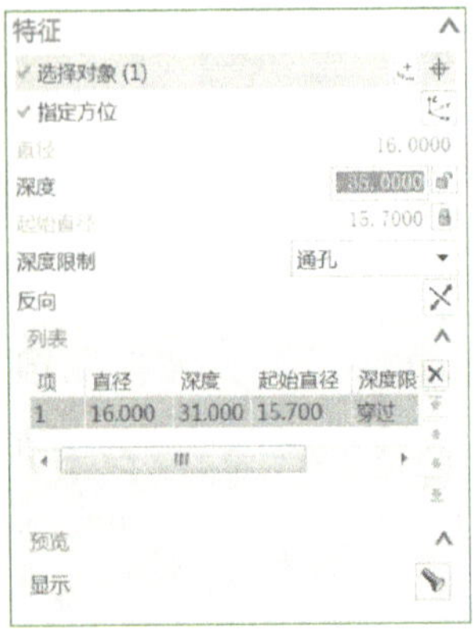

图 3-37　选择孔特征

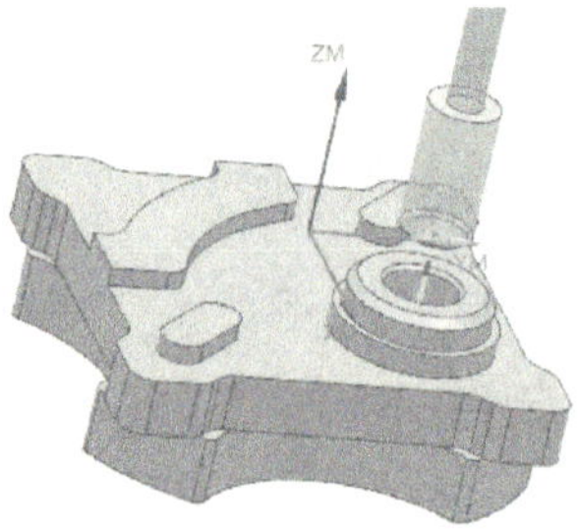

图 3-38　加工刀轨

【专家点拨】

在进行内孔钻削时，对于较深的内孔，钻头应及时退刀排屑，以避免损伤钻头和工件。对于通孔，应适当增加钻削的深度，以提高钻削的精度和质量，从而优化钻孔的加工刀轨。

7. 铣削 ϕ32mm 圆柱凸台和 ϕ16H7 内孔的 $C1$、$C2$ 倒角

复制精铣凸台及轮廓侧壁的型腔铣工序，用鼠标右键单击【WORKPIECE】，选择【内部粘贴】，工步内容及参数设置见表 3-24。

表 3-24　铣削倒角工步内容及参数设置

工步内容	参数设置及图示
选择加工工序	“型腔铣” 【程序】:转接块加工程序 1 【刀具】:D8C2 立铣刀(倒角) 【几何体】:WORKPIECE 【方法】:METHOD 【名称】:铣削倒角

（续）

工步内容	参数设置及图示
选择加工区域	【指定切削区域】:选择 ϕ32mm 圆柱凸台和 ϕ16H7 内孔的倒角 
设置加工参数	【刀轴】:默认 【切削模式】:轮廓 【步距】:%刀具平直 【平面直径百分比】:50 【公共每刀切削深度】:恒定 【最大距离】:1
设置切削层	在【切削层】对话框中,【范围 1 的顶部】选择工件顶面,【范围定义】中的【范围深度】输入“4” 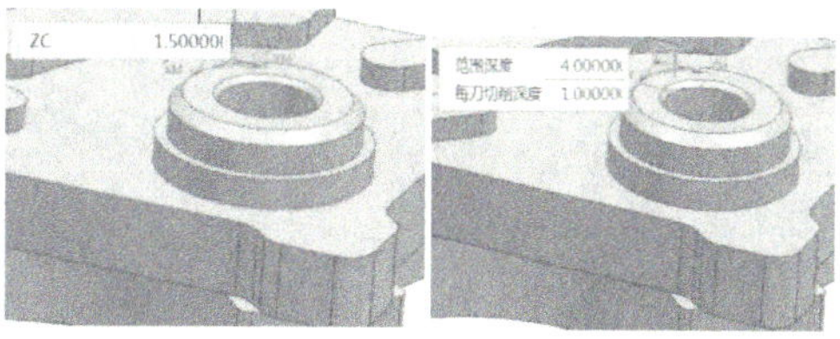
设置切削参数	各余量均为 0
设置非切削移动	参数按默认即可
设置进给率和速度	【主轴转速】:2600 【进给率】中的【切削】:500
生成刀具轨迹	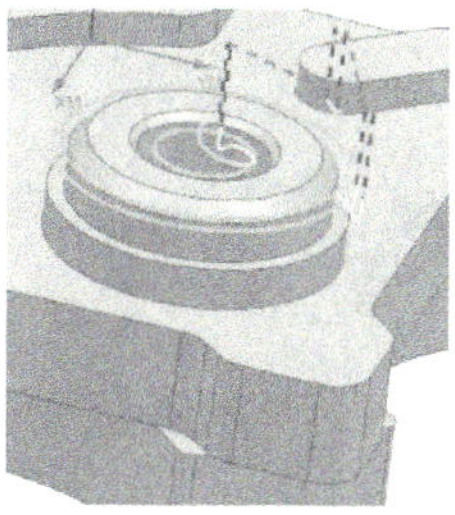
仿真确认结果	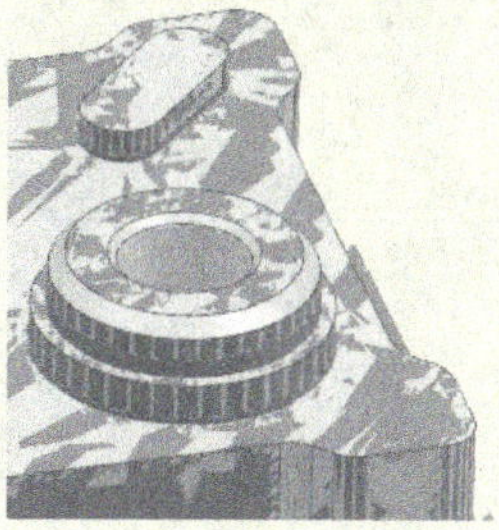

创建坐标系、刀具和程序组　　粗铣零件外轮廓、型腔内轮廓　　精铣零件顶面

8. 翻面装夹，粗铣外轮廓、型腔内轮廓

本工步粗铣外轮廓、型腔内轮廓，工步内容及参数设置见表 3-25。

9. 精铣顶面

（1）选择加工工序　单击【创建工序】，弹出【创建工序】对话框，【类型】选择“mill_planar”，【工序子类型】选择“平面铣”，其他参数设置如图 3-39a 所示，单击【确定】按钮后弹出【平面铣】对话框，设置【刀轨设置】参数，如图 3-39b 所示。

表 3-25　粗铣外轮廓、型腔内轮廓工步内容及参数设置

工步内容	参数设置及图示
选择加工工序	“型腔铣” 【程序】:转接块加工程序 2 【刀具】:D10 立铣刀 【几何体】:WORKPIECE-2 【方法】:METHOD 【名称】:粗铣外轮廓、型腔内轮廓
选择加工区域	默认即可
设置加工参数	【刀轴】:默认 【切削模式】:轮廓 【步距】:%刀具平直 【平面直径百分比】:70 【公共每刀切削深度】:恒定 【最大距离】:8
设置切削层	在【范围 1 的顶部】区域中选择工件的上表面,【ZC】输入“-40”(略高于工件上表面) 在【范围定义】区域中选择工件轮廓交界处的平面,【范围深度】输入“14.5”,其他参数默认,单击【确定】按钮 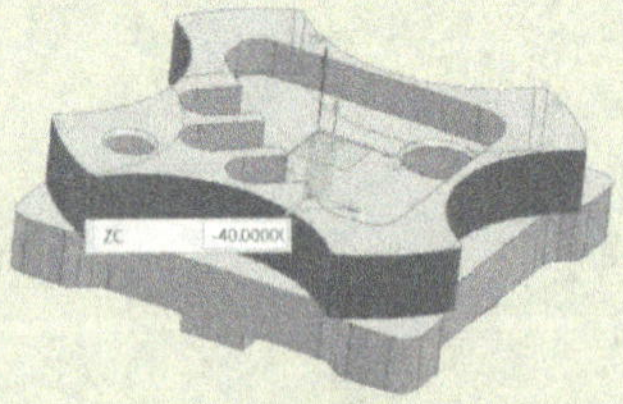 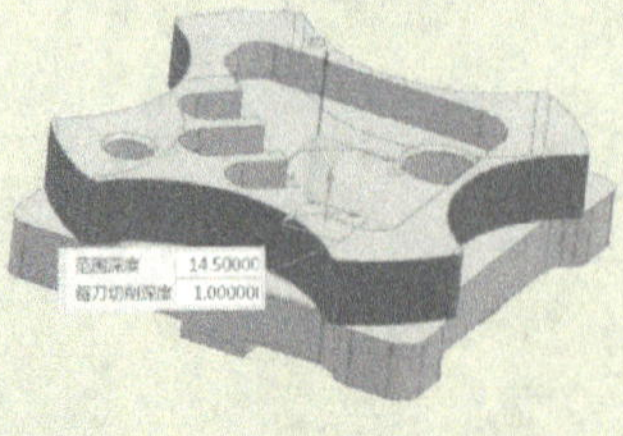
设置切削参数	在【余量】选项卡中勾选【使底面余量和侧面余量一致】 【部件侧面余量】输入“0.2”
设置非切削移动	参数按默认即可
设置进给率和速度	【主轴转速】:2500 【进给率】中的【切削】:800

（续）

工步内容	参数设置及图示
生成刀具轨迹	
仿真确认结果	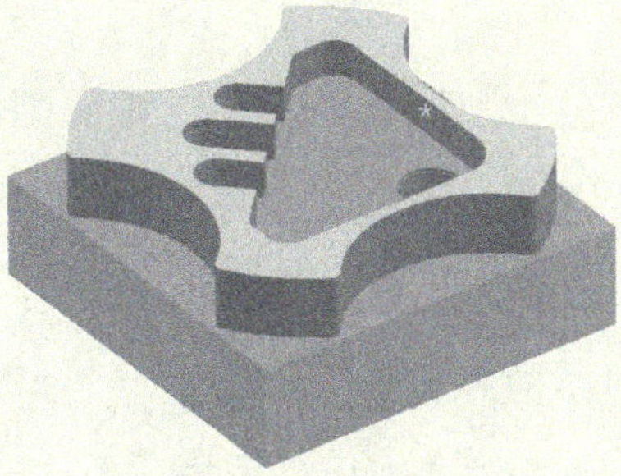

（2）选择加工区域　在【平面铣】对话框中，单击【指定部件边界】按钮，弹出【部件边界】对话框，【边界】选择方法为“曲线”，选取工件的顶面外轮廓曲线，单击【添加新集】，再选取型腔的内轮廓曲线，单击【确定】按钮，如图3-40所示。

a)　　b)

图3-39　创建平面铣工序

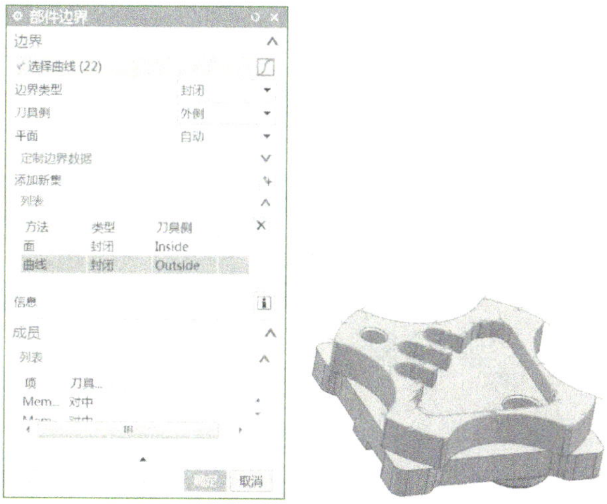

图3-40　指定部件边界

单击【指定底面】按钮，弹出【平面】对话框，选择工件的顶面，单击【确定】按钮，如图3-41所示。

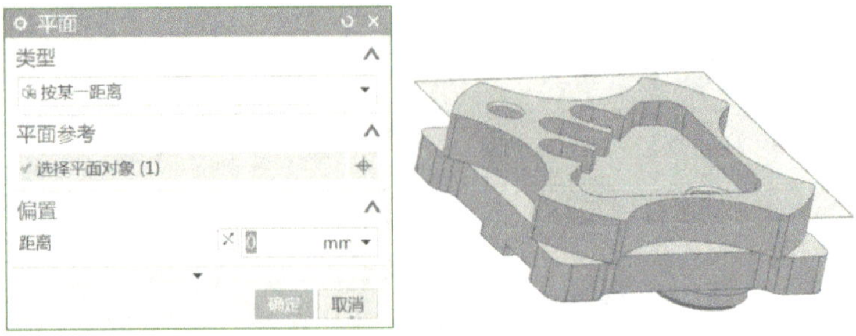

图3-41　指定底面

（3）设置切削参数　在【平面铣】对话框中，单击【切削参数】按钮，在【策略】选项卡中，【切削方向】设置为“顺铣”，【切削顺序】设置为“层优先”，【刀路方向】设置为“向内”；在【余量】选项卡中，【部件余量】输入“0”，单击【确定】按钮。

【切削层】和【非切削移动】的参数按默认即可。

（4）设置进给率和速度　在【平面铣】对话框中，单击【进给率和速度】按钮，【进给率】中的【切削】输入“500”，【主轴速度】输入“2600”。

（5）生成刀具轨迹　单击【平面铣】对话框中的【生成】按钮生成刀轨，加工刀轨和仿真结果如图3-42所示。

精铣零件型腔的底平面

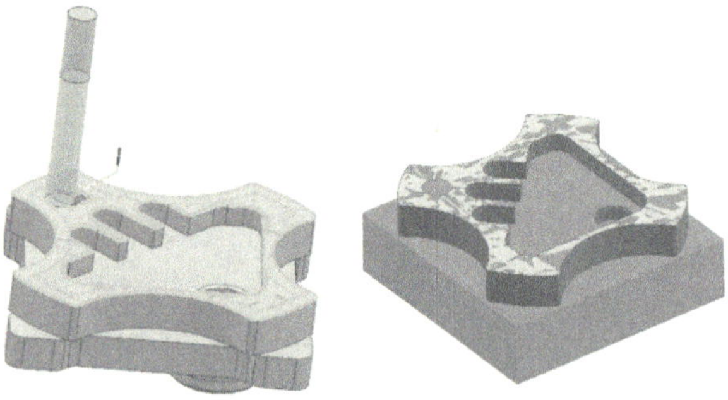

图3-42　加工刀轨和仿真结果

【专家点拨】

在指定部件边界时，如果以曲线的方式进行选取，则选取完一组曲线后应单击【添加新集】再选取另一组曲线。还要注意【刀具侧】的设置，设置刀具在所选曲线的内侧或外侧，以保证加工刀路的正确。

10. 精铣型腔底平面

本工步精铣型腔底平面工步内容及参数设置见表3-26。

表 3-26　精铣型腔底平面工步内容及参数设置

工步内容	参数设置及图示
选择加工工序	“带边界面铣” 【程序】:转接块加工程序 2 【刀具】:D10 立铣刀 【几何体】:WORKPIECE-2 【方法】:METHOD 【名称】:精铣型腔底平面
选择加工区域	【指定面边界】:选择型腔底平面 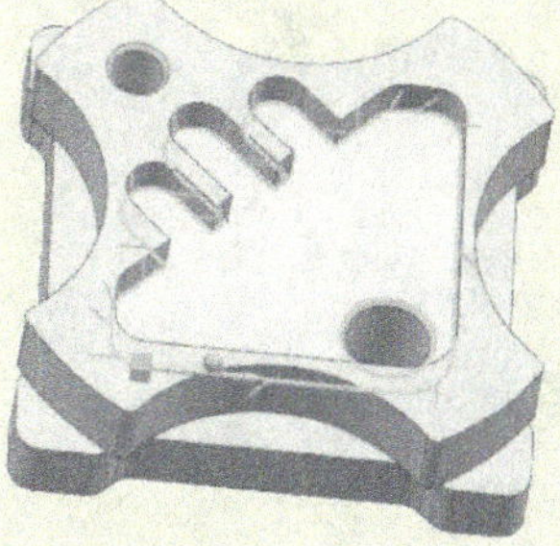
设置加工参数	【刀轴】:默认 【切削模式】:跟随部件 【毛坯距离】:3 【每刀切削深度】:0 【最终底面余量】:0
设置切削参数	【部件余量】:0 在【策略】模块中勾选【添加精加工刀路】
设置非切削移动	参数按默认即可
设置进给率和速度	【主轴转速】:2600 【进给率】中的【切削】:500
生成刀具轨迹	
仿真确认结果	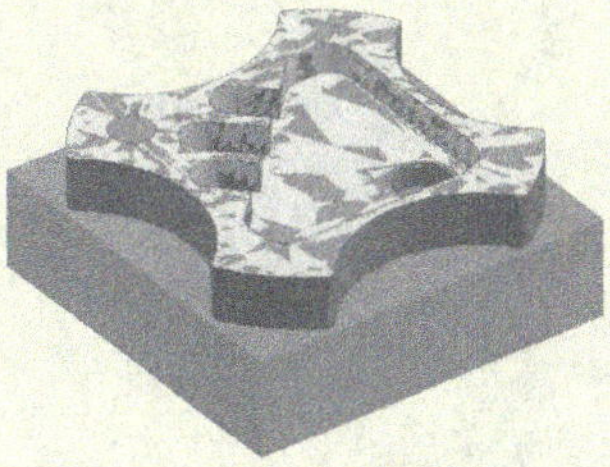

精铣零件外轮廓

11. 精铣外轮廓

本工步精铣外轮廓工步内容及参数设置见表 3-27。

表 3-27 精铣外轮廓工步内容及参数设置

工步内容	参数设置及图示
选择加工工序	“型腔铣” 【程序】:转接块加工程序 2 【刀具】:D10 立铣刀 【几何体】:WORKPIECE-2 【方法】:METHOD 【名称】:精铣外轮廓
选择加工区域	【指定切削区域】:选择外轮廓侧壁 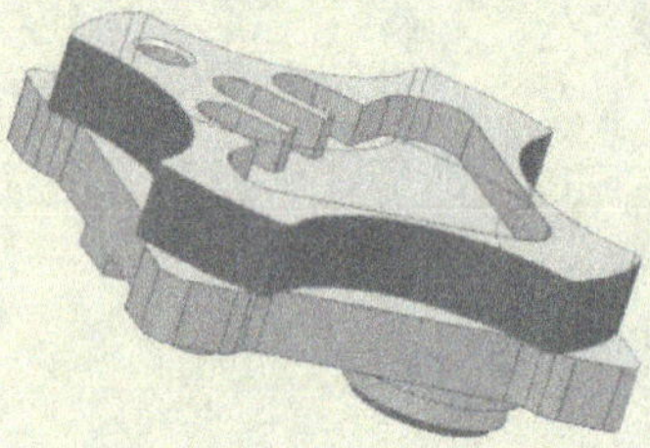
设置加工参数	【刀轴】:默认 【切削模式】:轮廓 【步距】:%刀具平直 【平面直径百分比】:70 【公共每刀切削深度】:恒定 【最大距离】:8
设置切削层	在【切削层】对话框中,【范围 1 的顶部】选择工件的顶面,【范围定义】选择型腔的底平面 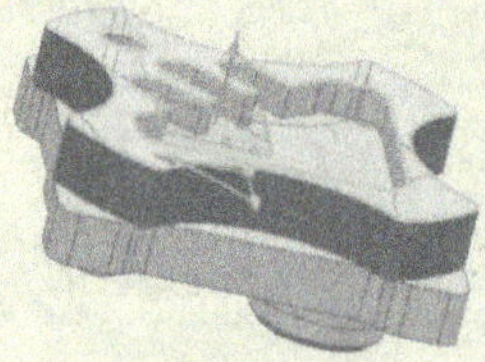 
设置切削参数	各余量均为 0
设置非切削移动	参数按默认即可
设置进给率和速度	【主轴转速】:2600 【进给率】中的【切削】:500
生成刀具轨迹	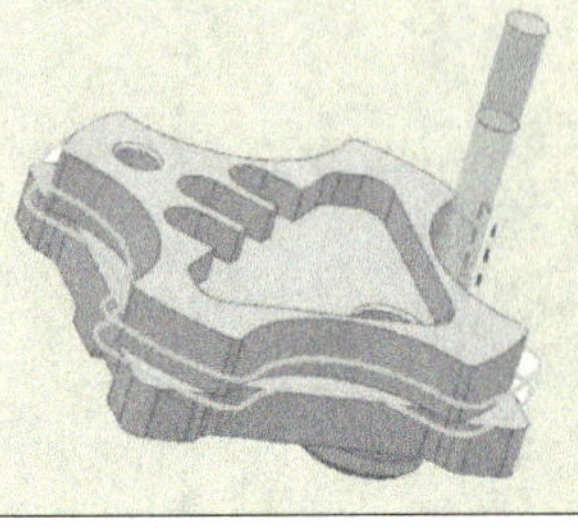

（续）

工步内容	参数设置及图示
仿真确认结果	

12. 钻削 ϕ10mm 的中心孔

钻削 ϕ10mm 的内孔

创建定心钻工序，【指定特征几何体】选择凸台上的 ϕ10mm 的盲孔，刀具选择 D8 中心钻，具体步骤参照铣削 ϕ16H7 中心孔的步骤，这里不再赘述，加工刀轨和仿真结果如图 3-43 所示。

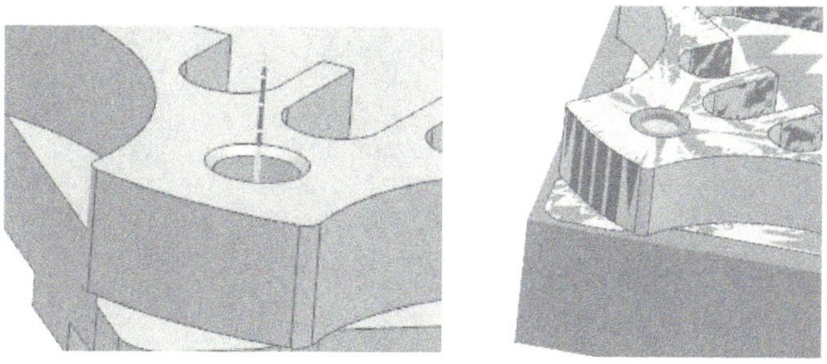

图 3-43　钻削 ϕ10mm 的中心孔的加工刀轨和仿真结果

13. 钻削 ϕ10mm 孔

钻削 ϕ10mm 的内孔

创建钻孔工序，【指定特征几何体】选择凸台上的 ϕ10mm 的盲孔，刀具选择 D10 钻头，具体步骤参照钻削 ϕ16H7 孔至 ϕ15.7mm 的步骤，这里不再赘述，加工刀轨和仿真结果如图 3-44 所示。

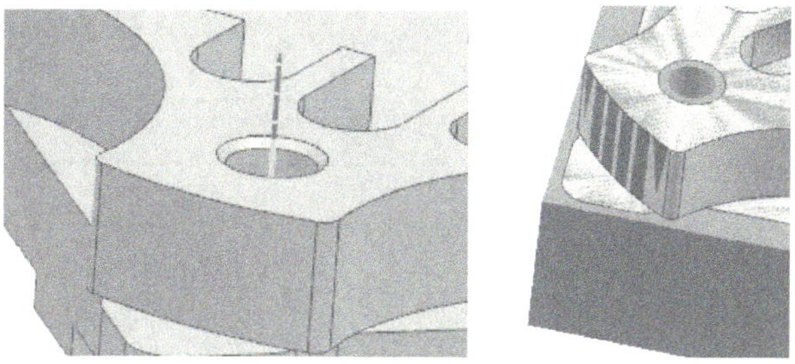

图 3-44　钻削 ϕ10mm 孔的加工刀轨和仿真结果

铣削 ϕ10mm 内孔的倒角

14. 铣削 ϕ10mm 和 ϕ16H7 内孔的 $C1$ 倒角

铣削 ϕ10mm 内孔的 $C1$ 倒角加工的工步内容及参数设置见表 3-28。

表 3-28　铣削 ϕ10mm 内孔的 C1 倒角加工的工步内容及参数设置

工步内容	参数设置及图示
选择加工工序	“型腔铣” 【程序】:转接块加工程序 2 【刀具】:D8C2 立铣刀(倒角) 【几何体】:WORKPIECE-2 【方法】:METHOD 【名称】:铣削 ϕ10mm 内孔的 C1 倒角
选择加工区域	【指定切削区域】:选择倒角区域 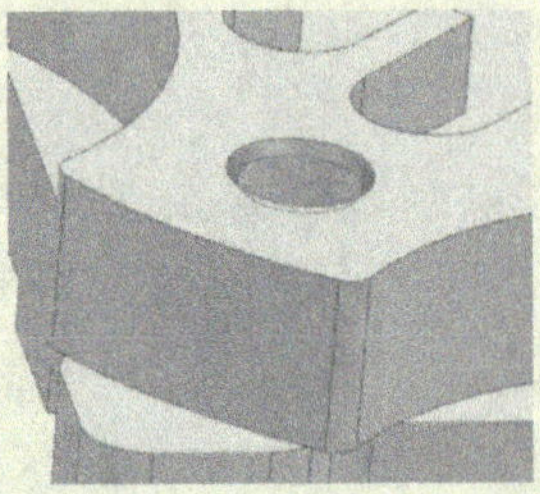
设置加工参数	【刀轴】:默认 【切削模式】:轮廓 【步距】:%刀具平直 【平面直径百分比】:50 【公共每刀切削深度】:恒定 【最大距离】:1
设置切削层	在【切削层】对话框中,【范围 1 的顶部】选择工件顶面,【范围定义】中的【范围深度】输入“2” 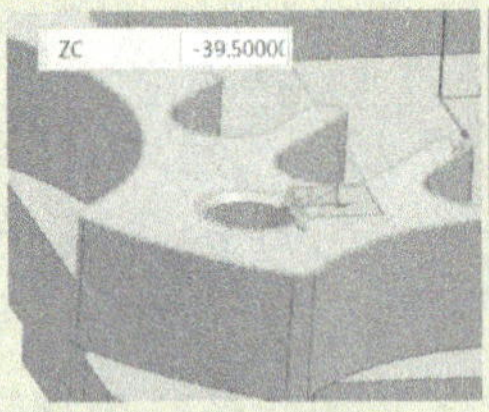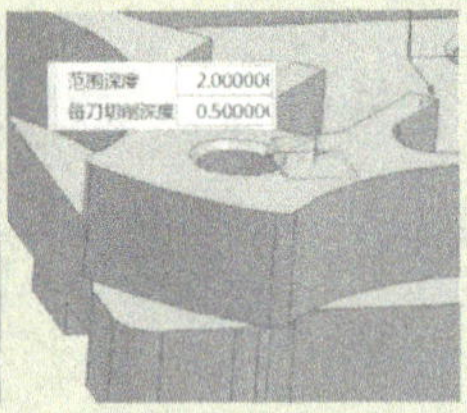
设置切削参数	各余量均为 0
设置非切削移动	参数按默认即可
设置进给率和速度	【主轴转速】:2600 【进给率】中的【切削】:500
生成刀具轨迹	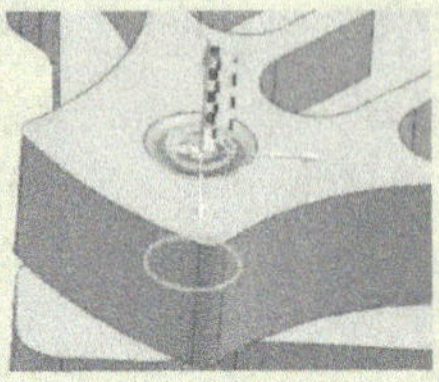

（续）

工步内容	参数设置及图示
仿真确认结果	

ϕ16H7 内孔的 $C1$ 倒角加工程序复制上述 ϕ10mm 内孔的 $C1$ 倒角工序，用鼠标右键单击【WORKPIECE-2】，选择【内部粘贴】，设置方法详见 ϕ10mm 内孔 $C1$ 倒角的工序参数，注意【切削层】对话框中的【范围 1 的顶部】选择型腔的底平面。加工刀轨和仿真结果如图 3-45 所示。

铣削 ϕ16H7内孔的倒角

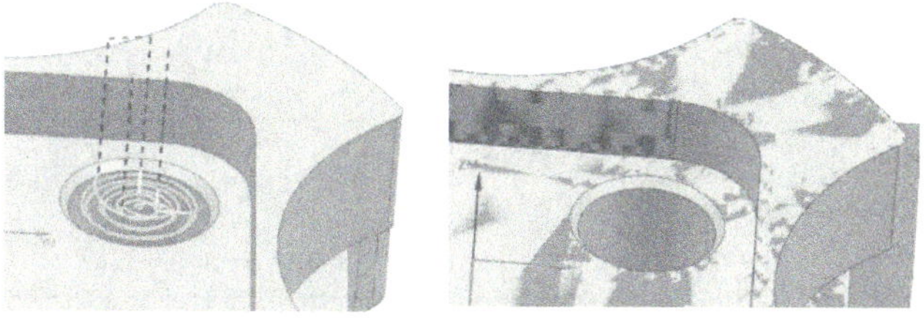

图 3-45　铣削 $C1$ 倒角的加工刀轨和仿真结果

至此，完成转接块加工程序的创建。

【专家点拨】

型腔铣工序适用于多种加工场合，可以进行型腔或轮廓的粗加工、半精加工，加工效率较高。在切削模式中，跟随周边比跟随部件的抬刀次数少，刀轨更整齐一些；切削层应根据加工要求合理设置，可以灵活指定加工的深度范围。

任务评价

总结本次任务完成情况，填写表 3-29，根据考核项目进行自评、互评和教师评价，完成任务评价。

表 3-29　任务评价表

考核项目与权重	考核内容	评价标准	自评	互评	教师评价
专业知识（20%）	（1）掌握型腔铣、平面铣和钻孔工序的加工方法（6 分）	能利用所学知识生成转接块的加工刀具轨迹，每错误使用一个刀轨扣 1 分，扣完为止			

（续）

考核项目与权重	考核内容	评价标准	自评	互评	教师评价
专业知识（20%）	（2）掌握用型腔铣工序对转接块进行平面加工编程的方法（6分）	特征选择、参数设置合理，错误一处扣1分，扣完为止			
	（3）掌握用钻孔工序对转接块内孔进行加工编程的方法（8分）	特征选择、参数设置合理，错误一处扣1分，扣完为止			
专业能力（30%）	（1）能够根据所学型腔铣、平面铣和钻孔工序的知识，生成转接块工件的加工刀轨（10分）	方法有误或使用不合理的策略，每处扣2分，扣完为止			
	（2）能够正确使用型腔铣工序完成转接块工件平面的加工（10分）	特征选择、参数设置合理，错误一处扣1分，扣完为止			
	（3）能够正确使用钻孔工序完成转接块内孔的加工（10分）	特征选择、参数设置合理，错误一处扣1分，扣完为止			
职业素养（20%）	（1）敬业守时、认真负责、踏实严谨、谦虚好学（5分）	迟到、早退、无故缺勤等，每次扣1分，扣完为止			
	（2）具有良好的团队合作精神，能热心帮助其他同学完成任务（5分）	不参加小组讨论每次扣1分，扣完为止			
	（3）能根据工作任务对资源进行合理分配，能正确控制、激励、协调小组工作全过程（5分）	根据对小组的引导、小组完成任务情况酌情扣分			
	（4）能准确、快速表达个人思想和见解，能灵活运用所学知识，有创造性（5分）	根据创意设计情况酌情扣分			
任务总结（30%）	（1）能进行归纳总结，得出规律和指导性经验，技术文件完整、规范、条理清晰。在任务结束后，反思自己的任务完成情况和质量（10分）	根据任务总结情况酌情扣分			
	（2）安全、有效地完成任务中的每个要求（20分）	根据任务完成情况酌情扣分			
合计（自评占比40%，互评占比20%，教师评价占比40%）					
任务反思					

任务三　加工楔块

任务描述

本任务加工楔块，楔块的加工面有平面、斜面和曲面等，如图3-46所示。楔块属于三轴联动加工工件，使用UG NX软件应用面铣、深度轮廓铣、区域轮廓铣和曲面区域轮廓铣等工序生成各部位的粗、精加工刀轨。本任务重点学习深度轮廓铣、区域轮廓铣和曲面区域轮廓铣的用途及相关参数的含义，以及曲面区域轮廓铣加工策略中驱动曲面的建模方法。

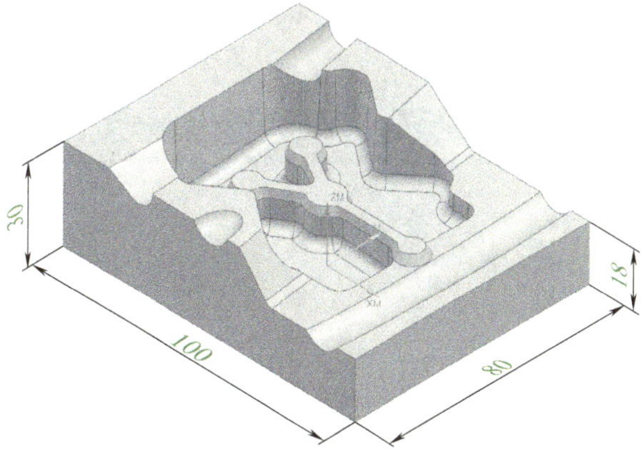

图 3-46　楔块

学习目标

【知识目标】

1. 掌握深度轮廓铣工序的用途及各参数含义。

2. 掌握区域轮廓铣工序的用途及各参数含义。

3. 掌握曲面区域轮廓铣工序的用途及各参数含义。

【能力目标】

1. 能够读懂零件图，制订加工工艺，并根据各部分结构特点选择合理的加工策略。

2. 能够进行楔块加工编程准备，创建几何体、刀具、程序组。

3. 能够创建面铣、深度轮廓铣、区域轮廓铣和曲面区域轮廓铣等工序，合理设置参数，生成楔块各部位的加工刀轨，并进行刀轨仿真。

【素养目标】

1. 通过选择合理的工序以及不断优化刀轨，培养学生追求效率、质量的工匠精神。

2. 通过不断调整参数来优化刀轨，培养学生耐心、细致的品质。

知识准备

在 UG NX 12.0 CAM 模块中，具有曲面特征的三轴联动工件加工的常用工序策略有三种，如图 3-47 所示。

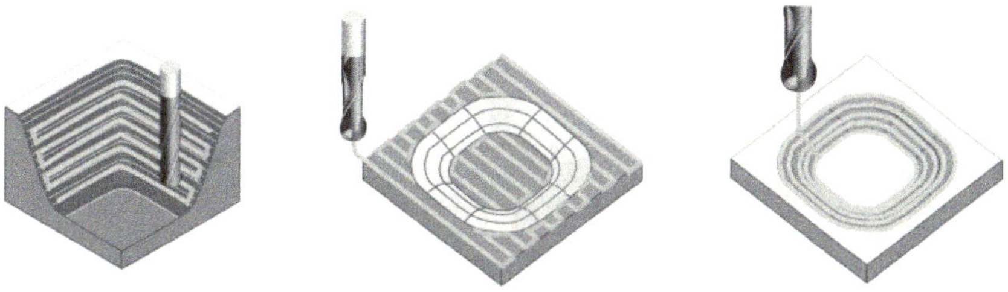

a)　　　　b)　　　　c)

图 3-47　曲面三轴联动加工的工序

a）深度轮廓铣　b）区域轮廓铣　c）曲面区域轮廓铣

1. 深度轮廓铣

通过生成垂直于刀轴的多个切削层，加工工件表面轮廓，还可以清理粗加工侧壁后的较多余量，多用于陡峭面的半精加工和精加工。深度轮廓铣参数见表 3-30。

表 3-30　深度轮廓铣参数

<table>
<tr><th>序号</th><th>项目</th><th colspan="2">参数项及作用</th><th>备注</th></tr>
<tr><td rowspan="2">1</td><td rowspan="2">陡峭空间范围</td><td>无</td><td>所选面都是陡峭的</td><td rowspan="2">视具体情况而定，指定的切削区域是陡峭侧壁时，选择“无”；指定的切削区域角度变化较大时，选择“仅陡峭的”</td></tr>
<tr><td>仅陡峭的</td><td>所选面角度大于角度设定值是陡峭的</td></tr>
<tr><td>2</td><td>角度</td><td colspan="2">陡峭空间范围选择“仅陡峭的”时才出现此项，所选面角度大于设定值才生成刀轨</td><td>视具体情况而定，设定值没有严格规定</td></tr>
<tr><td>3</td><td>合并距离</td><td colspan="2">当两个抬刀之间距离小于设定值时，系统不抬刀</td><td>一般默认</td></tr>
<tr><td>4</td><td>最小切削长度</td><td colspan="2">当特征小于设定值时，系统不对该特征生成刀轨</td><td>一般默认</td></tr>
</table>

2. 区域轮廓铣

使用区域铣削驱动方法来加工切削区域各面的固定轴曲面区域铣工序，多用于平缓面的精加工。区域轮廓铣参数见表 3-31。

表 3-31　区域轮廓铣参数

<table>
<tr><th>序号</th><th>项目</th><th colspan="2">参数项</th><th colspan="2">作用</th></tr>
<tr><td rowspan="7">1</td><td rowspan="7">陡峭空间范围</td><td rowspan="4">方法</td><td>无</td><td colspan="2">指定切削区域按照非陡峭切削中设置的参数生成刀轨</td></tr>
<tr><td>非陡峭</td><td colspan="2">以设定的陡峭壁角度为界，按照非陡峭切削中设置的参数，只生成非陡峭部分的刀轨</td></tr>
<tr><td>定向陡峭</td><td colspan="2">以设定的陡峭壁角度为界，按照陡峭切削中设置的参数，只生成陡峭部分的刀轨</td></tr>
<tr><td>陡峭和非陡峭</td><td colspan="2">以设定的陡峭壁角度为界，陡峭部分按照陡峭切削中设置的参数生成刀轨，非陡峭部分按照非陡峭切削中设置的参数生成刀轨</td></tr>
<tr><td colspan="2">陡峭壁角度</td><td colspan="2">设置陡峭与非陡峭的角度界限</td></tr>
<tr><td colspan="2">为平的区域创建单独的区域</td><td colspan="2">一般不勾选</td></tr>
<tr><td colspan="2">重叠区域</td><td colspan="2">可设定陡峭与非陡峭重叠区域</td></tr>
<tr><td rowspan="9">2</td><td rowspan="9">驱动设置</td><td rowspan="8">非陡峭切削</td><td>非陡峭切削模式</td><td colspan="2">多用跟随周边</td></tr>
<tr><td>刀轨方向</td><td colspan="2">选择向内或向外</td></tr>
<tr><td>切削方向</td><td colspan="2">选择顺铣或逆铣</td></tr>
<tr><td>步距</td><td colspan="2">一般选择恒定</td></tr>
<tr><td>最大距离</td><td colspan="2">设置步距间的距离，数值越小刀轨越多</td></tr>
<tr><td rowspan="2">步距已应用</td><td>在平面上</td><td>生成的刀轨投射到与 Z 轴相垂直的平面上等距</td></tr>
<tr><td>在部件上</td><td>在切削面上生成的刀轨等距</td></tr>
<tr><td>步进清理</td><td colspan="2">一般不勾选</td></tr>
<tr><td>陡峭切削</td><td colspan="3">一般不用，具体参数含义同深度轮廓铣</td></tr>
</table>

3. 曲面区域轮廓铣

使用曲面区域驱动方法对选定面定义的驱动几何体进行精加工的固定轴曲面轮廓铣工序，多用于精加工顺序整齐的驱动面矩形栅格的单个区域。曲面区域轮廓铣参数见表 3-32。

表 3-32　曲面区域轮廓铣参数

序号	项目	参数项		作用
1	曲面区域	驱动几何体	指定驱动几何体	选择驱动面
			切削区域	用“曲面%”和“对角点”两种方式调整切削区域的大小
			刀具位置	指定刀具位置，相切或对中
			切削方向	指定刀具切削方向
			材料反向	指定材料切除侧方向
		偏置	曲面偏置	可设置曲面偏置距离，一般不用
		驱动设置	切削模式	生成刀轨的走刀方式，多用往复
			步距	一般选择“数量”
			步距数	设置刀轨数量
		更多	切削步长	一般选择公差，内外公差一般设置为 0.01mm
			过切时	选择当出现过切时系统采取的对策
2	投影矢量	选择在驱动面上生成的刀轨投射到切削区域的方向		

任务准备

学习相关文档、视频等资料，打开计算机，启动 UG NX 软件，检查计算机及软件是否正常，准备上课所需的源文件。

任务实施

一、工件分析和工艺制订

1. 工件分析

楔块的加工要素有平面、曲面、斜面、过渡圆角等。根据这些加工特征，粗加工时，采用可转位铣刀或立铣刀完成工件大余量去除；半精加工时，采用小直径立铣刀完成圆角、曲面余量的二次去除；精加工时，采用球头铣刀和立铣刀完成曲面、斜面、圆角等特征的加工。

2. 工艺方案

1）毛坯尺寸为 100mm×80mm×30mm，与图样中零件的外形尺寸相同，不需对毛坯六面进行铣削。

2）根据工件的特征分析，确定加工刀具，见表 3-33。

表 3-33　刀具清单

序号	名称	规格	材质	齿数
1	立铣刀	D10	硬质合金	2
2	立铣刀	D6	硬质合金	4
3	球头铣刀	D6	硬质合金	2

3）夹具选用精密机用平口钳。安装时注意工件的装夹高度，保证露出钳口的高度满足加工要求。

4）加工策略见表 3-34，各加工部位名称如图 3-48 所示。

表 3-34　加工策略

序号	加工部位	加工工序	刀具规格名称	加工结果
1	粗铣所有面，保留 0.3mm 的余量	型腔铣	D10 立铣刀	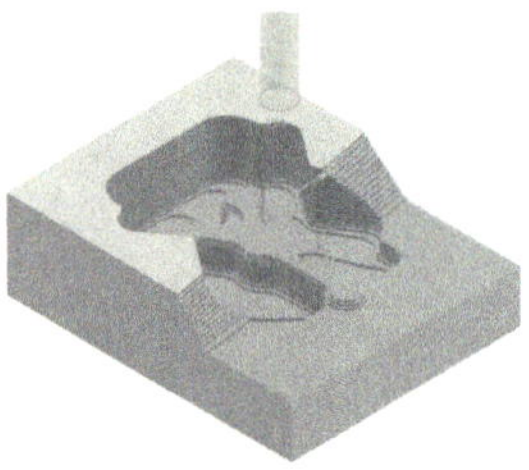
2	二次开粗圆角、槽，保留 0.3mm 的余量	深度轮廓铣	D6 立铣刀	
3	精加工 18mm 平台平面	平面铣	D10 立铣刀	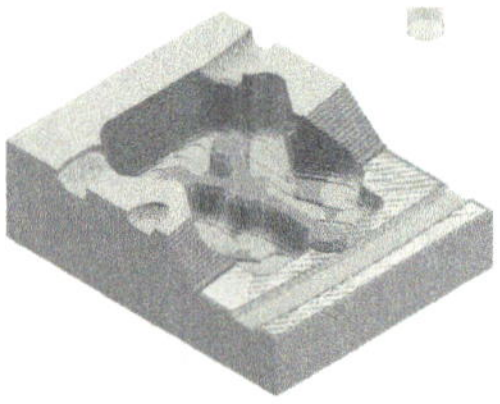
4	精加工 Y 形凸台顶面	带边界面铣	D10 立铣刀	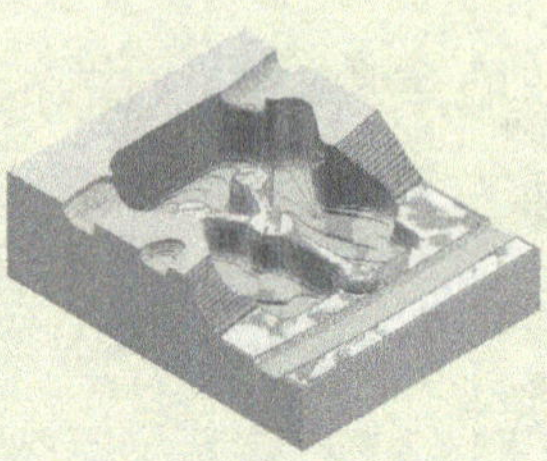

（续）

序号	加工部位	加工工序	刀具规格名称	加工结果
5	精加工 Y 形凸台侧壁斜面	深度轮廓铣	D6 立铣刀	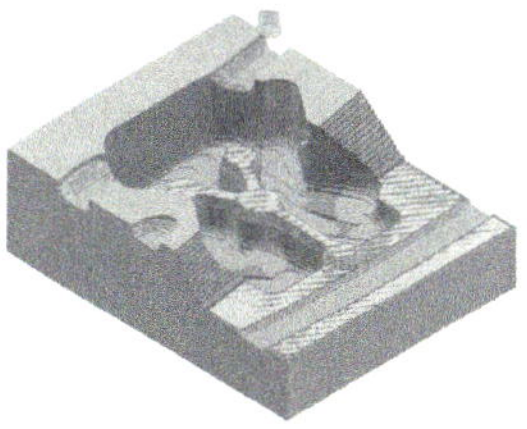
6	精加工 18mm 平台侧斜面、型腔侧壁	深度轮廓铣	D6 球头铣刀	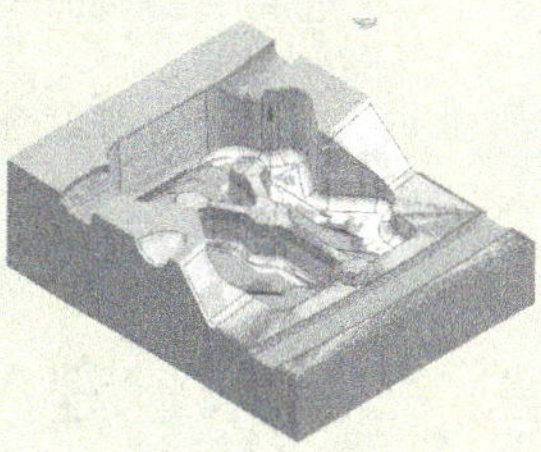
7	精加工型腔底面、椭球面槽	区域轮廓铣	D6 球头铣刀	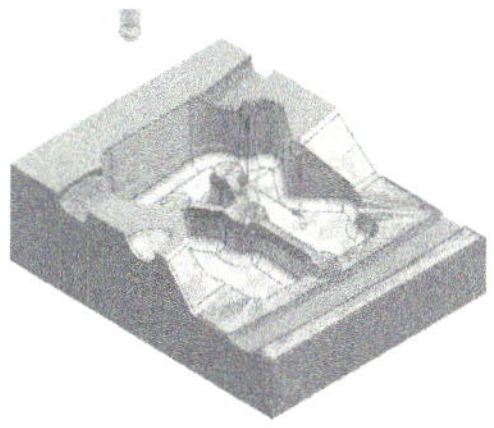
8	精加工抛物线曲面槽、顶面曲面槽	曲面区域轮廓铣	D6 球头铣刀	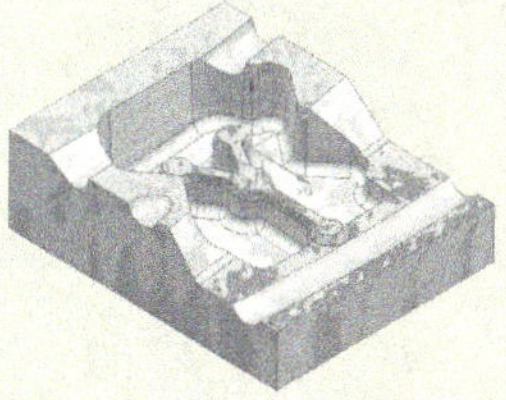

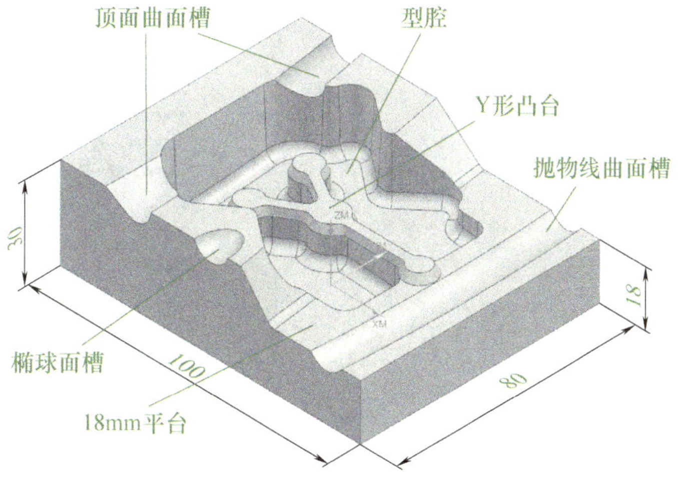

图 3-48　楔块结构图

二、编程准备

1. 创建几何体

创建 MCS 坐标系、安全平面和部件几何体。

2. 创建刀具

根据刀具清单，创建相应刀具。

3. 创建程序组

在【工序导航器】的【程序顺序视图】中创建两个程序组，分别命名为“楔块粗加工”和“楔块精加工”。

三、创建程序

1. 粗铣所有面

粗加工刀路创建

1）单击【创建工序】，弹出如图 3-49 所示对话框，【类型】选择“mill_contour”，【工序子类型】选择“型腔铣”，【程序】选择“楔块粗加工”，【刀具】选择 D10 立铣刀，【名称】改为“楔块开粗”，其他项默认，单击【确定】按钮，弹出如图 3-50 所示对话框。

图 3-49 创建工序

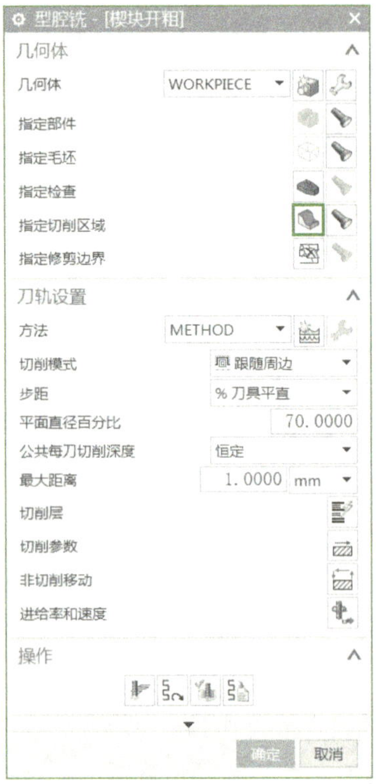

图 3-50 【型腔铣】对话框

2）在【型腔铣】对话框中，【几何体】选择【WORKPIECE】，单击【指定切削区域】右侧图标选择切削区域，选择模型中所有需要加工的面。

【专家点拨】

由于楔块的曲面槽特征尺寸较小，刀具无法在该特征中下刀，其余量可以在二次开粗时去除，选择切削区域时也可不选择。

3）在【刀轨设置】中，【切削模式】选择“跟随周边”，【平面直径百分比】改为“70”，【公共每刀切削深度】选择“恒定”，【最大距离】改为1mm。

4）单击【切削参数】按钮，弹出如图3-51所示对话框，在【余量】选项卡中，将【部件侧面余量】修改为0.3mm，单击【确定】按钮。

5）为了减小切削过程中的抬刀高度，单击【非切削移动】按钮，弹出如图3-52所示对话框，在【转移/快速】选项卡中，【区域之间】和【区域内】中的【转移类型】均选择“毛坯平面”，【安全距离】默认3mm，单击【确定】按钮。

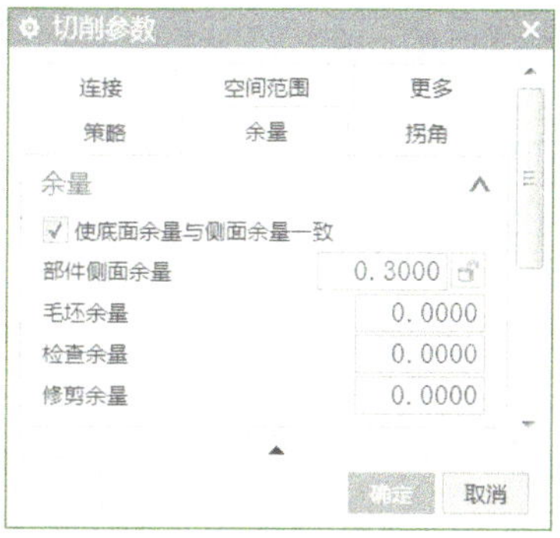

图3-51　【切削参数】对话框的【余量】选项卡

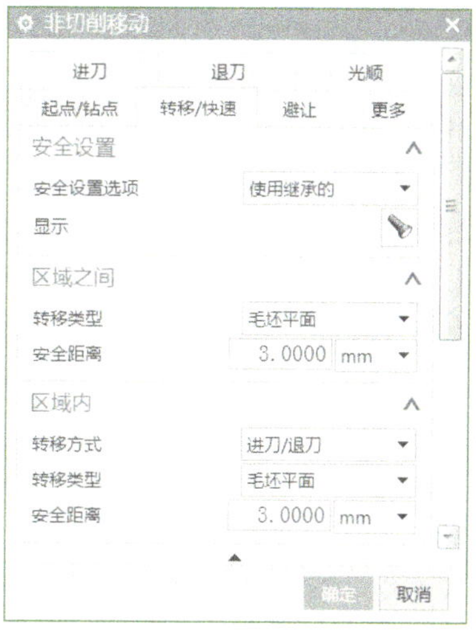

图3-52　【非切削移动】对话框的【转移/快速】选项卡

6）在【进给率和速度】对话框中，设置刀具的转速为2500r/min，进给速度为800mm/min。

7）单击【生成】按钮，生成粗加工刀具轨迹，如图3-53所示。

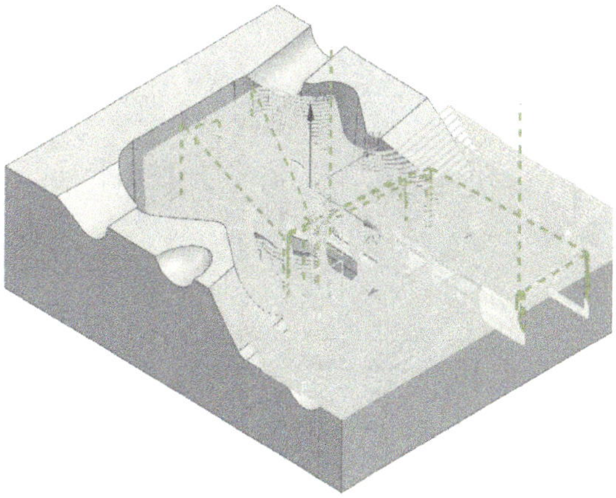

图3-53　楔块开粗刀具轨迹

2. 二次开粗圆角、槽

前述粗加工中的D10立铣刀无法切入型腔圆角、曲面槽等区域，其余量较多，因此需要用直径较小的立铣刀进行二次开粗，再次去除一部分余量，否则精加工时因为余量太大将影响表面加工质量，甚至损坏刀具。

二次开粗时，需要设置参考刀具，软件可以根据设置的参考刀具直径自动计算，只生成使用参考刀具加工后余量大于设定值部位的加工刀轨。

1）单击【创建工序】，弹出如图 3-54 所示对话框，【类型】选择“mill_contour”，【工序子类型】选择“深度轮廓铣”，【程序】选择“楔块粗加工”，【刀具】选择 D6 立铣刀，【名称】改为“二次开粗”，其他项默认，单击【确定】按钮，弹出如图 3-55 所示对话框。

二次开粗刀路创建

2）在【深度轮廓铣】对话框中，【几何体】选择“WORKPIECE”，单击【指定切削区域】右侧图标选择切削区域，选择模型中所有需要加工的面。

3）在【刀轨设置】中，【公共每刀切削深度】选择“恒定”，将【最大距离】修改为 0.5mm。

4）单击【切削参数】按钮，弹出【切削参数】对话框，在【余量】选项卡中，将【部件侧面余量】修改为 0.3mm；在【策略】选项卡（图 3-56）中，【切削方向】选择“混合”，【切削顺序】选择“始终深度优先”；在【连接】选项卡（图 3-57）中，【层到层】选择“直接对部件进刀”；在【空间范围】选项卡（图 3-58）中，【参考刀具】选择 D12 立铣刀（如果下拉菜单中没有，新建即可），【重叠距离】输入 2mm，单击【确定】按钮。

图 3-54 创建工序

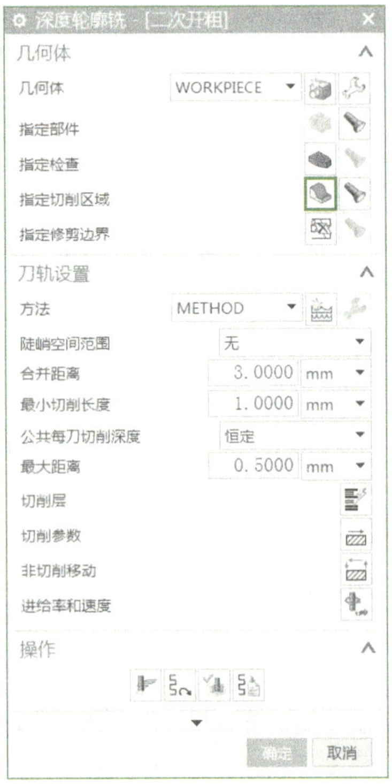

图 3-55 【深度轮廓铣】对话框

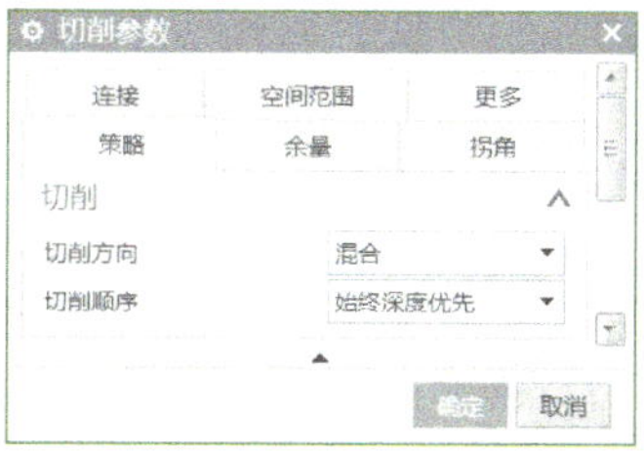

图 3-56 【策略】选项卡

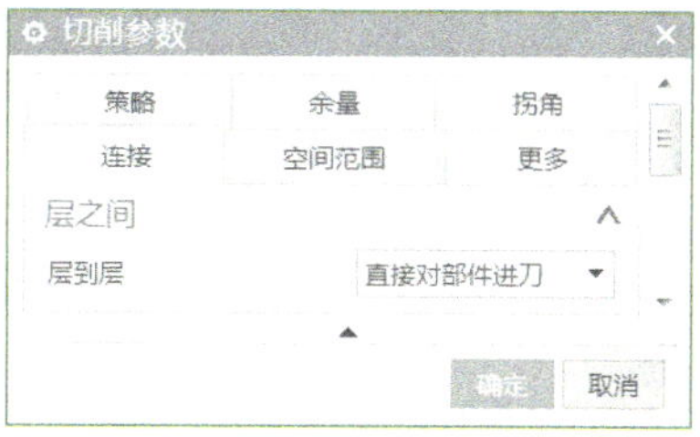

图 3-57 【连接】选项卡

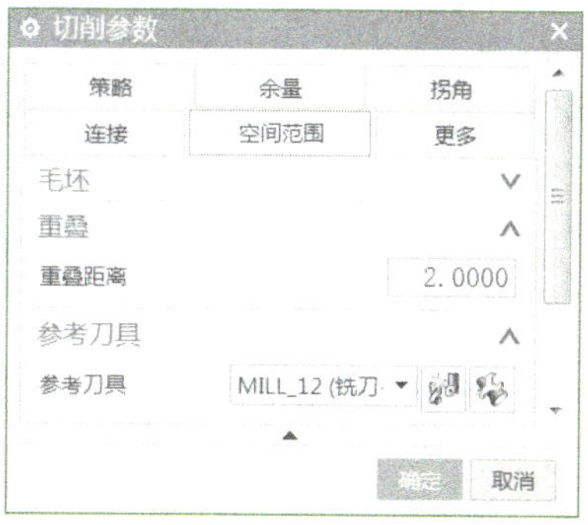

图 3-58 【空间范围】选项卡

【专家点拨】

修改【策略】选项卡和【连接】选项卡的设置是为了优化刀轨，减少抬刀进刀的刀轨；【空间范围】选项卡中设置的参考刀具直径要比前述粗加工中所用刀具直径略大，同时在【重叠距离】中输入适当的数值，以便加工时进退刀更安全，二次去除余量更彻底。

5）单击【非切削移动】按钮，在【转移/快速】选项卡中，【区域之间】和【区域内】中的【转移类型】均选择“毛坯平面”，【安全距离】默认 3mm，单击【确定】按钮，以减小切削过程中的抬刀高度。

6）在【进给率和速度】对话框中，设置刀具的转速为 4000r/min，进给速度为 600mm/min。

7）单击【生成】按钮，生成二次开粗刀具轨迹，如图 3-59 所示。

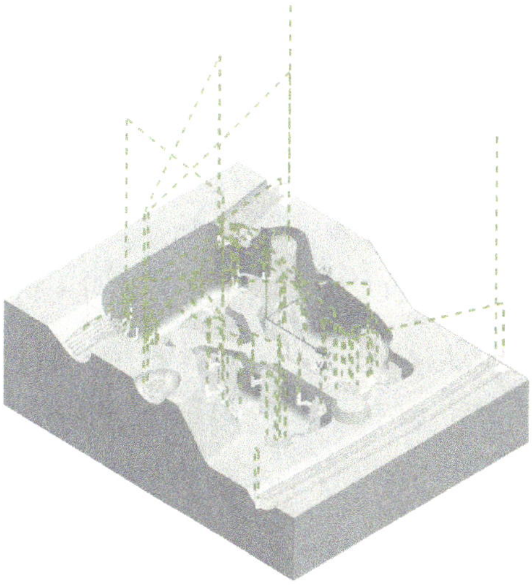
图 3-59 二次开粗刀具轨迹

3. 精加工 18mm 平台平面

创建平面铣工序，完成 18mm 平台平面的精加工，其创建步骤及参数设置参见前面任务，这里不再赘述。生成的精加工刀轨如图 3-60 所示。

4. 精加工 Y 形凸台顶面

创建带边界面铣工序，完成 Y 形凸台顶面的精加工，其创建步骤及参数设置参见前面任务，这里不再赘述。生成的精加工刀轨如图 3-61 所示。

5. 精加工 Y 形凸台侧壁斜面

1）单击【创建工序】，弹出如图 3-62 所示对话框，【类型】选择“mill_contour”，【工序子类型】选择“深度轮廓铣”，【程序】选择“楔块精加工”，【刀具】选择 D6 立铣刀，【名称】改为“Y 侧壁斜面精”，其他项默认，单击【确定】按钮，弹出如图 3-63 所示对话框。

Y形凸台侧壁斜面精加工刀路创建

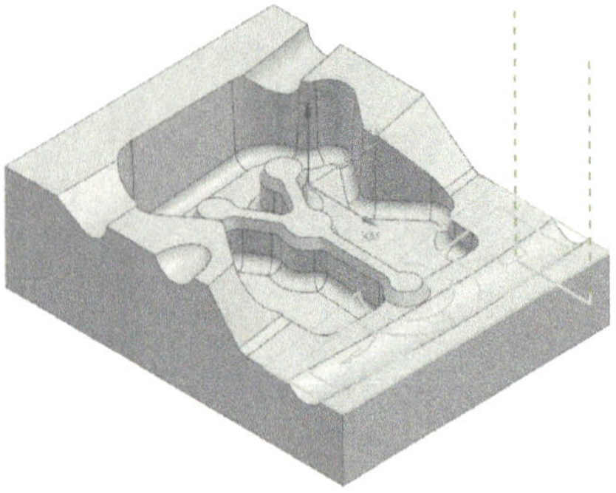

图 3-60　18mm 平台平面精加工刀轨

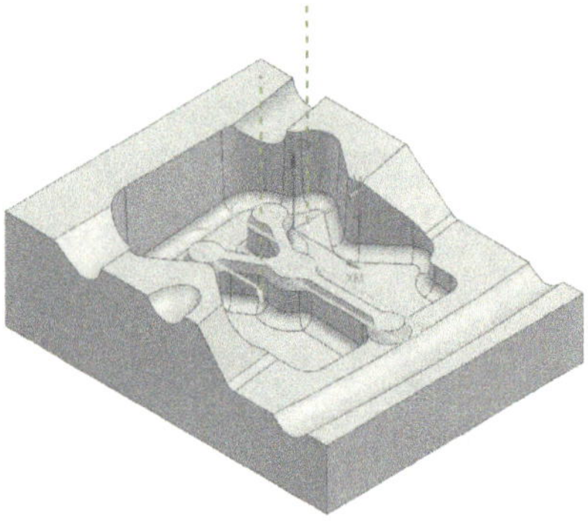

图 3-61　Y 形凸台顶面精加工刀轨

图 3-62　创建工序

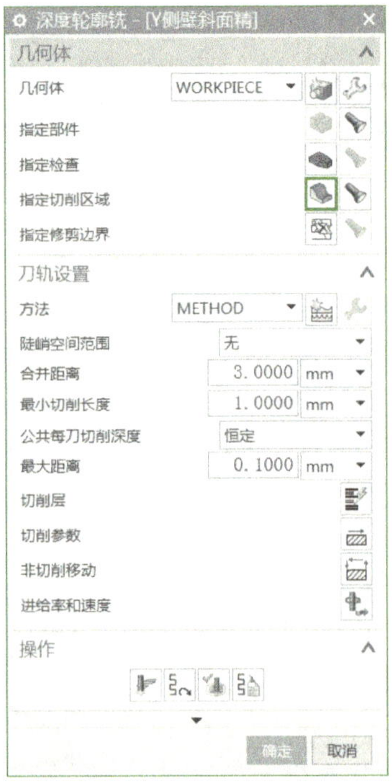

图 3-63　【深度轮廓铣】对话框

2）在【深度轮廓铣】对话框中，【几何体】选择“WORKPIECE”，单击【指定切削区域】右侧图标选择切削区域，选择 Y 形凸台侧壁斜面。

3）在【刀轨设置】中，【公共每刀切削深度】选择“恒定”，将【最大距离】修改为 0.1mm。

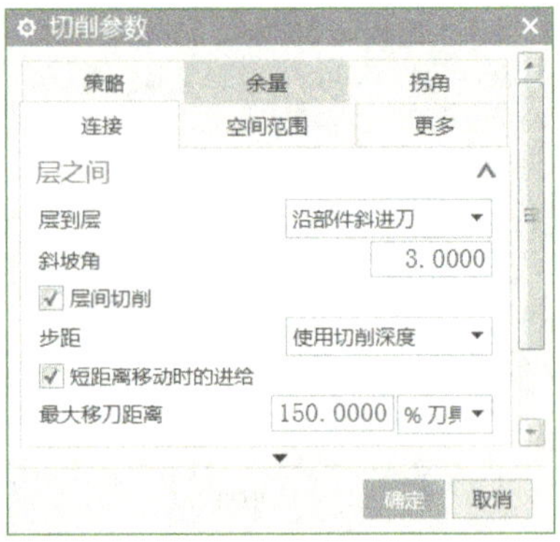

图 3-64　【连接】选项卡

【专家点拨】

最大距离数值越小，刀轨越多，加工质量越好，如精密模具的加工一般设置最大距离为 0.05mm。

4）单击【切削参数】按钮，弹出【切削参数】对话框，在【连接】选项卡（图 3-64）中，【层到层】选择“沿部件斜进刀”，【斜坡角】输入“3.0”，【层间切削】和

【短距离移动时的进给】两项都勾选，单击【确定】按钮。

【专家点拨】

选择沿部件斜进刀，不易在工件表面产生进刀痕，斜坡角根据加工曲面的大小自行设置，一般默认即可。Y 形凸台侧壁斜面较小，因此需要将斜坡角改为“3.0”，这样生成的刀轨更好。

5）【非切削移动】的参数按默认即可。

6）在【进给率和速度】对话框中，设置刀具的转速为 4000r/min，进给速度为 800mm/min。

7）单击【生成】按钮，生成精加工刀具轨迹，如图 3-65 所示。

6. 精加工 18mm 平台侧斜面

创建深度轮廓铣工序，选择 D6 球头铣刀，名称改为“斜面精”，选择 18mm 平台侧斜面，生成精加工刀具轨迹，如图 3-66 所示。

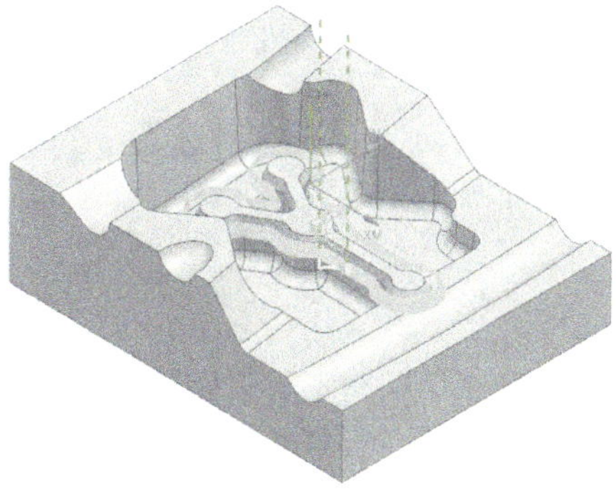

图 3-65　Y 形凸台侧壁斜面精加工刀具轨迹

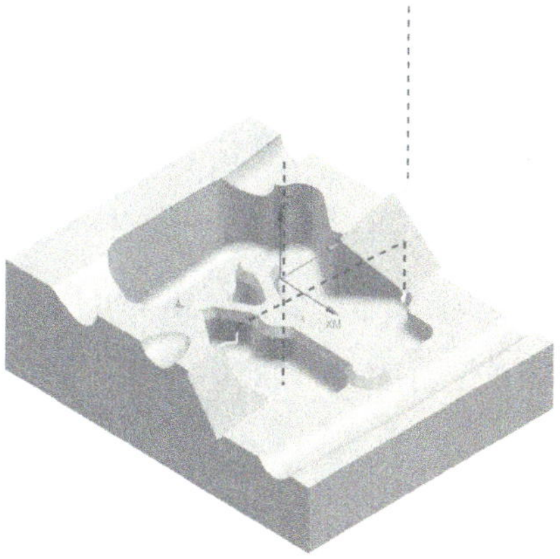

图 3-66　18mm 平台侧斜面精加工刀具轨迹

【专家点拨】

在【切削参数】对话框的【策略】选项卡中，【切削方向】选择“混合”，勾选【在边上延伸】，距离输入“30.0”；在【连接】选项卡中，【层到层】选择“直接对部件进刀”，修改这些参数可以优化刀具轨迹。

7. 精加工型腔侧壁

楔块顶面的 $R5$mm 曲面槽使型腔侧壁拔模面有起伏，影响刀具轨迹。为了使生成的刀具轨迹更规则，可以进入建模环境，复制模型并放到其他图层，然后使用二次建模中的删除面功能，将复制模型上的曲面槽删除。

型腔侧壁精加工刀路创建

创建深度轮廓铣工序，选择 D6 球头铣刀，名称改为“腔侧壁精”，选择型腔与 Y 形凸台侧壁（含底面圆角），生成精加工刀具轨迹，如图 3-67 所示。

型腔底面精加工刀路创建

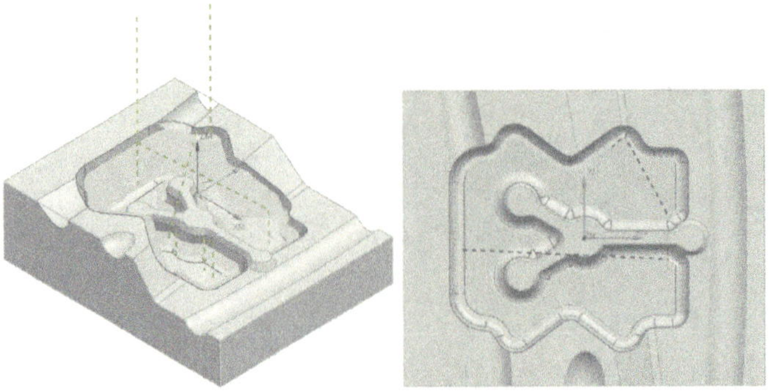

图 3-67　型腔侧壁精加工刀具轨迹

8. 精加工型腔底面

1）单击【创建工序】，弹出如图 3-68 所示对话框，【类型】选择“mill_contour”，【工序子类型】选择“区域轮廓铣”，【程序】选择“楔块精加工”，【刀具】选择 D6 球头铣刀，【名称】改为“腔底精”，其他项默认，单击【确定】按钮，弹出如图 3-69 所示对话框。

2）在【区域轮廓铣】对话框中，【几何体】选择“WORKPIECE”，单击【指定切削区域】右侧图标选择切削区域，选择型腔底面（含圆角）。

3）单击【驱动方法】中的图标，弹出【区域铣削驱动方法】对话框，如图 3-70 所示。【非陡峭切削模式】选择“跟随周边”，【刀路方向】选择“向外”，【步距】选择“恒定”，【最大距离】修改为 0.2mm，【步距已应用】选择“在部件上”，其他参数默认，单击【确定】按钮。

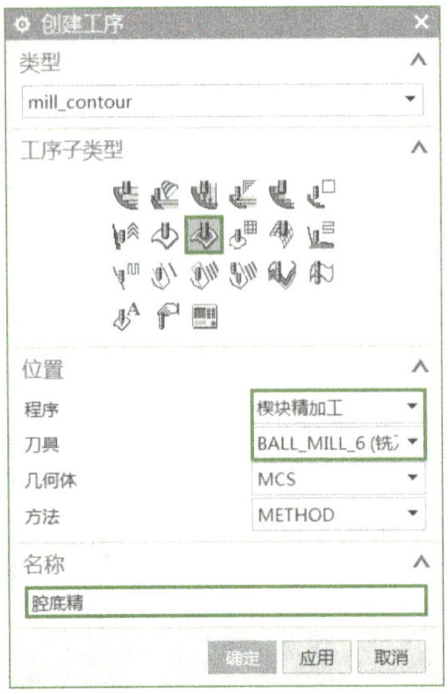

图 3-68　创建工序

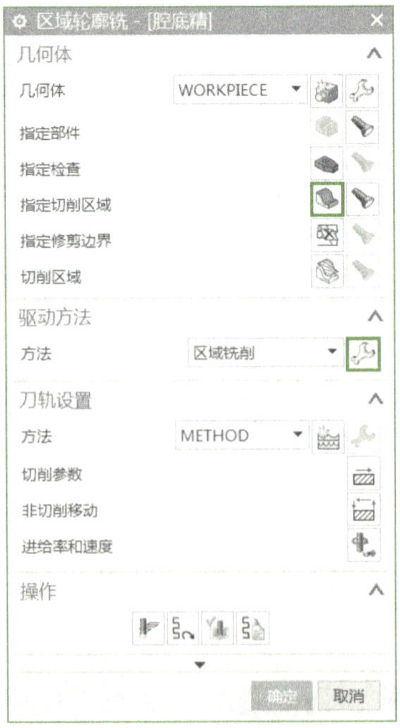

图 3-69　【区域轮廓铣】对话框

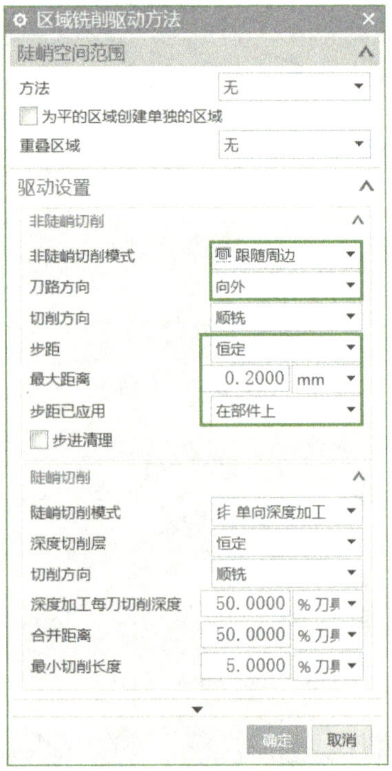

图 3-70　【区域铣削驱动方法】对话框

【专家点拨】

参数【步距已应用】中，在平面上生成的刀具轨迹在俯视图上等距，在部件上生成的刀具轨迹在所加工的曲面上等距，一般选择在部件上。

4）【切削参数】和【非切削移动】的参数按默认即可。

5）在【进给率和速度】对话框中，设置刀具的转速为 4000r/min，进给速度为 800mm/min。

6）单击【生成】按钮，生成精加工刀具轨迹，如图 3-71 所示。

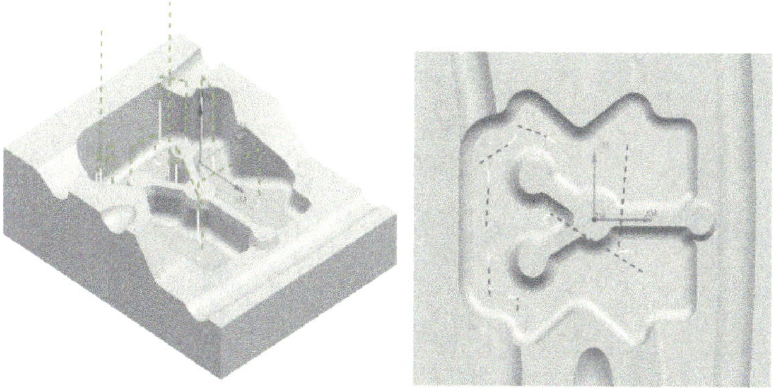

图 3-71　型腔底面精加工刀具轨迹

9. 精加工椭球面槽

创建区域轮廓铣工序，选择 D6 球头铣刀，名称改为“椭球面槽精”，选择椭球面，生成精加工刀具轨迹，如图 3-72 所示。

椭球面槽精加工刀具轨迹最好与 X 轴成 45°角，这样加工出来的效果更好。在图 3-73 所示的【区域铣削驱动方法】对话框中，【切削角】选择“指定”，【与 XC 的夹角】输入“45.0”即可。

椭球面精加工刀路创建

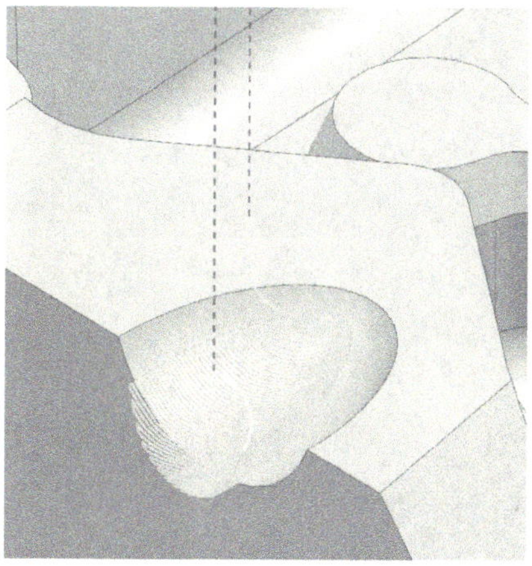

图 3-72　椭球面槽精加工刀具轨迹

图 3-73　指定切削角

抛物线曲面槽精加工刀路创建

10. 精加工抛物线曲面槽

1）单击【创建工序】，弹出如图 3-74 所示对话框，【类型】选择“mill_contour”，【工序子类型】选择“曲面区域轮廓铣”，【程序】选择“楔块精加工”，【刀具】选择 D6 球头铣刀，【名称】改为“抛物线曲面槽精”，其他项默认，单击【确定】按钮，弹出如图 3-75 所示对话框。

2）在【曲面区域轮廓铣】对话框中，【几何体】选择“MCS”，单击【指定切削区域】右侧图标选择切削区域，选择抛物线曲面。

3）单击【驱动方法】中的图标，弹出【曲面区域驱动方法】对话框，如图 3-76 所示。单击【指定驱动几何体】右侧图标，弹出【驱动几何体】对话框，如图 3-77 所示，选择抛物线曲面作为驱动几何体，单击【确定】按钮。在图 3-76 中，单击【切削方向】图标，选择如图 3-78 所示切削方向，先横向再纵向；单击【材料反向】图标，使箭头方向指向要切削的材料方向，如图 3-79 所示；【切削模式】选择“往复”，【步距】选择“数量”，【步距数】输入“30”（此数值为切削的刀轨数量），【更多】中的【切削步长】选择“公差”，【内公差】和【外公差】均修改为“0.01”，单击【确定】按钮。

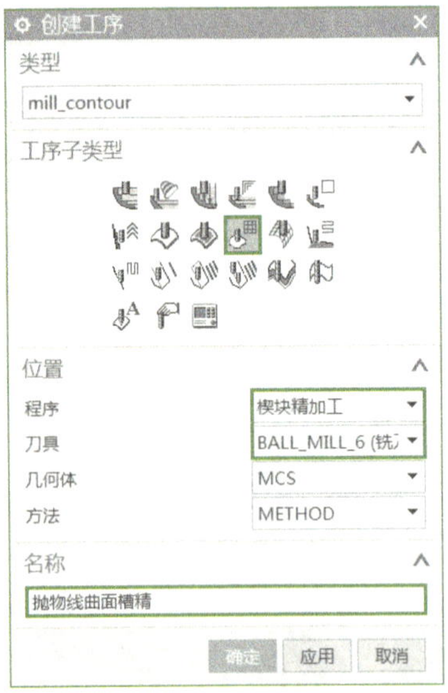

图 3-74 创建工序

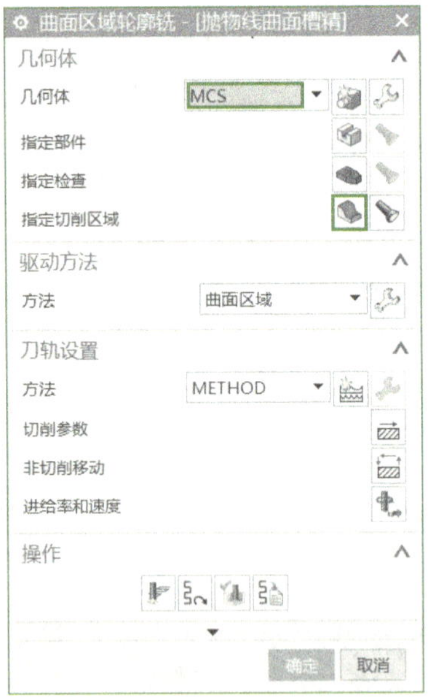

图 3-75 【曲面区域轮廓铣】对话框

图 3-76 【曲面区域驱动方法】对话框

4）【切削参数】和【非切削移动】的参数按默认即可。在【切削参数】对话框的【策略】选项卡中，勾选【在边上延伸】，可增加开始的空刀轨。

5）在【进给率和速度】对话框中，设置刀具的转速为 4000r/min，进给速度为 800mm/min。

6）单击【生成】按钮，生成精加工刀具轨迹，如图 3-80 所示。

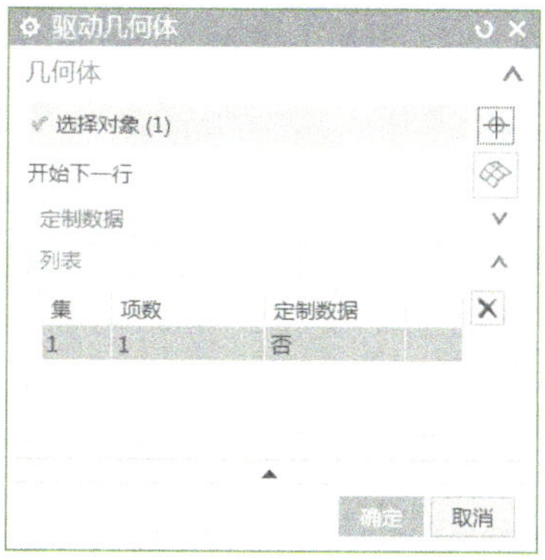

图 3-77　指定驱动几何体

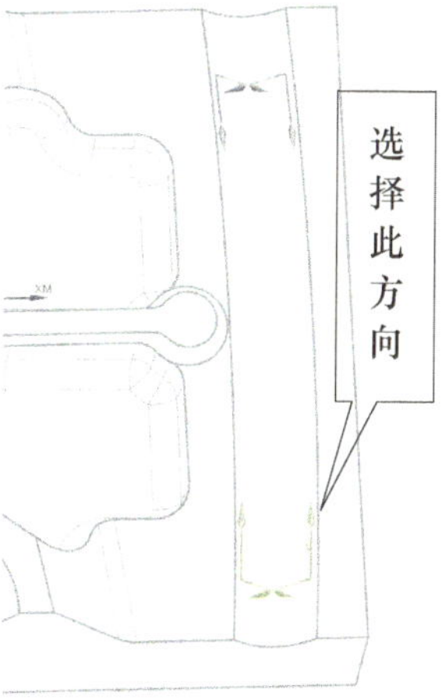

图 3-78　切削方向

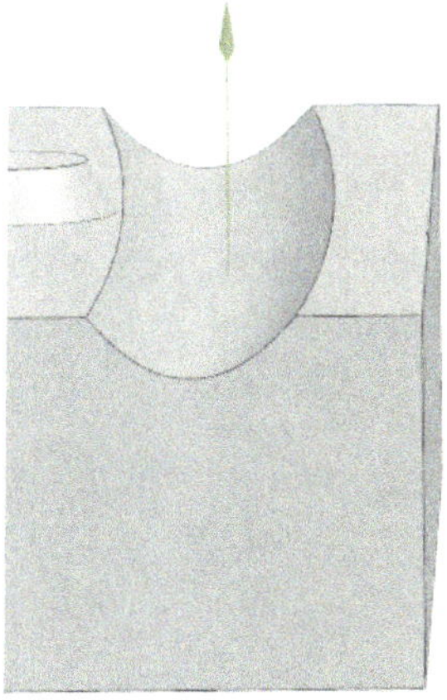

图 3-79　材料反向

11. 精加工顶面曲面槽

（1）辅助曲面建模　楔块的两个顶面曲面槽在一个曲面上，中间型腔将它们断开。直接用原有的曲面特征生成刀具轨迹，在边缘有欠切，因此需要一个辅助曲面作为切削面和驱动曲面，辅助曲面范围包含模型上的两段曲面。

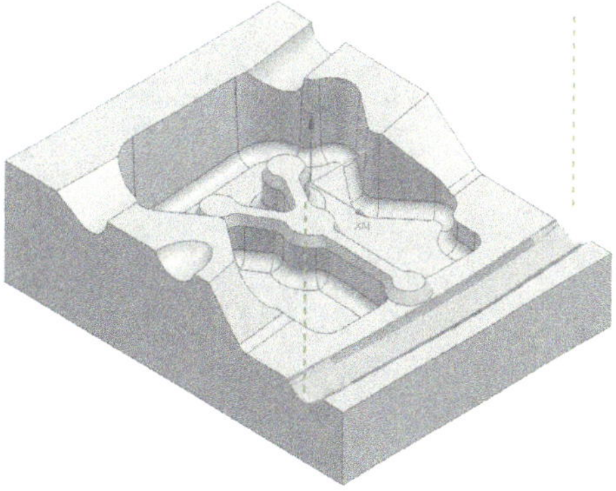

图 3-80　抛物线曲面槽精加工刀具轨迹

曲面槽精加工刀路创建

辅助曲面建模时，首先创建曲面的四条边界线，然后用【填充曲面】命令进行曲面建模。顶面曲面槽在模型侧面的边界线是完整的，直接用【抽取几何特征】命令即可得到；在模型顶面的边界线是断开的，分别是半径为 400mm 和 500mm 的圆弧线，用【圆弧/圆】命令画出。

1）单击【抽取几何特征】，弹出【抽取几何特征】对话框，【类型】选择“复合曲线”，选择曲面槽在模型侧面上的边界线，如图 3-81 所示，单击【确定】按钮。

2）进入建模环境，单击菜单栏中的【曲线】→【圆弧/圆】（图 3-82），弹出如图 3-83 所示对话框，依次在模型上单击圆弧的两个端点，输入圆弧半径“500”，得到如图 3-84 所示圆弧。

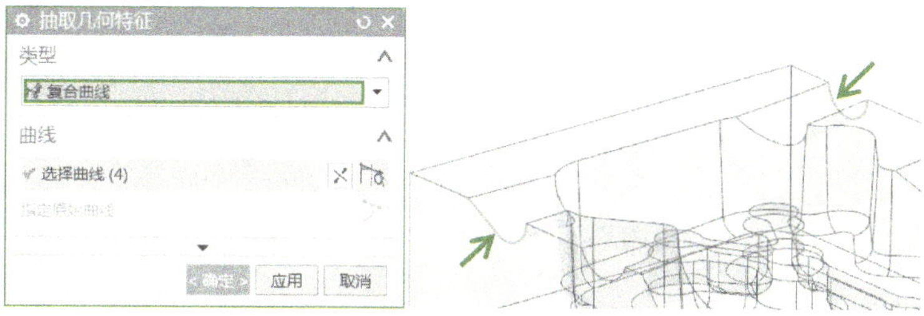

图 3-81　抽取侧面边界线

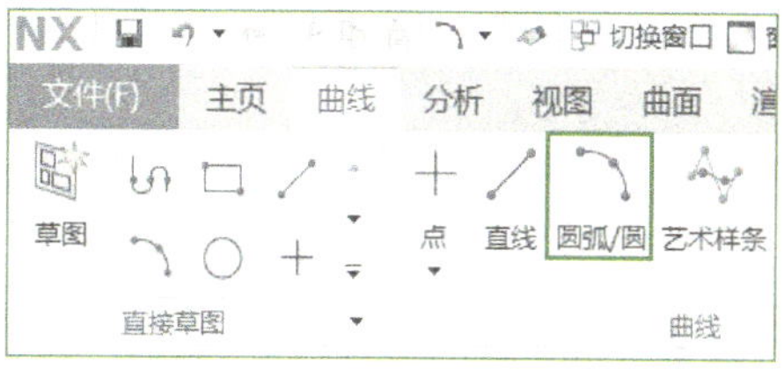

图 3-82　【圆弧/圆】图标位置

图 3-83 【圆弧/圆】对话框

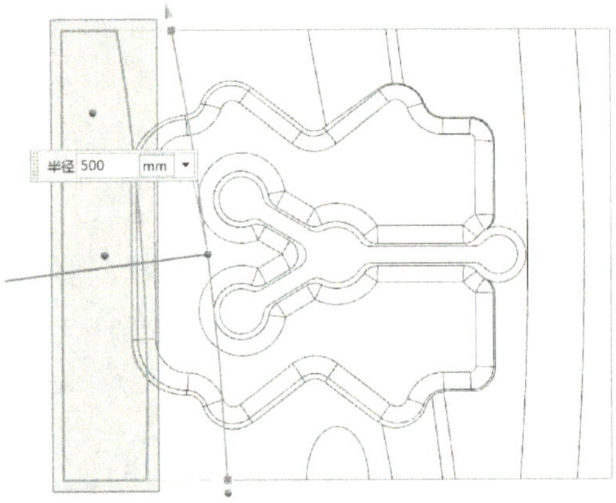

图 3-84 半径为 500mm 的圆弧边界线

【专家点拨】

如果圆弧不在顶面上，单击圆弧/圆对话框下方的黑色三角图标，再【支持平面】中【平面选项】的下拉菜单中选择“选择平面”，单击圆弧所在平面即可。

如果圆弧是曲面槽边界圆弧的补弧，如图 3-85 所示，则单击【限制】中的【补弧】图标即可。

如果圆弧弯曲方向错误，如图 3-86 所示，则单击【设置】中的【备选解】图标，再单击【补弧】图标即可。

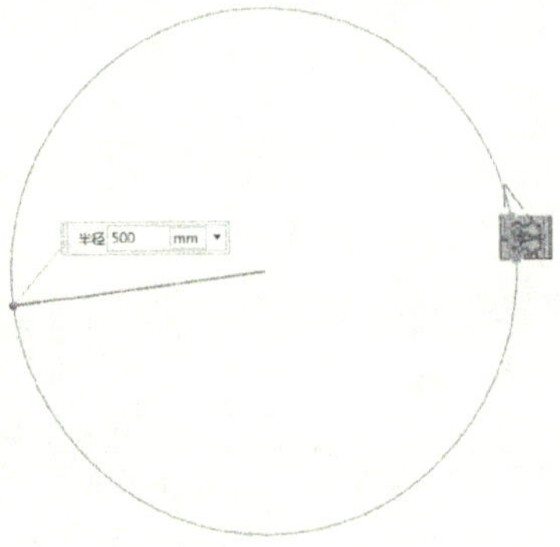

图 3-85 补弧

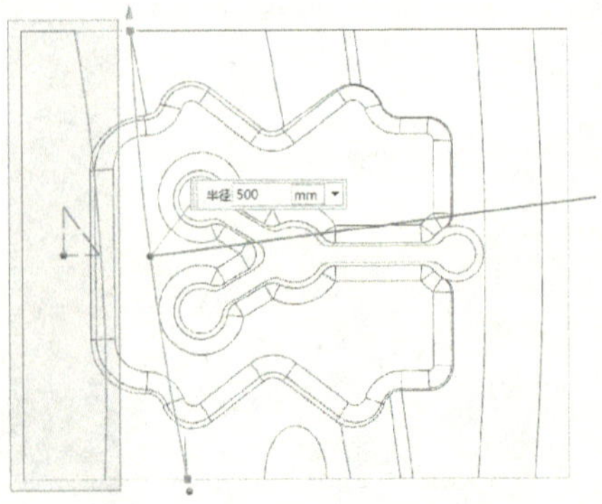

图 3-86 圆弧弯曲方向

3）用同样的方法，创建半径为 400mm 的圆弧曲面边界线。

4）单击菜单栏中的【曲面】→【填充曲面】（图 3-87），弹出如图 3-88 所示对话框，依次选择四条边界线（顶面曲面槽在模型侧面上的边界线都是两条线相连组成的），系统自动填充构造出曲面，如图 3-89 所示。

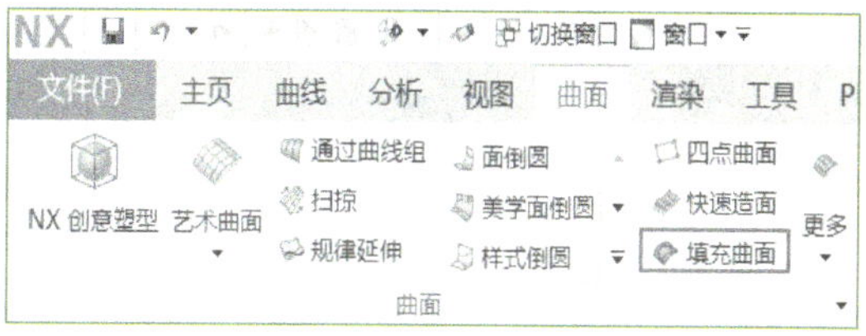

图 3-87　【填充曲面】图标位置

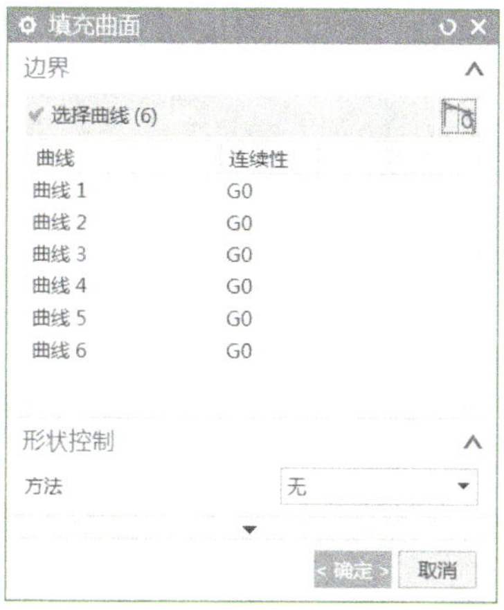

图 3-88　【填充曲面】对话框

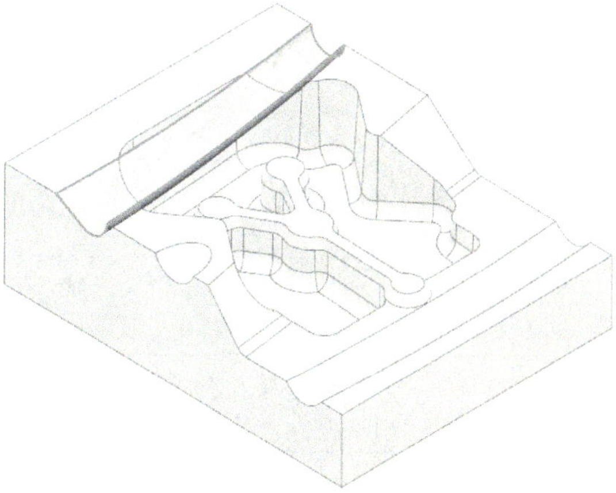

图 3-89　构造曲面

（2）精加工刀具轨迹生成创建曲面区域轮廓铣工序，选择 D6 球头铣刀，名称改为“顶面曲面槽精”，参照抛物线曲面槽精加工刀具轨迹的生成过程，切削面和驱动曲面都选择前面创建的曲面，生成精加工刀具轨迹，如图 3-90 所示。

至此，完成楔块的加工程序的创建。

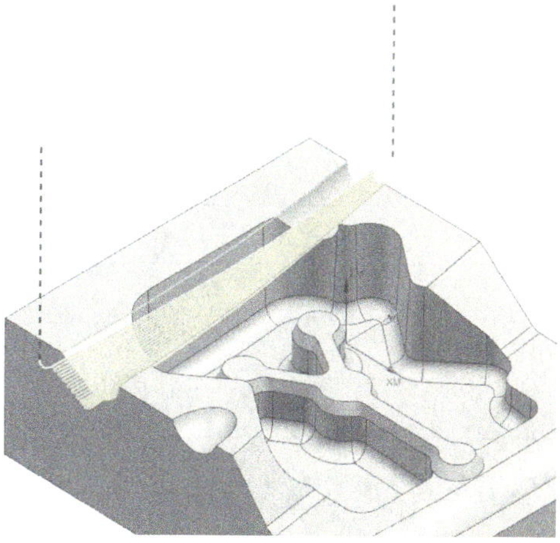

图 3-90　顶面曲面槽精加工刀具轨迹

任务评价

总结本次任务完成情况，填写表 3-35，根据考核项目进行自评、互评和教师评价，完成任务评价。

表 3-35　任务评价表

考核项目与权重	考核内容	评价标准	自评	互评	教师评价
专业知识（20%）	（1）掌握深度轮廓铣工序的用途及各参数含义（7 分）	根据斜面、型腔侧面精加工刀轨生成情况酌情扣分			

（续）

考核项目与权重	考核内容	评价标准	自评	互评	教师评价
专业知识（20%）	（2）掌握区域轮廓铣工序的用途及各参数含义（7 分）	根据型腔底面、椭圆面槽精加工刀轨生成情况酌情扣分			
	（3）掌握曲面区域轮廓铣工序的用途及各参数含义（6 分）	根据曲面槽精加工刀轨生成情况酌情扣分			
专业能力（30%）	（1）能够选择合理的工序生成各平面粗、精加工刀轨以及型腔粗加工刀轨（10 分）	方法有误或使用不合理的策略每处扣 2.5 分，扣完为止			
	（2）能够选择合理的工序生成斜面、型腔侧面粗、精加工刀轨（10 分）	方法有误或使用不合理的策略每处扣 2.5 分，扣完为止			
	（3）能够选择合理的工序生成型腔底面及其他曲面粗、精加工刀轨（10 分）	方法有误或使用不合理的策略每处扣 2.5 分，扣完为止			
职业素养（20%）	（1）敬业守时、认真负责、踏实严谨、谦虚好学（7 分）	迟到、早退、无故缺勤等，每次扣 1 分，扣完为止			
	（2）具有良好的团队合作精神，能热心帮助其他同学完成任务（7 分）	不参加小组讨论每次扣 1 分，扣完为止			
	（3）能根据工作任务对资源进行合理分配，能正确控制、激励、协调小组工作全过程（6 分）	根据对小组的引导、小组完成任务情况酌情扣分			
任务总结（30%）	（1）能进行归纳总结，得出规律和指导性经验，技术文件完整、规范、条理清晰。在任务结束后，反思自己的任务完成情况和质量（10 分）	根据任务总结情况酌情扣分			
	（2）安全、有效地完成任务中的每个要求（20 分）	根据任务完成情况酌情扣分			
合计（自评占比 40%，互评占比 20%，教师评价占比 40%）					
任务反思					

项目总结

如图 3-91 所示，项目三包含加工槽板、加工转接块和加工楔块三个任务。通过三个任

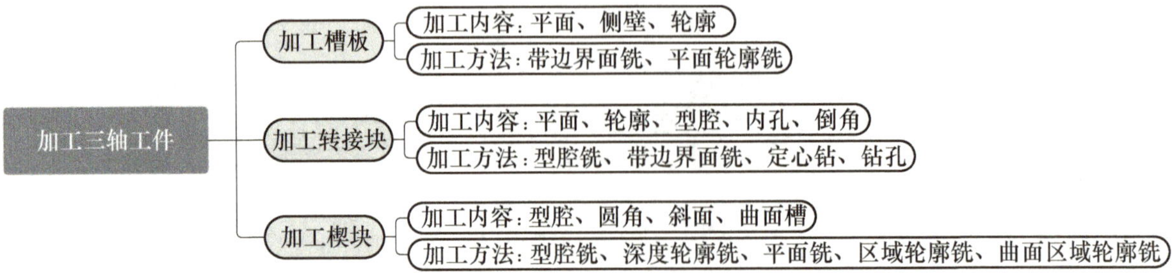

图 3-91　项目三总结思维导图

务巩固了创建程序组、刀具、几何体等知识，学习了带边界面铣、平面轮廓铣、型腔铣、深度轮廓铣、区域轮廓铣等工序的创建方法，掌握了跟随部件、跟随周边等切削模式的特点以及切削参数和非切削移动参数的设置方法。通过本项目的学习，能够达到正确创建工序，生成三轴工件合理的加工刀具轨迹的目标。

项目练习题

一、填空题

1. 工序导航器包括__________、__________、__________和__________。

2. 型腔铣适用于____________和__________的粗加工。

3. __________适用于内孔中心孔的钻削。

4. 在确认刀轨时，可以通过______的方式模拟工件的加工过程。

5. 在创建几何体时，需要________、________和指定检查。

二、选择题

1. 使用 UG NX 系统自动编程的 NC 操作部分包括创建几何体、创建程序、创建刀具、创建（ ）等部分。

A. 加工方法　B. 加工视图　C. 加工环境　D. 加工状态

2. 带边界面铣属于下面（ ）工序类型。

A. mill_planar　B. mill_rotary　C. mill_making　D. mill_contour

3. 型腔铣属于下面（ ）工序类型。

A. mill_planar　B. mill_rotary　C. mill_making　D. mill_contour

4. 在数控机床中，机床坐标系的 X 和 Y 轴可以联动，当 X 和 Y 轴固定时，Z 轴可以上下移动，这种加工方法称为（ ）。

A. 两轴加工　B. 两轴半加工　C. 三轴加工　D. 五轴加工

5. 球头铣刀的球头半径通常（ ）所加工曲面的曲率半径。

A. 大于　B. 小于　C. 等于　D. 大于或小于

三、判断题

1. 型腔铣工序必须指定切削区域才能生成加工刀轨。（ ）

2. 刀具可以提前创建或在创建工序时创建。（ ）

3. 非切削移动参数主要设置进刀、退刀、起点/钻点、转移/快速、避让等内容。（ ）

4. 在创建定心钻和钻孔工序时，可以不用指定特征几何体。（ ）

5. 在创建工序时，“MILL_ROUGH”表示加工方法为粗加工。（ ）

四、简答题

1. 在创建型腔铣工序时，什么情况需要设置切削层参数？什么情况使用默认的切削层参数？

2. 请简述创建工序的方法。

五、实操题

1. 打开源文件课后习题3-1（图3-92），根据模型的特点，设置毛坯、创建刀具、创建工序，进行该工件的粗、精铣削加工，生成刀具轨迹，保存文件。

2. 打开源文件课后习题3-2（图3-93），根据模型的特点，设置毛坯、创建刀具、创建工序，进行该工件的粗、精铣削加工，生成刀具轨迹，保存文件。

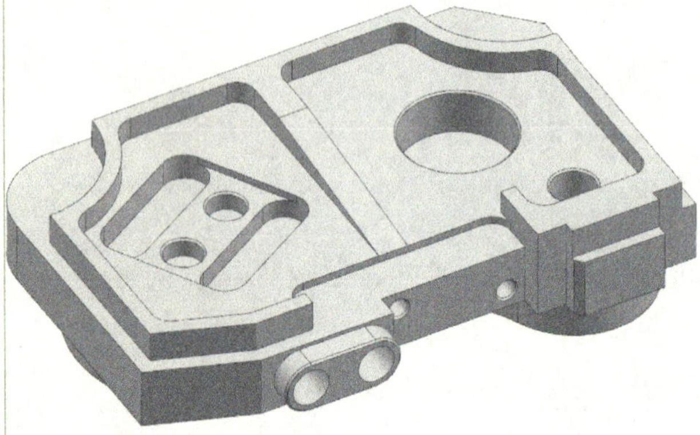

图3-92　课后习题3-1

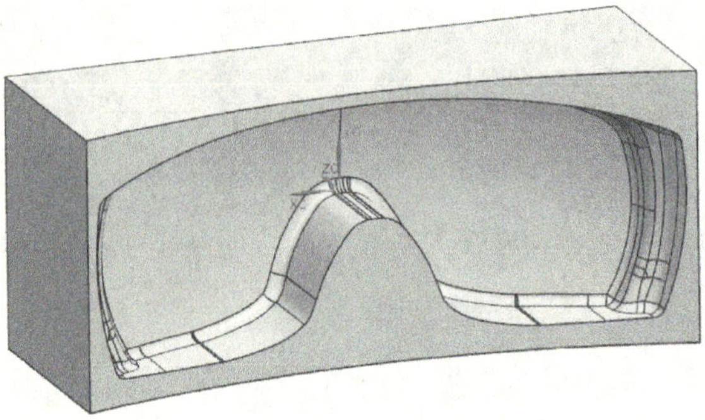

图3-93　课后习题3-2

项目四　加工四轴工件

项目概述

四轴加工和五轴加工均属于多轴加工方式。四轴加工是在三轴加工的基础上增加一个旋转轴。因四轴机床的结构不同，旋转的第四轴可能安装在 X 轴、Y 轴或 Z 轴上，分别称为 A 轴、B 轴或 C 轴。四轴加工分为四轴定向加工和四轴联动加工。本项目中任务一加工连接块为四轴定向加工，任务二加工双头锥度蜗杆为四轴联动加工。

项目目标

1. 学习 UG NX 软件四轴加工方法。
2. 学习 UG NX 软件四轴加工中的毛坯装夹和坐标系创建方法。
3. 掌握 UG NX 软件铣削退刀槽的方法。
4. 掌握 UG NX 软件铣削螺纹的方法。

任务一　加工连接块

任务描述

本任务加工连接块。图 4-1 所示连接块为一异形工件，选用圆棒料作为毛坯，中间预制孔作为定位基准，采用四轴机床定向加工。应用面铣、孔铣、孔倒斜铣、钻孔、攻丝、平面轮廓铣、凸台螺纹铣等加工工序完成连接块的加工，同时学会四轴定向加工坐标系创建、刀轴设定等关键步骤的要领及注意事项。

学习目标

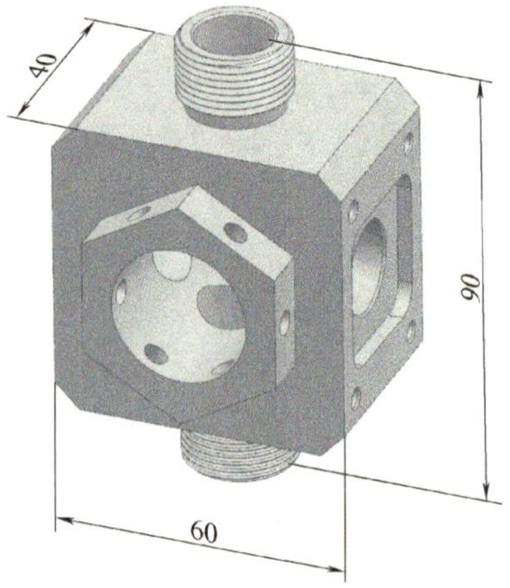

图 4-1 连接块

【知识目标】

1. 掌握 UG NX 软件四轴定向加工方法。
2. 掌握四轴加工坐标系及安全平面的创建方法。
3. 掌握四轴圆周孔加工刀具轨迹的创建方法。
4. 掌握退刀槽的铣削方法。
5. 掌握螺纹的铣削方法。

【能力目标】

1. 能够分析工件特征，制订连接块的加工工艺。
2. 能够正确创建几何体，根据连接块特点，合理选择坐标系原点，正确指定部件及毛坯。
3. 能够创建平面铣削加工工序，生成各平面加工刀具轨迹，并进行刀具轨迹仿真。
4. 能够创建退刀槽铣削加工工序，生成退刀槽加工刀具轨迹，并进行刀具轨迹仿真。
5. 能够创建外螺纹铣削加工工序，生成外螺纹加工刀具轨迹，并进行刀具轨迹仿真。
6. 能够创建平面孔和圆周孔的加工工序，生成孔加工刀具轨迹，并进行刀具轨迹仿真。

【素养目标】

1. 在四轴加工程序的编制过程中，培养学生知识迁移的意识和能力。
2. 了解工序集中给生产带来的效率提升，增强使用先进工艺装备和生产工艺解决实际加工问题的意识与能力。

知识准备

当前，数控机床早已是广泛使用的制造装备，而四轴加工中心是其中最常见的一种。四轴加工中心有立式和卧式之分。在应用第四轴进行加工时，通常有两种方式：四轴定向加工和四轴联动加工。

1. 四轴定向加工

四轴定向加工是使用四轴机床的旋转分度头先将工件进行旋转定位，再使用三轴的加工方法进行加工，这种加工方式也称为三轴半加工。四轴定向加工可实现一次装夹加工多个表面，减少装夹次数，避免重复定位，提高生产率及加工精度。四轴定向加工时，旋转轴只用来进行旋转定位，并不参与联动加工，因此三轴的所有加工方法均可用于四轴定向加工。本任务主要使用面铣、孔铣、孔倒斜铣、钻孔、攻丝、平面轮廓铣、凸台螺纹铣等加工工序。在使用这些工序时需要重点关注刀轴的设定，以及各工序间刀具的安全转移。

2. 四轴联动加工

四轴联动加工与四轴定向加工不同，第四轴不仅用来做旋转定位，而且要与 X、Y、Z 三轴或其中部分轴实现联动，从而加工更为复杂的工件。四轴联动加工可替换三轴半加工，但三轴半加工无法替代四轴联动加工。因此在进行工件加工时，应首先确认使用何种加工方式，再选择相应的机床。

任务准备

学习相关文档、视频等资料，打开计算机，启动 UG NX 软件，检查计算机及软件是否正常，准备上课所需的源文件。

任务实施

一、工件分析及工艺制订

1. 工件分析

如图 4-1 所示，连接块为一异形工件，中间主体部分为方形，上、下两个面上有带螺纹的圆柱，前面有六棱柱凸台，其周围有孔，左侧面有圆孔，另一侧为矩形腔及四个螺纹孔，各相对面中间有通孔。该工件的加工面较多，如果使用三轴加工方式则需多次装夹，因此采用四轴定向加工，可以实现一次装夹加工多个面。

2. 工艺方案

（1）毛坯选用　毛坯选用 45 钢圆棒料，尺寸为 ϕ100mm×55mm，由车床加工好中心孔及两侧端面。

（2）刀具选择　根据工件的特征分析，确定连接块的加工刀具，见表 4-1。

表 4-1　刀具清单

序号	名称	规格	材质	齿数
1	立铣刀(粗)	D12	硬质合金	4
2	立铣刀(精)	D12	硬质合金	4
3	立铣刀(粗)	D8	硬质合金	4
4	立铣刀(精)	D8	硬质合金	4
5	钻头	D3.7	高速工具钢	2
6	钻头	D5	高速工具钢	2
7	T 形槽刀	D10×3	高速工具钢	10
8	螺纹铣刀	D12	硬质合金	1
9	丝锥	M4.5	高速工具钢	4
10	90°倒角刀	D10	硬质合金	2

（3）工件装夹　如图 4-2 所示，车削完成的毛坯使用芯轴定位装夹，并在侧面用锁紧螺母锁紧，再用四轴机床转台上的自定心卡盘夹紧芯轴，实现工件的定位装夹。

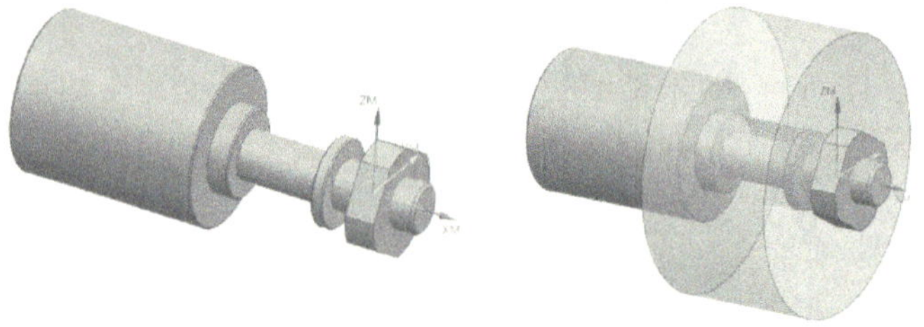

图 4-2　芯轴夹具及连接块毛坯装夹示意图

（4）加工策略　加工策略见表 4-2。

表 4-2　加工策略

序号	加工部位	加工工序	刀具规格名称	加工结果
1	铣削平面铣削矩形腔	带边界面铣 底壁铣	D12 立铣刀 D8 立铣刀	
2	铣削四周圆孔 铣削圆柱 铣削端面余料	孔铣 平面轮廓铣	D12 立铣刀	
3	铣削倒角	孔倒斜铣	D10 90°倒角刀	
4	加工螺纹孔 加工圆周孔	钻孔 攻丝	D3.7 钻头 M4.5 丝锥 D5 钻头	
5	铣削退刀槽 铣削螺纹	平面轮廓铣 凸台螺纹铣	D10×3 T 形槽刀 D12 螺纹铣刀	

二、编程准备

准备工作

在 UG NX 软件中，打开连接块模型源文件，单击【应用模块】→【加工】，进入加工环境。

1. 创建几何体

（1）建立 MCS 坐标系　单击【工序导航器】→【几何视图】，双击【MCS_MILL】，打开【MCS 铣削】对话框，将坐标系设定在工件六棱柱凸台中间位置，如图 4-3 所示。【安全设置选项】选为“圆柱”，【指定点】选择芯轴右端中心点，【指定矢量】选择轴线向右，【半径】设置为 55mm，单击【确定】按钮，完成坐标系和安全平面的创建。

（2）指定部件和毛坯几何体　双击【WORKPIECE】，打开【工件】对话框，【指定部件】选择连接块，【指定毛坯】选择圆柱毛坯，单击【确定】按钮，完成部件和毛坯几何体的指定。

2. 创建刀具

根据表 4-1 所列刀具清单创建刀具。

3. 创建程序组

1）单击【工序导航器】→【程序顺序视图】，在【未用项】上单击鼠标右键，选择【插入】→【程序组】，【位置】选择“NC_PROGRAM”，【名称】输入“粗铣平面”，单击两次【确定】按钮，完成程序组的创建。

2）使用相同的方法创建其他程序组，如图 4-4 所示。

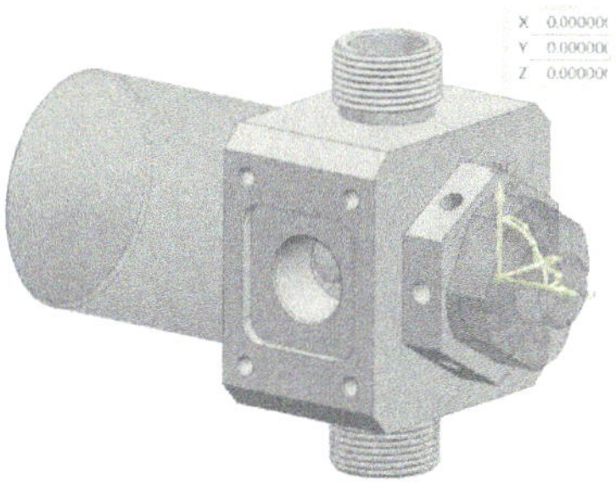

图 4-3　设置坐标系

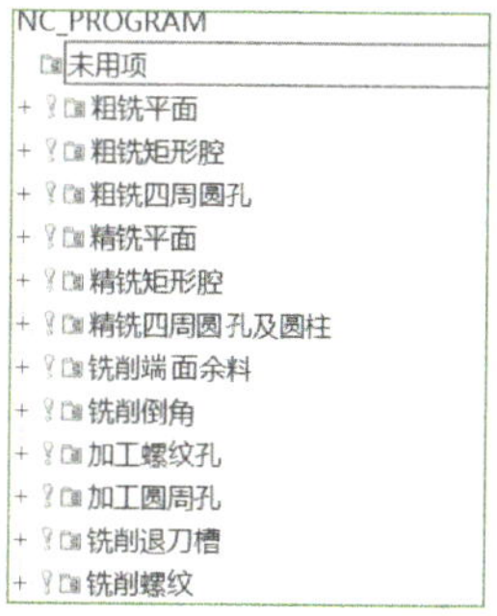

图 4-4　加工连接块所用程序组

三、创建程序

简单工序介绍

1. 粗铣平面

（1）粗铣四面

1）粗铣四面_1。

① 创建加工工序。在【程序顺序视图】下，用鼠标右键单击“粗铣四面”程序组名称，在弹出的立即菜单中选择【插入】→【工序】，弹出【创建工序】对话框，如图 4-5 所示，选择相应参数并设置名称，单击【确定】按钮，弹出【面铣】对话框。

② 选择加工区域。在【面铣】对话框中，单击【指定面边界】按钮，弹出【毛坯边界】对话框，如图 4-6 所示。【选择方法】设置为“面”，单击工件上表面，如图 4-7 所示，单击【确定】按钮返回【面铣】对话框。

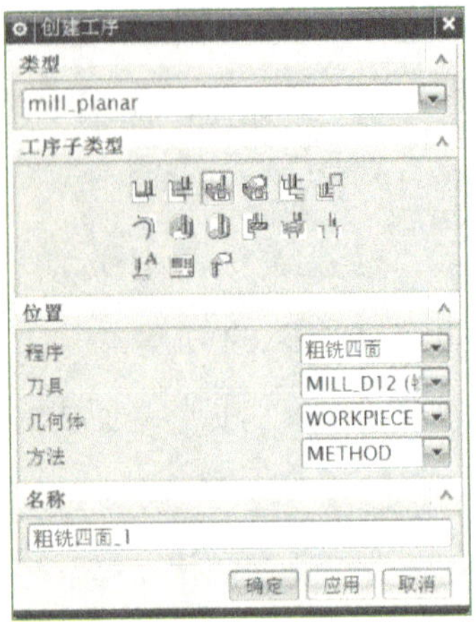

图 4-5　创建“粗铣四面_1”工序

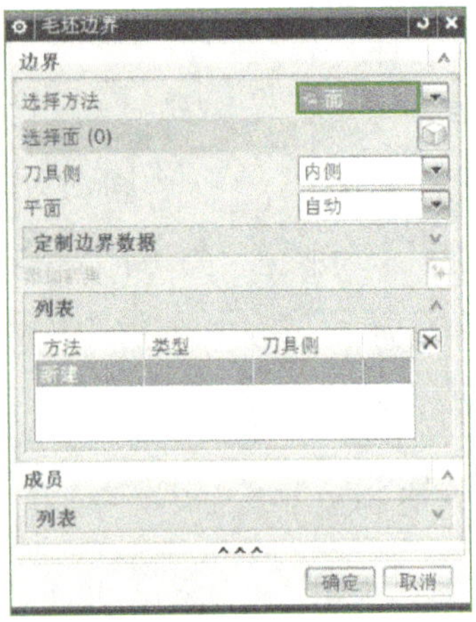

图 4-6　【毛坯边界】对话框

③ 设置加工参数。在【面铣】对话框中，设置【切削模式】为“跟随周边”，【毛坯距离】为“21”，【每刀切削深度】为“3”，【最终底面余量】为“0. 2”，如图 4-8 所示。

④ 设置切削参数。在【面铣】对话框中，单击【切削参数】按钮，弹出【切削参数】对话框，在【策略】选项卡中，设置【刀路方向】为“向内”，勾选【岛清根】；在【余量】选项卡中，设置【最终底面余量】为“0. 2”，单击【确定】按钮返回【面铣】对话框。

⑤ 设置非切削移动。在【面铣】对话框中，单击【非切削移动】按钮，弹出【非切削移动】对话框，根据需要设置相关参数，本工序可以使用默认参数。

⑥ 设置进给率和速度。在【面铣】对话框中，单击【进给率和速度】按钮，弹出【进给率和速度】对话框，设置【主轴转速】为“2500”，【进给率】中的【切削】为“500”，单位选择“mmpm”，单击【确定】按钮返回【面铣】对话框。

⑦ 生成刀具轨迹。在【面铣】对话框中，单击【操作】区域的【生成】按钮，生成刀具轨迹，如图 4-9 所示。

图 4-7　选择面

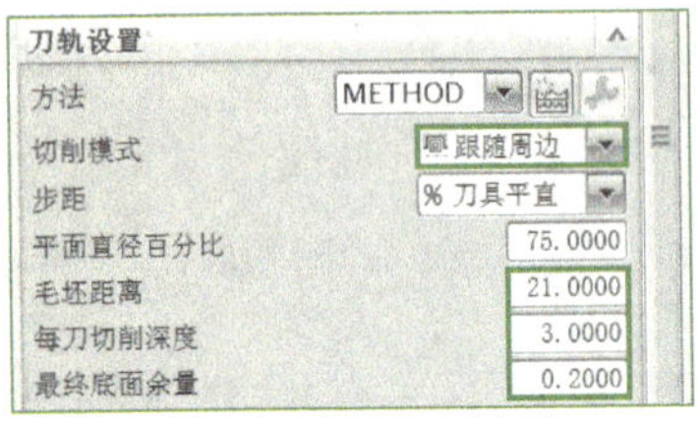

图 4-8　加工参数设置

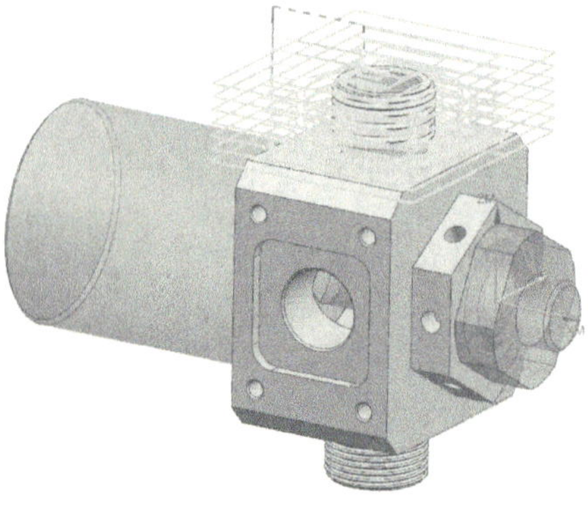

图 4-9　粗铣四面_1 刀具轨迹

2）粗铣其余三面。

① 复制“粗铣四面_1”程序，粘贴三次，分别重命名为“粗铣四面_2”“粗铣四面_3”和“粗铣四面_4”。

② 双击复制的程序，分别修改【指定面边界】为另外三个面，单击【生成】按钮，生成另外三个面的粗加工程序，刀具轨迹如图 4-10 所示，图 4-11 所示为四面粗加工仿真结果。

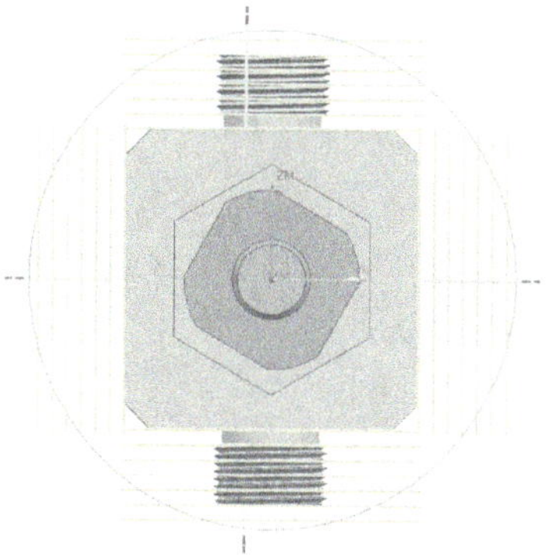

图 4-10　四面粗加工刀具轨迹

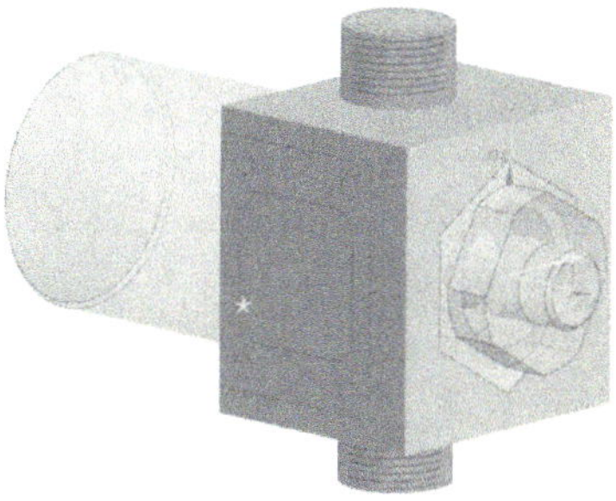

图 4-11　四面粗加工仿真结果

【专家点拨】

连接块需要使用四轴机床的定向加工功能，但各个方向的加工使用三轴的加工策略即可，关键是选择正确的刀轴矢量。

（2）粗铣倒角

1）粗铣倒角_1。本工步进行主体部分四个倒角之一的粗加工，工步内容及参数设置见表 4-3。

表 4-3　粗铣倒角_1 工步内容及参数设置

工步内容	参数设置及图示
选择加工工序	“带边界面铣” 【程序】:粗铣倒角 【刀具】:MILL_D12 铣刀 【几何体】:WORKPIECE 【方法】:METHOD 【名称】:粗铣倒角_1
选择加工区域	【几何体】→【指定面边界】:【选择方法】设置为“面”,选取倒角面 1 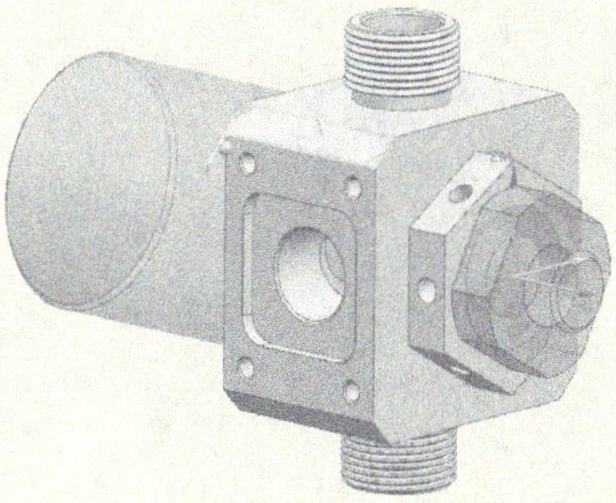

（续）

工步内容	参数设置及图示
设置加工参数	【刀轴】:垂直于第一个面 【切削模式】:跟随周边 【毛坯距离】:12 【每刀切削深度】:3 【最终底面余量】:0.2
设置切削参数	在【策略】选项卡中,设置【刀路方向】为"向内",其余默认
设置非切削移动	按默认参数
设置进给率和速度	【主轴转速】:2000 【进给率】中的【切削】:250 其余默认
生成刀具轨迹	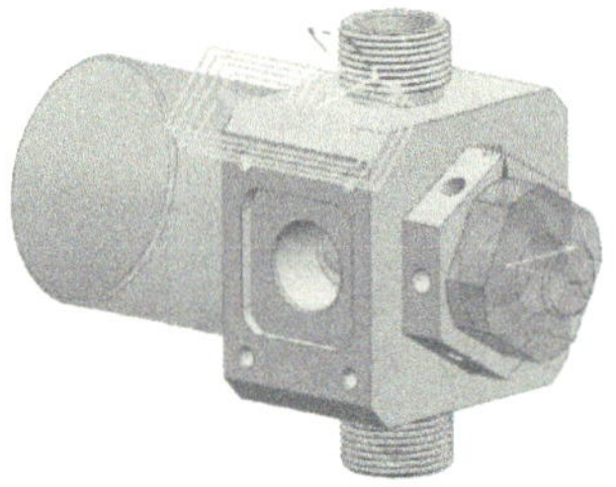
仿真确认结果	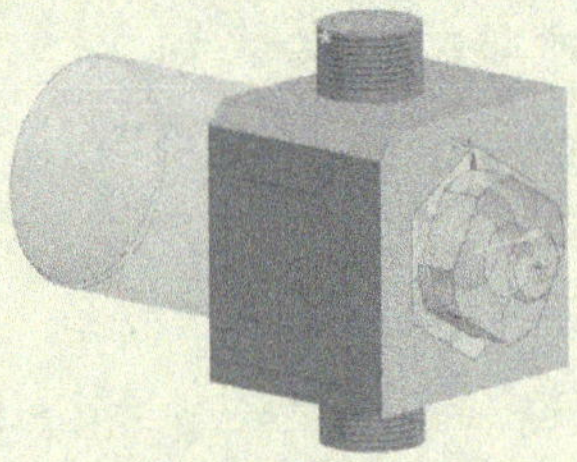

2）粗铣其余三倒角。

① 复制"粗铣倒角_1"程序，粘贴三次，分别重命名为"粗铣倒角_2""粗铣倒角_3"和"粗铣倒角_4"。

② 双击复制的程序，分别修改【指定面边界】为另外三个倒角面，单击【生成】按钮，完成全部倒角面加工程序的创建。图 4-12 所示为四个倒角的加工刀具轨迹，图 4-13 所示为四个倒角的加工仿真结果。

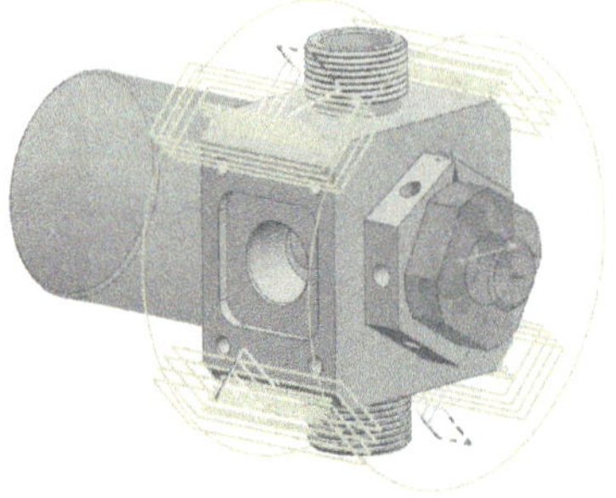

图 4-12　四个倒角的加工刀具轨迹

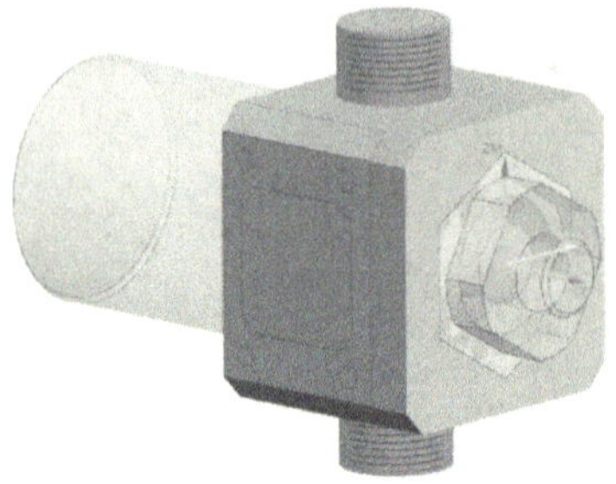

图 4-13　四个倒角的加工仿真结果

【专家点拨】

连接块的四个倒角结构、尺寸相同，可以先生成一个倒角的加工刀具轨迹，再复制并修改为其他倒角的加工刀具轨迹，也可以使用轨迹变换功能直接生成其他三个倒角的加工刀具轨迹。

（3）粗铣六面

1）粗铣六面_1。本工步进行六棱柱圆周面1的粗加工，工步内容及参数设置见表4-4。

表4-4 粗铣六面_1工步内容及参数设置

工步内容	参数设置及图示
选择加工工序	“底壁铣” 【程序】:粗铣六面 【刀具】:MILL_D12 铣刀 【几何体】:WORKPIECE 【方法】:METHOD 【名称】:粗铣六面_1
选择加工区域	【几何体】→【指定切削区底面】:选取六棱柱圆周面1,其余不设定 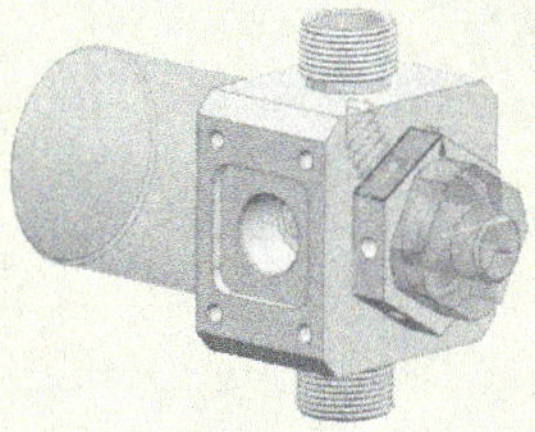
设置加工参数	【刀轴】:垂直于第一个面 【切削区域空间范围】:底面 【切削模式】:跟随部件 【底面毛坯厚度】:18 【每刀切削深度】:3 【Z向深度偏置】:0
设置切削参数	【部件余量】:0.1 【最终底面余量】:0.3 其余默认
设置非切削移动	按默认参数
设置进给率和速度	【主轴转速】:2000 【进给率】中的【切削】:250 其余默认
生成刀具轨迹	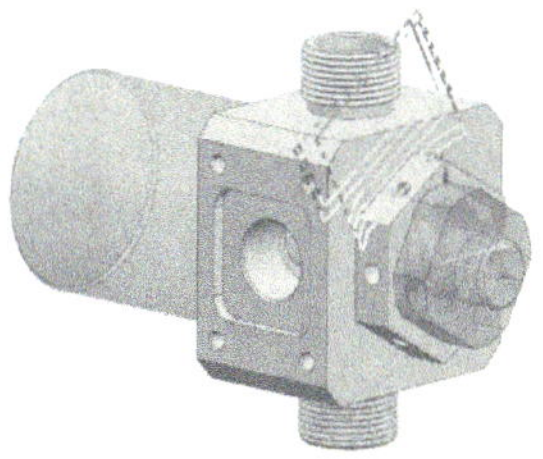

（续）

工步内容	参数设置及图示
仿真确认结果	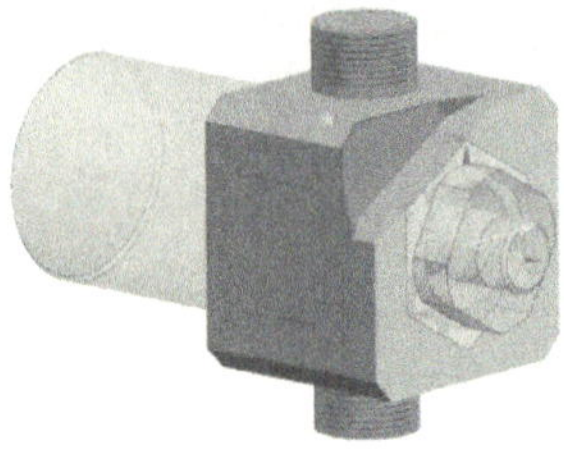

2）粗铣其余五面。

① 复制“粗铣六面_1”程序，粘贴五次，分别按顺序重命名。

② 双击复制的程序，分别修改【指定切削区底面】为相应的六棱柱圆周面，单击【生成】按钮，完成全部六面加工程序的创建。图 4-14 所示为六面粗加工刀具轨迹，图 4-15 所示为六面粗加工仿真结果。

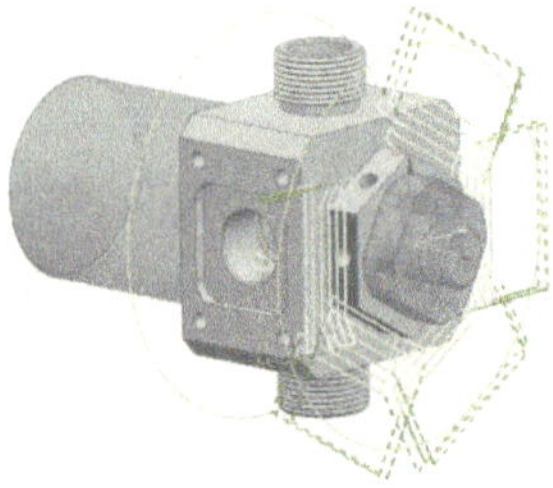

图 4-14　六面粗加工刀具轨迹

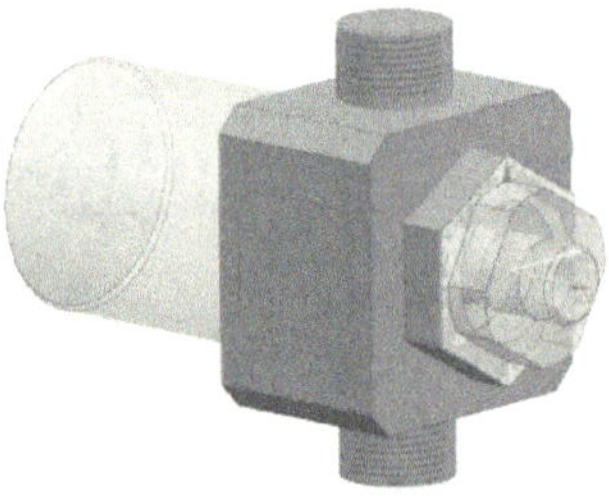

图 4-15　六面粗加工仿真结果

2. 粗铣矩形腔

矩形腔深度较浅，圆角为 $R5$mm，所以选用 D8 立铣刀进行粗加工，工步内容及参数设置见表 4-5。

表 4-5　粗铣矩形腔工步内容及参数设置

工步内容	参数设置及图示
选择加工工序	“带边界面铣” 【程序】:粗铣型腔和孔 【刀具】:MILL_D8 铣刀 【几何体】:WORKPIECE 【方法】:METHOD 【名称】:粗铣矩形腔
选择加工区域	【几何体】→【指定边界面】:【选择方法】设置为“面”,选择矩形腔底面 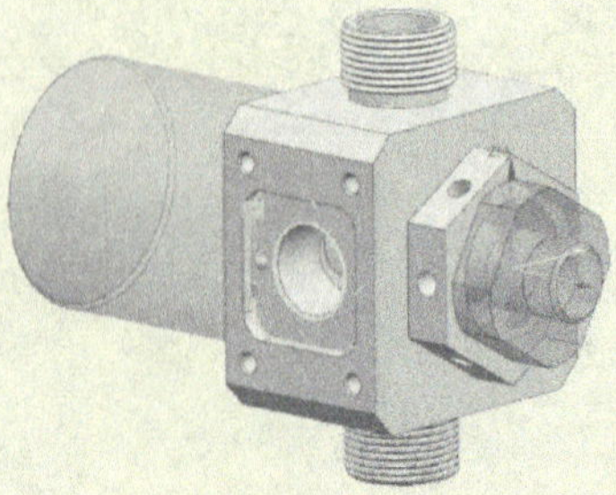

（续）

工步内容	参数设置及图示
设置加工参数	【刀轴】:垂直于第一个面 【切削模式】:跟随部件 【每刀切削深度】:0 其余默认
设置切削参数	【部件余量】:0.1 【最终底面余量】:0.3 其余默认
设置非切削移动	按默认参数
设置进给率和速度	【主轴转速】:2000 【进给率】中的【切削】:250 其余默认
生成刀具轨迹	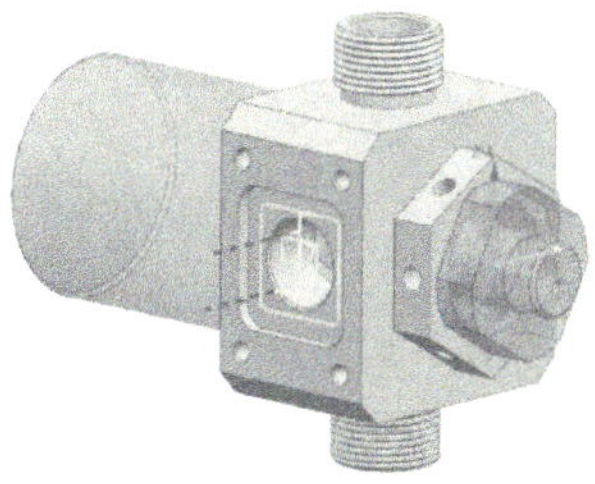
仿真确认结果	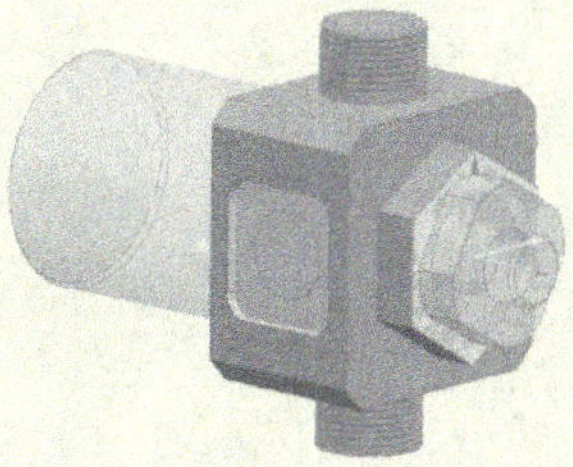

3. 粗铣四周圆孔

四个平面上的圆孔直接用 D12 立铣刀进行螺旋铣孔粗加工，工步内容及参数设置见表 4-6。

表 4-6 粗铣四周圆孔工步内容及参数设置

工步内容	参数设置及图示
选择加工工序	“孔铣”  【程序】:粗铣型腔和孔 【刀具】:MILL_D12 铣刀 【几何体】:WORKPIECE 【方法】:METHOD 【名称】:粗铣四周圆孔

（续）

工步内容	参数设置及图示
选择加工区域	【几何体】→【指定特征几何体】→【深度限制】：盲孔，选择四个面的孔，深度错误时，单击深度数值右侧的小锁，改为用户定义的解锁状态。当选择第三个孔时，由于其孔位和大小与对向孔相同，所以要避免选择对面孔，可从列表中选择，以避免选错 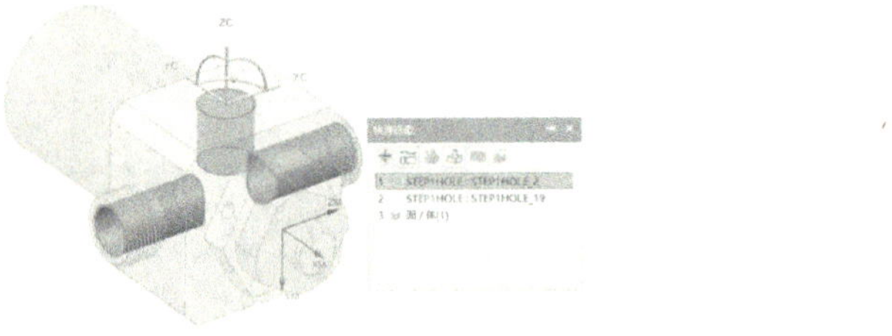 若坐标系错误，则单击方向按钮进行调整，再调整深度。第四个孔也按此方法选择，最终完成四个孔的特征选择 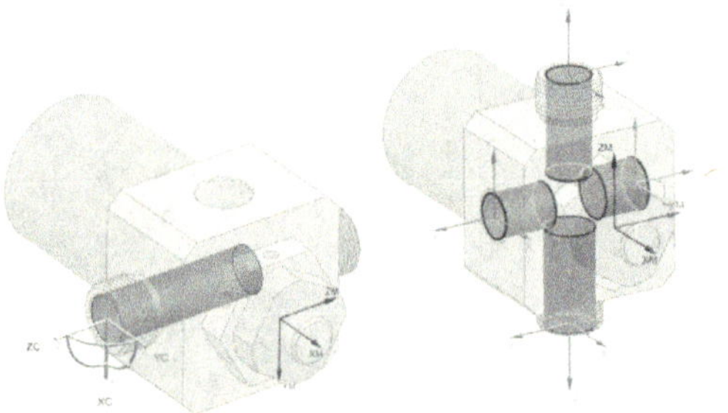
设置加工参数	【切削模式】：螺旋 【螺距】：1 其余默认
设置切削参数	【部件余量】：0.1 其余默认
设置非切削移动	在【转移/快速】选项卡中，【安全设置选项】为“使用继承的”，则退刀位置继承坐标系中设置的圆柱面其余默认
设置进给率和速度	【主轴转速】：2000 【进给率】中的【切削】：250 其余默认
生成刀具轨迹	

（续）

工步内容	参数设置及图示
仿真确认结果	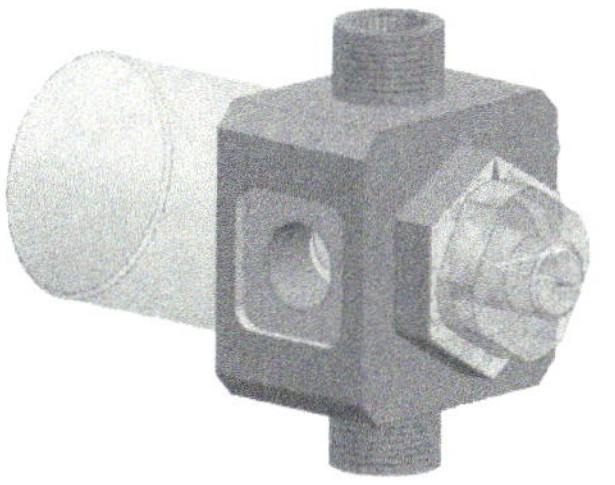

【专家点拨】

铣削连接块四周圆孔时，如果要一次生成四个孔的刀具轨迹，那么安全平面最好选择圆柱面，这样刀具在各个孔之间运动时，可确保加工安全。

4. 精铣平面

（1）精铣四面

1）在【程序顺序视图】下，用鼠标右键单击“粗铣四面”程序组名称，选择【复制】，再用鼠标右键单击“粗铣型腔和孔”程序组名称，选择【粘贴】，则在该程序组后复制“粗铣四面”程序组，将名称改为“精铣四面”。

2）单击“精铣四面”，展开四面粗加工程序，修改名称为精加工，并依次双击打开每条程序，将【每刀切削深度】改为“0”，将【切削参数】的【余量】选项卡中的【部件余量】和【最终底面余量】均设置为“0”，单击按钮，重新生成刀具轨迹，并仿真确认。图 4-16 所示为四面精加工刀具轨迹，图 4-17 所示为四面精加工仿真结果。

图 4-16　四面精加工刀具轨迹

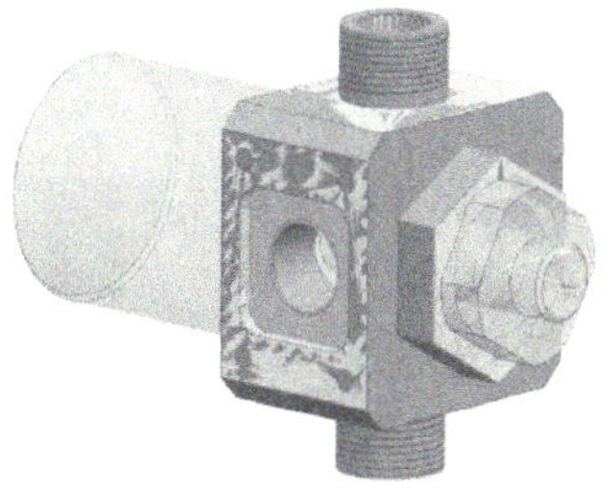

图 4-17　四面精加工仿真结果

（2）精铣倒角　按照前述相同方法生成“精铣倒角”程序组，并修改其下每条程序的参数，重新生成精加工刀具轨迹。图 4-18 所示为精铣倒角的加工刀具轨迹，图 4-19 所示为精铣倒角的加工仿真结果。

（3）精铣六面　按照前述相同方法生成“精铣六面”程序组，并修改其下每条程序的参数，重新生成精加工刀具轨迹。图 4-20 所示为六面精加工刀具轨迹，图 4-21 所示为六面精加工仿真结果。

图 4-18　精铣倒角的加工刀具轨迹

图 4-19　精铣倒角的加工仿真结果

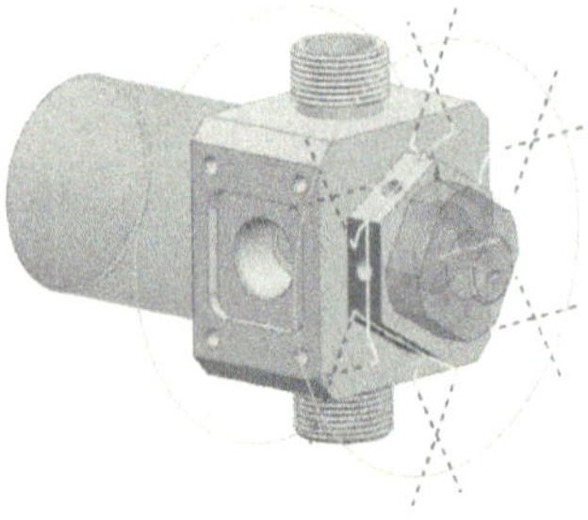

图 4-20　六面精加工刀具轨迹

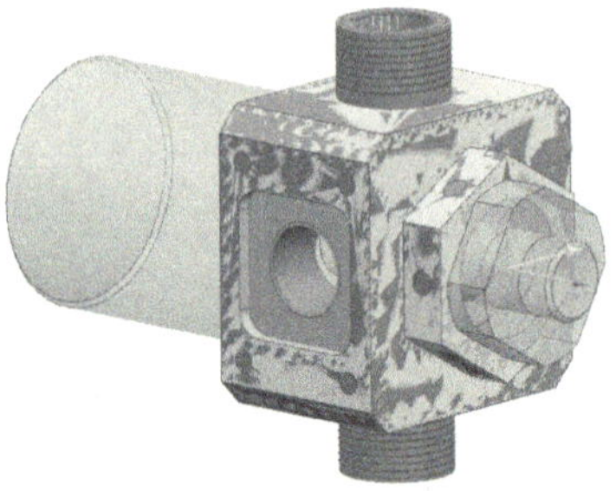

图 4-21　六面精加工仿真结果

5. 精铣矩形腔

按照前述相同方法生成“精铣矩形腔”程序组，并修改其下每条程序的参数，重新生成精加工刀具轨迹。图 4-22 所示为精铣矩形腔的加工刀具轨迹，图 4-23 所示为精铣矩形腔的加工仿真结果。

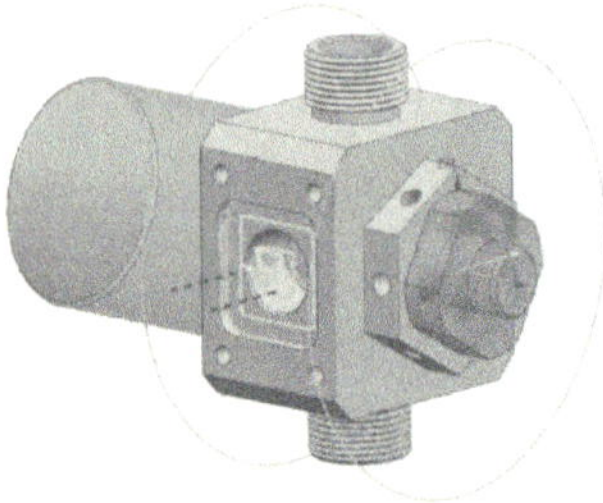

图 4-22　精铣矩形腔的加工刀具轨迹

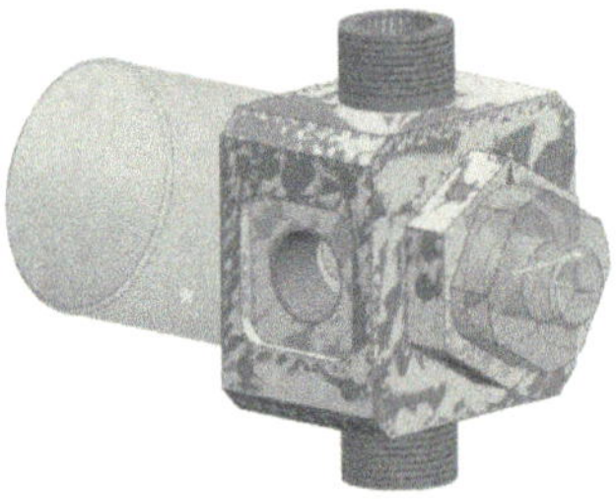

图 4-23　精铣矩形腔的加工仿真结果

6. 精铣四周圆孔及圆柱

按照前述相同方法生成“精铣四周圆孔及圆柱”程序组，并修改其下每条程序的参数，其中螺旋铣孔的程序只需要修改【部件余量】，重新生成精加工刀具轨迹。圆柱加工直接用 D12 立铣刀，选择“平面轮廓铣”进行精加工。图 4-24 所示为精铣四周圆孔及圆柱的加工刀具轨迹，图 4-25 所示为精铣四周圆孔及圆柱的加工仿真结果。

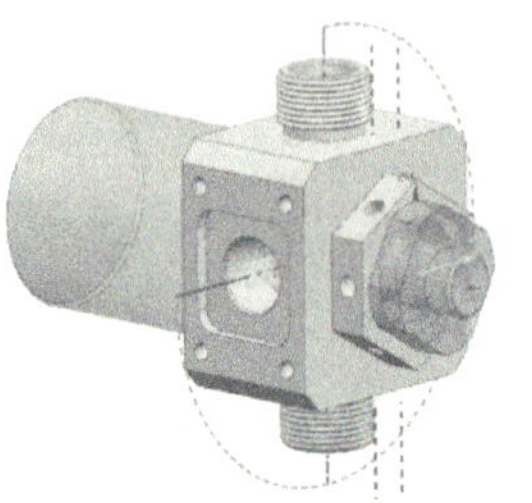

图 4-24　精铣四周圆孔及圆柱的加工刀具轨迹

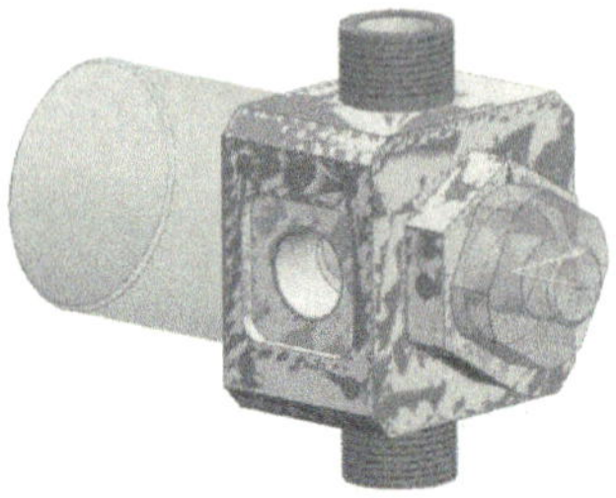

图 4-25　精铣四周圆孔及圆柱的加工仿真结果

7. 铣削端面余料

从上一工步的仿真结果可以看出，六棱柱所在的平面上有余料未加工完，但此处余量并不多，可以使用D12立铣刀进行轮廓铣削加工，工步内容及参数设置见表4-7。

表4-7　铣削端面余料工步内容及参数设置

工步内容	参数设置及图示
选择加工工序	在【创建工序】对话框中，【类型】选择“mill_planar”，【工序子类型】选择“平面轮廓铣”  【程序】：铣削余料 【刀具】：MILL_D12铣刀 【几何体】：WORKPIECE 【方法】：METHOD 【名称】：铣削端面余料
选择加工区域	【几何体】→【指定部件边界】：【选择方法】设置为“曲线”，选择一条棱边 【边界类型】：开放 【刀具侧】：左 【平面】：选择相邻带型腔的平面 单击【确定】按钮返回   【几何体】→【指定底面】：仍然选择带型腔的平面，距离输入“-8”，按<Enter>键，单击【确定】按钮返回 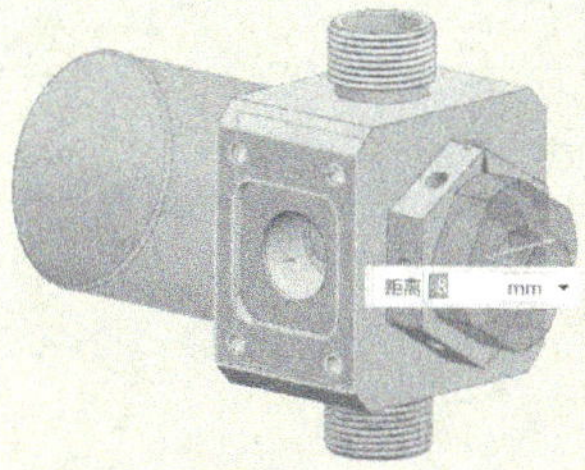
设置加工参数	【刀轴】：选择垂直于底面
设置切削参数	使用默认参数
设置非切削移动	使用默认参数
设置进给率和速度	【主轴转速】：2500 【进给率】中的【切削】：300 其余默认
生成刀具轨迹	使用相同方法生成另一侧刀轨 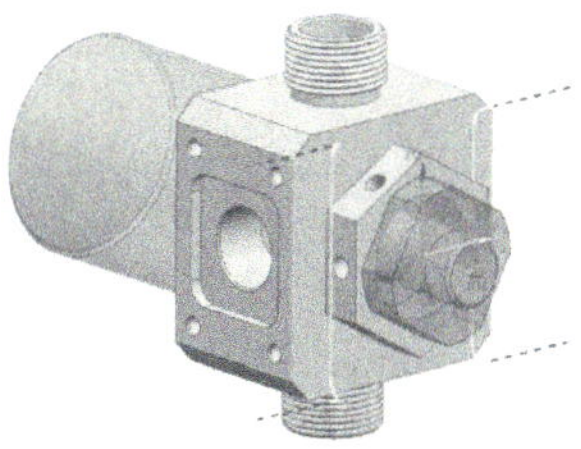

（续）

工步内容	参数设置及图示
仿真确认结果	

8. 铣削倒角

1）使用D10 90°倒角刀铣削四面圆孔倒角，工步内容及参数设置见表4-8。

表4-8　铣削倒角工步内容及参数设置

工步内容	参数设置及图示
选择加工工序	在【创建工序】对话框中，【类型】选择“holl_making”，【工序子类型】选择“孔倒斜铣” 【程序】：孔口倒角 【刀具】：CHAMFER_MILL_D10倒角刀 【几何体】：WORKPIECE 【方法】：METHOD 【名称】：铣削倒角
选择加工区域	【几何体】→【指定特征几何体】→【公共参数】→【加工区域】：FACES_CYLINDER_1 【截断圆锥孔】→【选择对象】：单击点选择按钮，选择【类型】下的圆弧中心 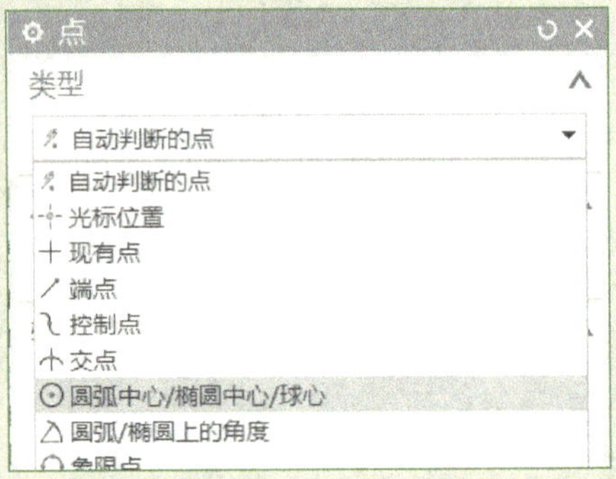 选择孔口倒角的大圆 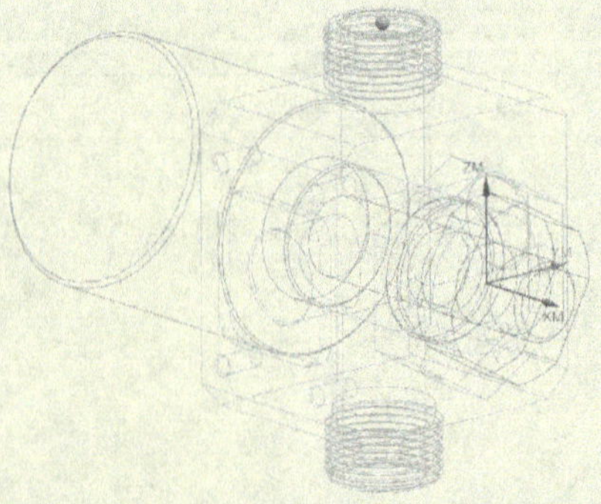 单击【确定】按钮由【点】对话框返回【特征几何体】对话框，单击【直径】和【埋头直径】后面的小锁，改为用户定义的解锁状态，将数值分别修改为“16”和“17”，则第一个倒角几何选择完毕，其余三个倒角按照相同方法选择，在选择孔径与Z坐标不平行的孔的倒角时，需要手动调整孔的坐标方位，使其Z向与实际加工方位相符

（续）

工步内容	参数设置及图示
选择加工区域	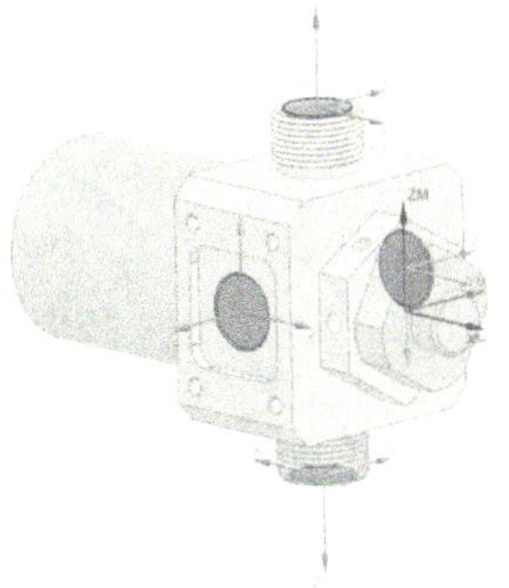
设置加工参数	使用默认参数
设置切削参数	使用默认参数
设置非切削移动	在【转移/快速】选项卡中,【安全设置选项】为“使用继承的”,则退刀位置继承坐标系中设置的圆柱面 其余默认
设置进给率和速度	【主轴转速】:2500 【进给率】中的【切削】:300 其余默认
生成刀具轨迹	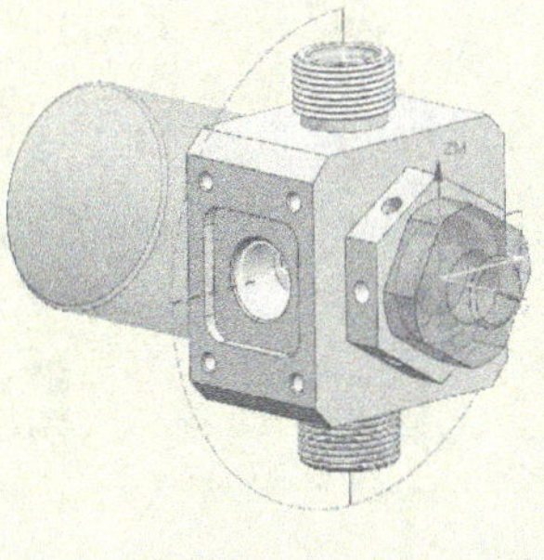
仿真确认结果	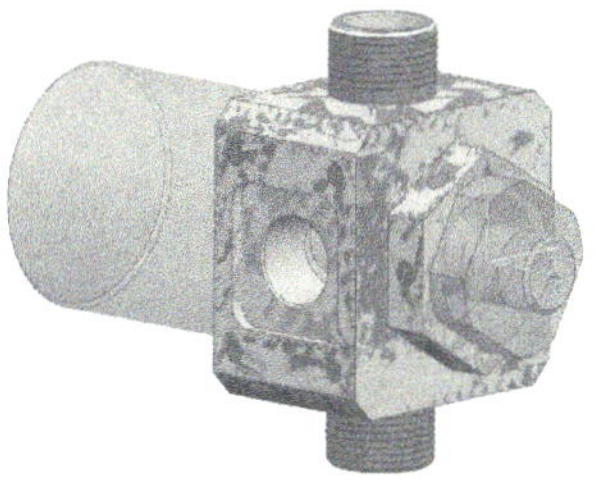

2）使用 D10 90°倒角刀铣削两个螺纹圆柱的倒角，加工工序选用“平面轮廓铣”。

9. 加工螺纹孔

（1）创建矩形腔外围钻孔程序　使用 D3.7 钻头进行四个螺纹孔底孔的加工，工步内容及参数设置见表 4-9。

表 4-9　创建矩形腔外围钻孔程序工步内容及参数设置

工步内容	参数设置及图示
选择加工工序	在【创建工序】对话框中,【类型】选择“holl_making”,【工序子类型】选择“钻孔” 【程序】:钻孔和攻丝 【刀具】:STD_DRILL_D3.7 钻头 【几何体】:WORKPIECE 【方法】:METHOD 【名称】:钻 3.7 孔
选择加工区域	【几何体】→【指定特征几何体】:选择四个螺纹孔 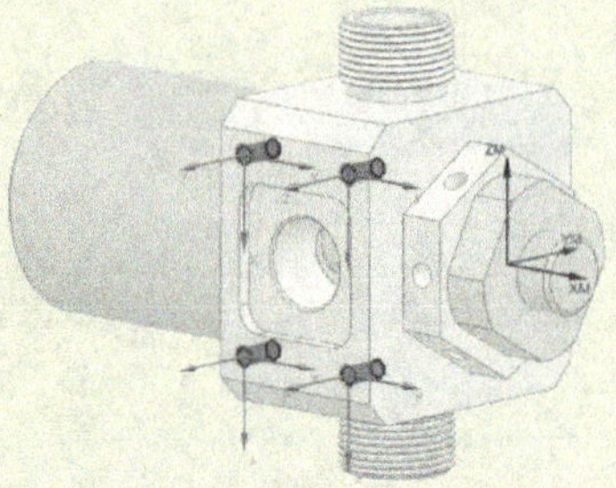
设置加工参数	使用默认参数
设置切削参数	使用默认参数
设置非切削移动	在【转移/快速】选项卡中,【安全设置选项】为“自动平面” 其余默认
设置进给率和速度	【主轴转速】:1500 【进给率】中的【切削】:50 其余默认
生成刀具轨迹	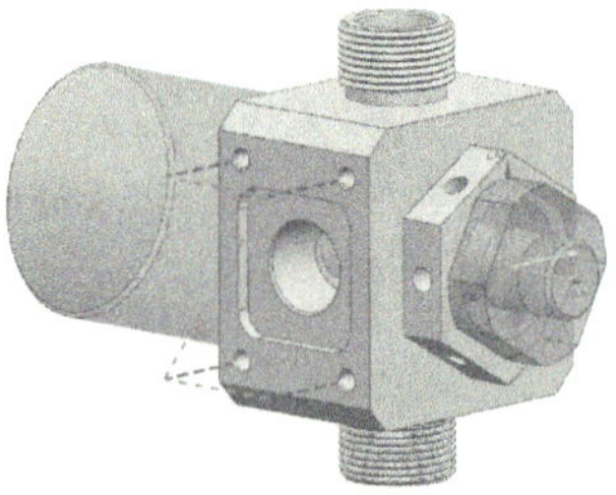
仿真确认结果	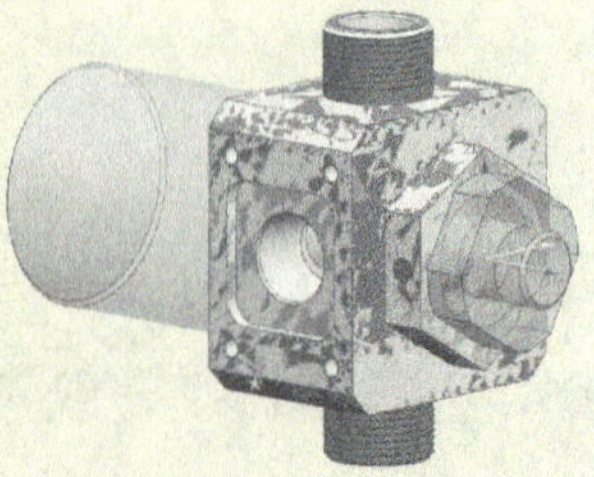

(2) 创建攻丝程序　使用 M4.5 丝锥进行四个螺纹孔的加工，工步内容及参数设置见表 4-9。

表 4-10　创建攻丝程序工步内容及参数设置

工步内容	参数设置及图示
选择加工工序	在【创建工序】对话框中,【类型】选择“holl_making”,【工序子类型】选择“攻丝” 【程序】:钻孔和攻丝 【刀具】:STD_DRILL_M4.5 丝锥 【几何体】:WORKPIECE 【方法】:METHOD 【名称】:攻 M4.5 螺纹孔
选择加工区域	【几何体】→【指定特征几何体】:选择四个螺纹孔 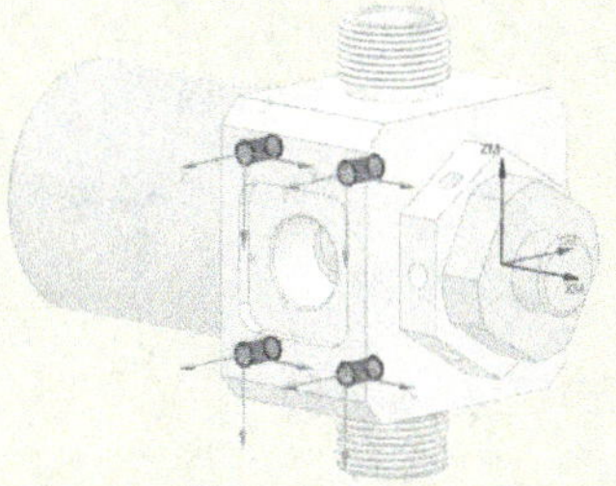
设置加工参数	使用默认参数
设置切削参数	使用默认参数
设置非切削移动	在【转移/快速】选项卡中,【安全设置选项】为“自动平面” 其余默认
设置进给率和速度	【主轴转速】:200 【进给率】中的【切削】:140 其余默认
生成刀具轨迹	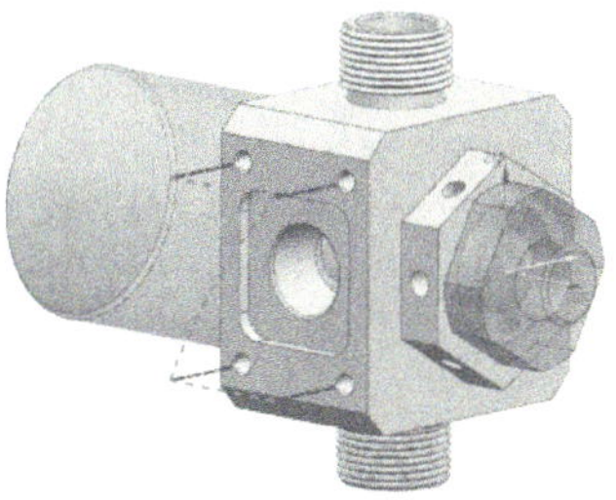
仿真确认结果	

10. 加工圆周孔

使用 D5 钻头进行六棱柱圆周孔的加工，工步内容及参数设置见表 4-11。

表 4-11　加工圆周孔工步内容及参数设置

工步内容	参数设置及图示
选择加工工序	在【创建工序】对话框中，【类型】选择“holl_making”，【工序子类型】选择“钻孔”  【程序】：钻孔和攻丝 【刀具】：STD_DRILL_D5 钻头 【几何体】：WORKPIECE 【方法】：METHOD 【名称】：钻六棱柱圆周孔
选择加工区域	【几何体】→【指定特征几何体】→【深度限制】：盲孔，选择六个圆周孔，深度错误时，单击深度数值右侧的小锁 ，改为用户定义的解锁状态 。当选择已选孔的相对孔时，由于其孔位和大小与对向孔相同，所以要避免选择对面孔，可从列表中选择，以避免选错 若坐标系错误，则单击方向按钮  进行调整，再调整深度，最终完成六个圆周孔的特征选择 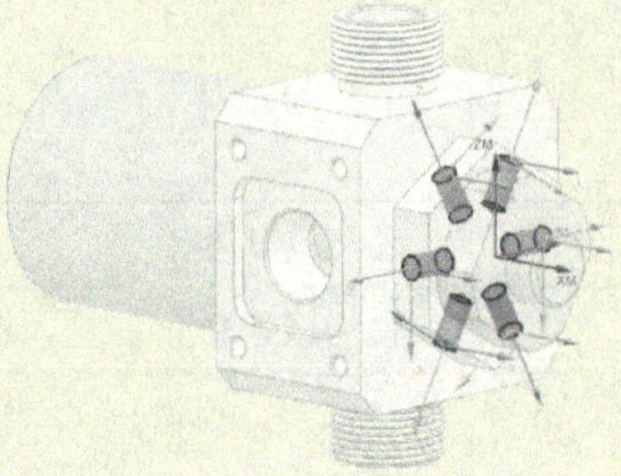
设置加工参数	使用默认参数
设置切削参数	使用默认参数
设置非切削移动	在【转移/快速】选项卡中，【安全设置选项】为“使用继承的”，则退刀位置继承坐标系中设置的圆柱面 其余默认
设置进给率和速度	【主轴转速】：1000 【进给率】中的【切削】：60 其余默认
生成刀具轨迹	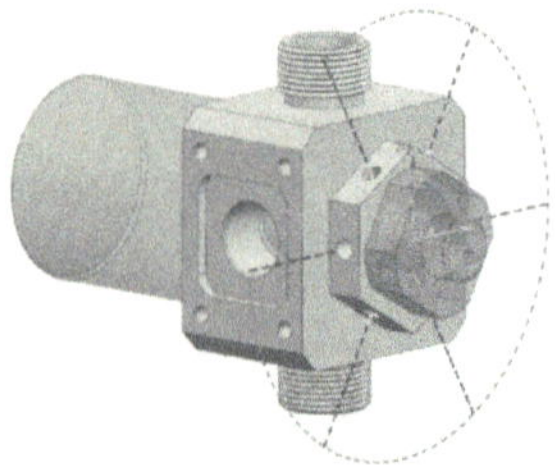
仿真确认结果	

11. 铣削退刀槽

铣削退刀槽

带有外螺纹的圆柱底部的螺纹退刀槽可以使用 T 形槽刀加工，工步内容及参数设置见表 4-12。

表 4-12　铣削退刀槽工步内容及参数设置

工步内容	参数设置及图示
选择加工工序	在【创建工序】对话框中,【类型】选择“mill_planar”,【工序子类型】选择“平面轮廓铣”  【程序】:铣削退刀槽和螺纹 【刀具】:T_CUTTER_D10 铣刀 【几何体】:WORKPIECE 【方法】:METHOD 【名称】:铣削退刀槽 1
选择加工区域	【几何体】→【指定部件边界】:【选择方法】设置为“曲线”,选择槽底线 【边界类型】:封闭 【刀具侧】:外侧 【平面】:自动 单击【确定】按钮返回 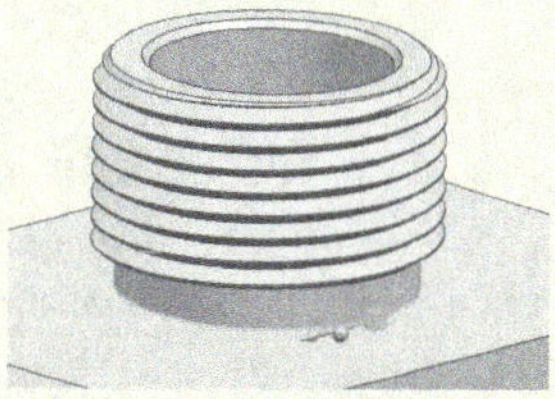 【几何体】→【指定底面】:选择圆柱所在平面,距离输入“0”,按<Enter>键,单击【确定】按钮返回 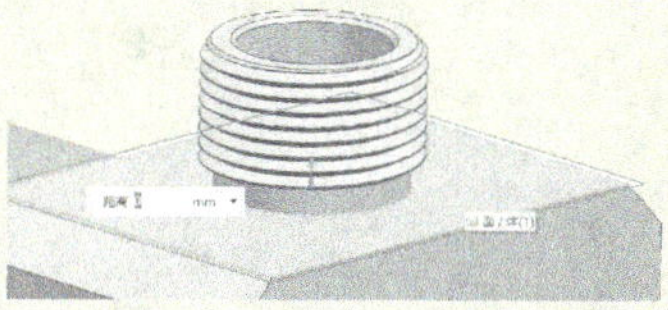
设置加工参数	【刀轴】:选择垂直于底面
设置切削参数	使用默认参数
设置非切削移动	使用默认参数
设置进给率和速度	【主轴转速】:2500 【进给率】中的【切削】:300 其余默认
生成刀具轨迹	使用相同方法生成另一侧刀轨 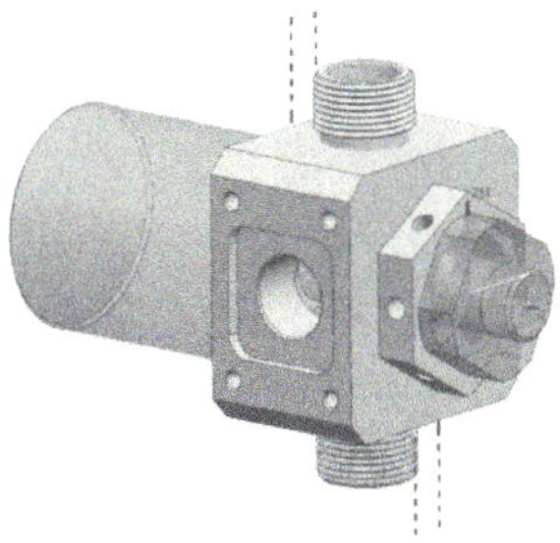

（续）

工步内容	参数设置及图示
仿真确认结果	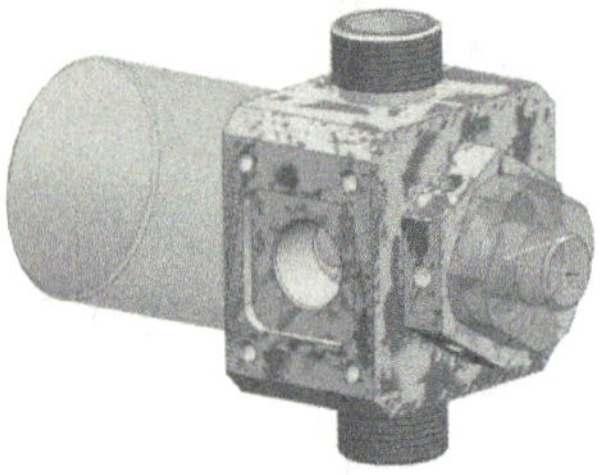

铣削螺纹

12. 铣削螺纹

使用单齿螺纹铣刀铣削螺纹，工步内容及参数设置见表 4-13。

表 4-13　铣削螺纹工步内容及参数设置

工步内容	参数设置及图示
选择加工工序	在【创建工序】对话框中,【类型】选择“holl_making”,【工序子类型】选择“凸台螺纹铣”  【程序】:铣削退刀槽和螺纹 【刀具】:THREAD_MILL 螺纹铣刀 【几何体】:WORKPIECE 【方法】:METHOD 【名称】:铣削螺纹 1
选择加工区域	【几何体】→【指定特征几何体】 【牙型和螺距】:从模型 【螺距】:1.5 【选择对象】:单击大径外圆表面 【螺纹尺寸】:修改 【大径】:23 【小径】:21.5 【长度】:12 单击【确定】按钮返回 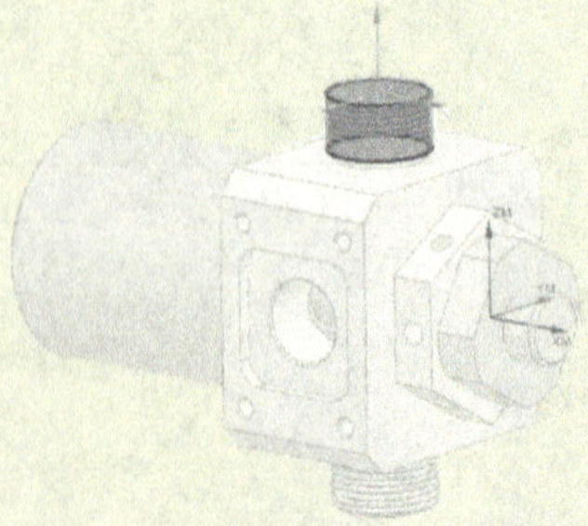
设置加工参数	【轴向步距】:牙数 1 【径向步距】:恒定 【最大距离】:0.3

（续）

工步内容	参数设置及图示
设置切削参数	使用默认参数
设置非切削移动	在【转移/快速】选项卡中，【安全设置选项】为“自动平面” 其余默认
设置进给率和速度	【主轴转速】：2500 【进给率】中的【切削】：300 其余默认
生成刀具轨迹	生成刀具轨迹，另一端螺纹按相同方法进行 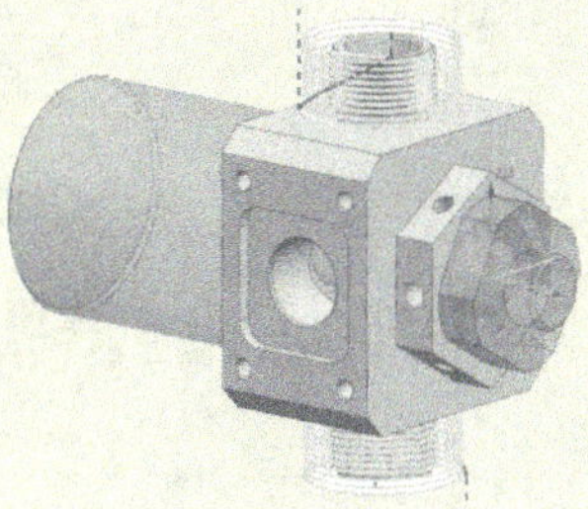
仿真确认结果	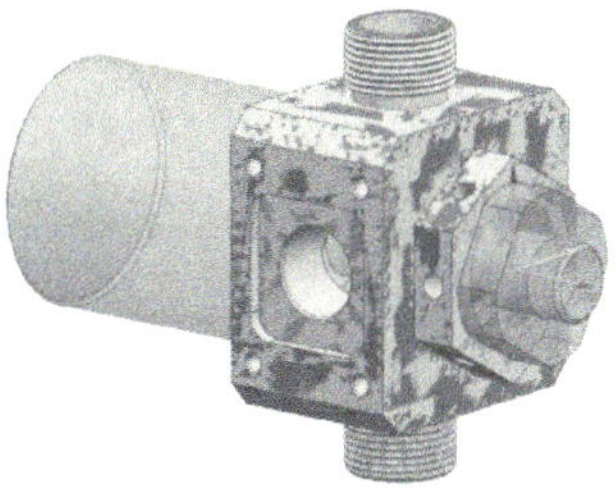

至此，完成连接块加工程序的创建。

任务评价

总结本次任务完成情况，填写表 4-14，根据考核项目进行自评、互评和教师评价，完成任务评价。

表 4-14　任务评价表

考核项目与权重	考核内容	评价标准	自评	互评	教师评价
专业知识（20%）	（1）掌握 UG NX 四轴定向加工的方法（6 分）	能利用所学知识生成合理的四轴加工刀具轨迹，每错误使用一个刀轨扣 1 分，扣完为止			
	（2）掌握圆周孔的四轴加工方法（6 分）	特征选择、参数设置合理，错误一处扣 1 分，扣完为止			
	（3）掌握退刀槽和螺纹的加工方法（8 分）	特征选择、参数设置合理，错误一处扣 1 分，扣完为止			

（续）

考核项目与权重	考核内容	评价标准	自评	互评	教师评价
专业能力（30%）	（1）能够根据所学加工策略生成连接块的四轴加工刀具轨迹（10分）	方法有误或使用不合理的策略每处扣2分，扣完为止			
	（2）能够根据连接块上孔的特点选择合适的孔加工方法，完成刀轨生成（10分）	特征选择、参数设置合理，错误一处扣1分，扣完为止			
	（3）能够使用定向加工方法完成连接块上螺纹和退刀槽的刀具轨迹（10分）	特征选择，参数设置合理，错误一处扣1分，扣完为止			
职业素养（20%）	（1）敬业守时、认真负责、踏实严谨、谦虚好学（5分）	迟到、早退、无故缺勤等，每次扣1分，扣完为止			
	（2）具有良好的团队合作精神，能热心帮助其他同学完成任务（5分）	不参加小组讨论每次扣1分，扣完为止			
	（3）能根据工作任务对资源进行合理分配，能正确控制、激励、协调小组工作全过程（5分）	根据对小组的引导、小组完成任务情况酌情扣分			
	（4）能准确、快速表达个人思想和见解，能灵活运用所学知识，有创造性（5分）	根据创意设计情况酌情扣分			
任务总结（30%）	（1）能进行归纳总结，得出规律和指导性经验，技术文件完整、规范、条理清晰。在任务结束后，反思自己的任务完成情况和质量（10分）	根据任务总结情况酌情扣分			
	（2）安全、有效地完成任务中的每个要求（20分）	根据任务完成情况酌情扣分			
合计（自评占比40%，互评占比20%，教师评价占比40%）					
任务反思					

任务二　加工双头锥度蜗杆

任务描述

本任务加工双头锥度蜗杆。图4-26所示双头锥度蜗杆由两个齿槽组成，其齿根圆具有锥度，属于四轴联动加工工件，使用UG NX软件应用可变轮廓铣工序生成粗、精加工刀轨。本任务重点学习可变轮廓铣加工工序的用途及相关参数的含义、曲面区域驱动方法的设置以及驱动曲面的建模技巧。

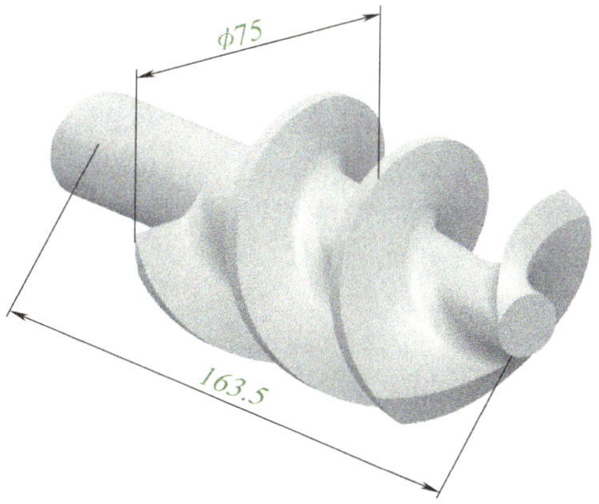

图 4-26　双头锥度蜗杆零件

学习目标

【知识目标】

1. 掌握可变轮廓铣工序的用途及各参数含义。

2. 掌握刀轴指定方法“远离直线”在四轴联动加工中的运用方法。

3. 掌握扫掠功能。

4. 掌握变换功能。

【能力目标】

1. 能够读懂零件图，制订加工工艺，并根据各部分结构特点选择合理的加工策略。

2. 能够使用扫掠功能进行驱动曲面建模。

3. 能够进行双头锥度蜗杆工件编程准备，创建几何体、刀具、程序组。

4. 能够用“远离直线”法指定刀轴。

5. 能够创建可变轮廓铣工序，选择曲面区域驱动方法，合理设置参数，生成双头锥度蜗杆粗、精加工刀轨，并进行刀具轨迹仿真。

6. 能够使用变换功能快速生成加工刀轨。

【素养目标】

1. 通过结合所学知识自主学习并理解新知识以及自主尝试使用新功能，培养学生精益求精、勇于探索、不断实践的专业精神。

2. 通过调整参数优化刀轨，培养学生的安全意识、质量意识和成本意识。

知识准备

1. 可变轮廓铣

如图 4-27 所示，可变轮廓铣用于精加工由轮廓曲面形成的区域。它通过精确控制刀轴

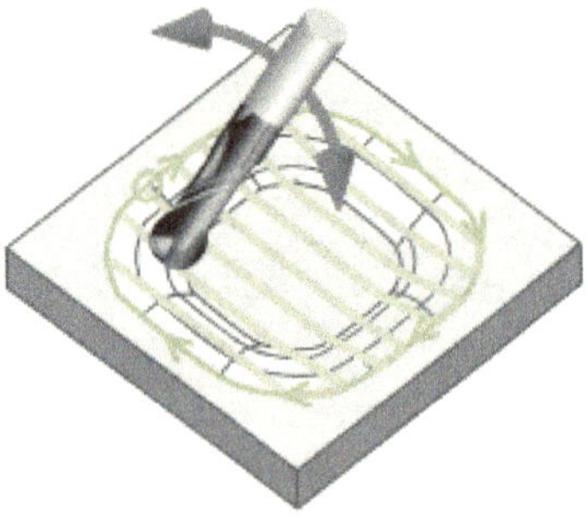
图 4-27　可变轮廓铣

和投影矢量，使刀具沿着复杂曲面的轮廓运动。它在曲线、边界、面或曲面等驱动几何体上生成驱动点，并沿着指定的投影矢量投射到部件几何体上，然后将刀具定位到部件几何体以生成刀轨。

2. 可变轮廓铣的驱动方法

驱动方法用于定义创建刀轨所需的驱动点，可变轮廓铣提供了八种驱动方法。有些驱动方法沿一条曲线创建一串驱动点，而有些驱动方法则在边界内或在所选曲面上创建驱动点阵列。驱动点一旦定义就可用于创建刀轨。如果没有选择部件几何体，则刀轨直接在驱动点创建，否则会将驱动点投射到部件表面以创建刀轨。

选择驱动方法时，应该根据加工表面的形状和复杂性以及刀轴和投影矢量来做决定。所选的驱动方法可决定可选择驱动几何体的类型，以及可用的投影矢量、刀轴和切削类型。

可变轮廓铣可选用的驱动方法名称、特点及用途见表 4-15。

表 4-15　可变轮廓铣可选用的驱动方法名称、特点及用途

序号	驱动方法名称	特点及用途
1	曲线/点	根据驱动曲线或点在加工曲面上创建刀轨，多用于在曲面上刻字或加工流道等
2	螺旋	按照螺旋线的方式在加工曲面上创建刀轨，多用于球面加工
3	边界	利用曲面边界或圈定的区域范围，按照指定的驱动设置产生驱动点，沿指定的投射方向在曲面上创建多轴曲面加工刀轨
4	曲面区域	在驱动曲面上创建网格状的驱动点阵列，沿指定的投射方向在加工曲面上创建刀轨
5	流线	通过指定流曲线和交叉曲线形成网格驱动，沿着曲面 U、V 方向或曲面网格方向生成曲面加工刀轨
6	刀轨	沿着存在的刀轨创建驱动点，沿指定的投射方向投射到所加工的曲面上，并在加工曲面上创建新的刀轨
7	径向切削	通过指定横向进给量、带宽与切削方法，创建沿给定边界并垂直于边界的刀轨
8	外形轮廓铣	利用工件斜壁轮廓，创建多轴侧壁加工刀轨

3. 刀轴

四轴联动加工多用于加工回转体工件，刀轴一般使用远离直线。在实际设置中，一般选择工件的轴线，这样在加工过程中可使刀轴始终与工件轴线垂直且相交。

任务准备

学习相关文档、视频等资料，打开计算机，启动 UG NX 软件，检查计算机及软件是否正常，准备上课所需的源文件。

任务实施

一、工件分析及工艺制订

1. 工件分析

双头锥度蜗杆是车铣复合加工工件，车削加工部分已完成，这里只进行铣削加工部分刀轨及程序的生成即可。该工件有两条螺旋槽，其心轴带有锥度，适合四轴联动加工。根据工件的特点，可使用 UG NX 加工模块多轴加工中的可变轮廓铣工序生成工件的粗、精加工刀具轨迹，驱动方法选用“曲面区域”，具体参数设置与项目三任务三中曲面区域轮廓铣工序中“曲面区域”驱动方法的参数设置相同。螺旋槽宽度较大，侧面粗加工优先考虑快速去除余量，因此可选择大直径立铣刀或可转位铣刀；槽底具有锥度及圆角，因此粗加工选择球头铣刀；螺旋槽侧面、槽底及圆角都是曲面，因此精加工均选择球头铣刀。

2. 工艺方案

（1）毛坯选用　毛坯选用圆棒料，完成车削加工部分，车至最大外形尺寸，只余下螺旋槽部分余量。

（2）刀具选择　根据工件的特征分析，确定双头锥度蜗杆的加工刀具，见表 4-16。

表 4-16　刀具清单

序号	名称	规格	材质	齿数
1	立铣刀	D20	硬质合金	2
2	球头铣刀	D8	硬质合金	2

（3）夹具选择　自定心卡盘和顶尖座。

（4）加工策略　加工策略见表 4-17。

表 4-17　加工策略

序号	加工部位	加工工序	刀具规格名称	加工结果
1	齿廓粗加工	可变轮廓铣 曲面区域驱动	D20 立铣刀	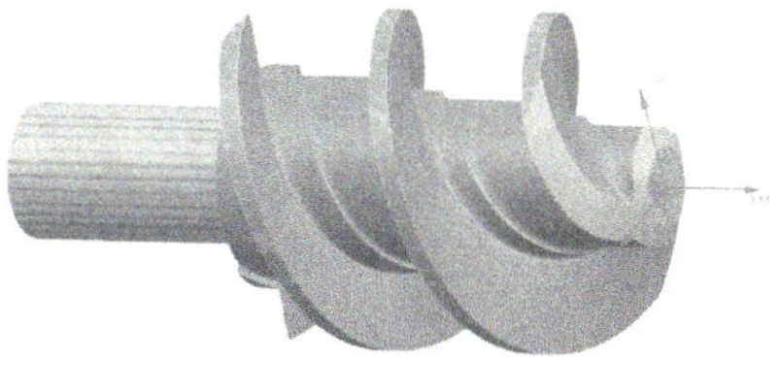
2	齿根圆、圆角粗加工	可变轮廓铣 曲面区域驱动	D8 球头铣刀	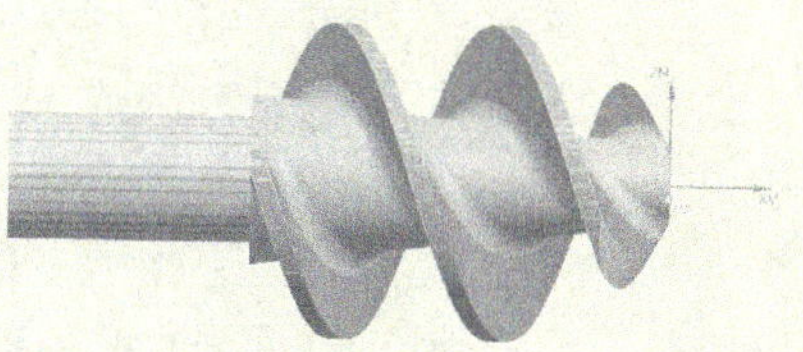

（续）

序号	加工部位	加工工序	刀具规格名称	加工结果
3	齿廓、齿根圆及圆角精加工	可变轮廓铣 曲面区域驱动	D8 球头铣刀	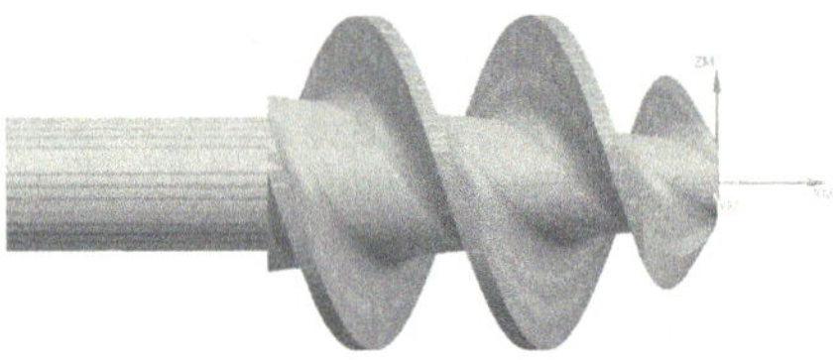

二、编程准备

MCS坐标系、毛坯、刀具、程序组的设置

1. 创建几何体

在端面中心创建 MCS 坐标系，【安全设置选项】选择“圆柱”，设置合理的半径。按照工件最大外形进行毛坯建模，设置毛坯几何体。

2. 创建刀具

根据刀具清单，创建相应刀具。

3. 创建程序组

在【工序导航器】的【程序顺序视图】中创建六个程序组（图 4-28），分别命名为“齿廓粗加工”“齿根圆粗加工”“圆角粗加工”“齿廓精加工”“齿根圆精加工”“圆角精加工”。

三、创建程序

齿1右齿廓面粗加工

双头锥度蜗杆各部分结构名称如图 4-29 所示。

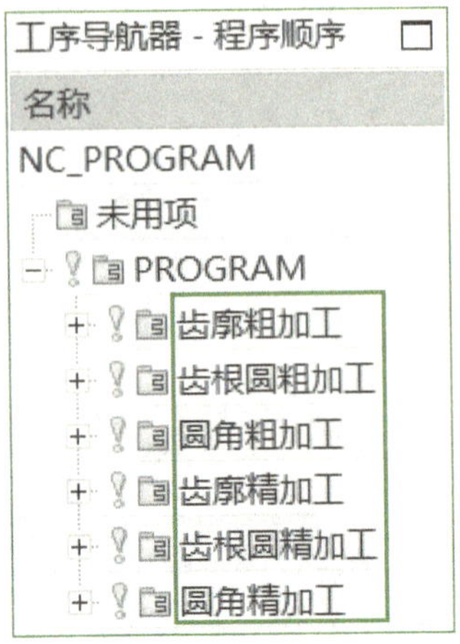

图 4-28 创建程序组

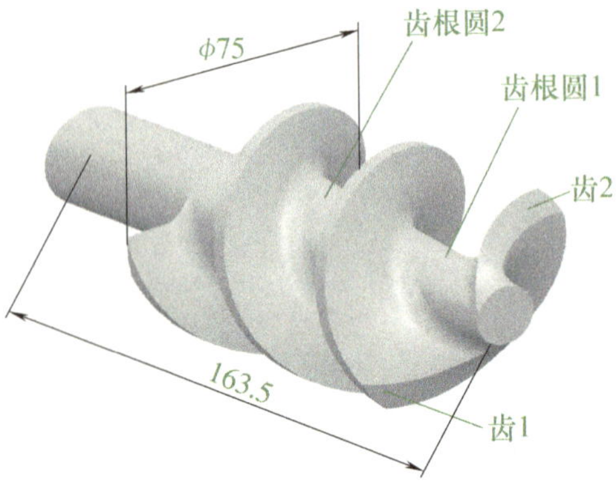

图 4-29 双头锥度蜗杆各部分结构名称

1. 齿 1 右齿廓面粗加工，留余量 0.3mm

1）延长螺旋齿两端，避免 Z 向进刀时切削工件。单击【主页】选项卡同步建模区域中的【移动面】按钮，选择螺旋齿左端端面，输入距离 10mm，如图 4-30 所示，单击【确定】按钮。

用同样方法延长螺旋齿右端端面，若后面生成的刀轨在螺旋齿右端较杂乱，则适当调整延长距离。

2）单击【创建工序】，弹出如图 4-31 所示对话框，【类型】选择“mill_multi-axis”，【工序子类型】选择“可变轮廓铣”，【程序】选择“齿廓粗加工”，【刀具】选择 D20 立铣刀，【名称】改为“齿 1 右面粗”，其他项默认，单击【确定】按钮，弹出如图 4-32 所示对话框。

图 4-30　移动面

图 4-31　创建工序

3）在【可变轮廓铣】对话框中，【几何体】，选择“MCS_MILL”，单击【指定部件】右侧图标，选择齿 1 右齿廓面。

4）【驱动方法】选择“曲面区域”，单击其右侧图标，弹出【曲面区域驱动方法】对话框，如图 4-33 所示。单击【指定驱动几何体】右侧图标，弹出【驱动几何体】对话框，选择齿 1 右齿廓面，如图 4-34 所示，单击【确定】按钮。

单击【切削方向】图标，在驱动面上出现四组箭头，按照进刀后第一条切削刀轨的方向选择。对于齿 1 右齿廓面，选择如图 4-35 所示切削方向。

单击【材料反向】图标，使箭头方向指向去除的材料一侧，如图 4-36 所示。【切削模式】选择“往复”，【步距】选择“数量”，【步距数】输入“30”，【切削步长】选择“公差”，【内公差】和【外公差】均输入“0.01”，其他项默认，单击【确定】按钮。

5）在图 4-32 中，单击【投影矢量】下拉菜单，选择“朝向驱动体”。

6）在图 4-32 中，单击【刀轴】下拉菜单，选择“远离直线”，弹出【远离直线】对话框，单击选择图4-37中箭头所指圆柱面，系统自动选择轴线，单击【确定】按钮。

7）在图4-32中，单击【切削参数】按钮，在【余量】选项卡中，【部件余量】输入“0.3”，其他默认。

8）在图4-32中，单击【非切削移动】按钮，在【转移/快速】选项卡中，【安全设置选项】选择“使用继承的”，其他默认。

图4-32 【可变轮廓铣】对话框

图4-33 【曲面区域驱动方法】对话框

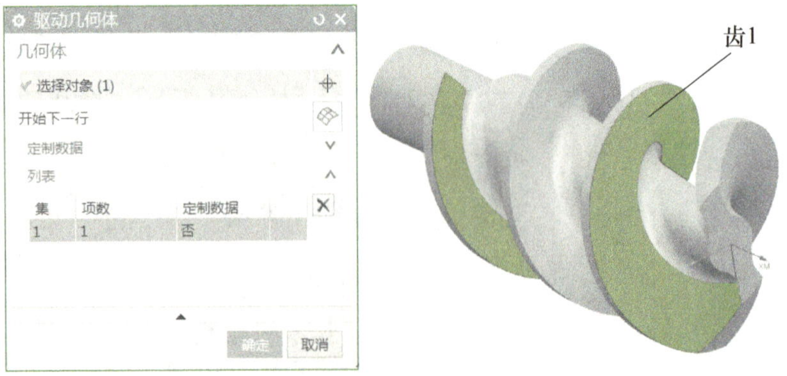

图4-34 指定驱动几何体

9）在【进给率和速度】对话框中，设置刀具的转速为2500r/min，进给速度为800mm/min。

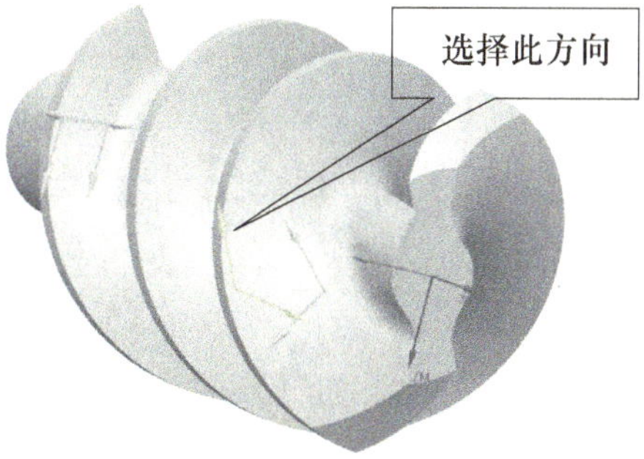

图 4-35　切削方向

图 4-36　材料反向

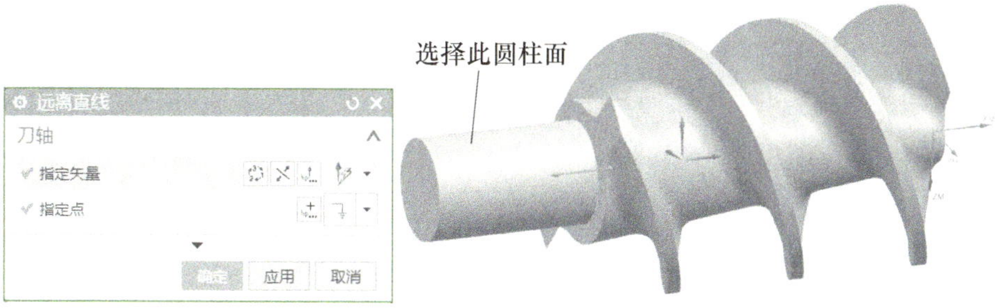

图 4-37　【远离直线】对话框及选择面

10）单击【生成】按钮，生成粗加工刀具轨迹，如图 4-38 所示。

2. 齿 2 左齿廓面、齿根圆 1 两侧圆角粗加工

齿 2 左齿廓面、齿根圆 1 两侧圆角粗加工刀具轨迹的生成与齿 1 右齿廓面粗加工刀具轨迹的生成操作过程相同，部件和驱动曲面选择相应面即可。

齿 2 左齿廓面粗加工刀具轨迹如图 4-39 所示，齿根圆 1 两侧圆角粗加工刀具轨迹如图 4-40 所示。

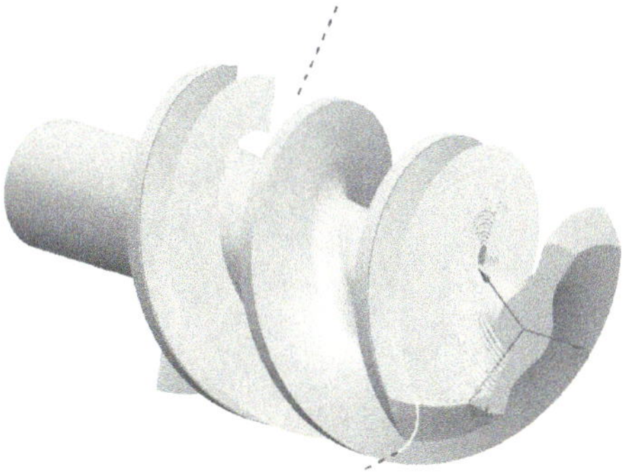

图 4-38　齿 1 右齿廓面粗加工刀具轨迹

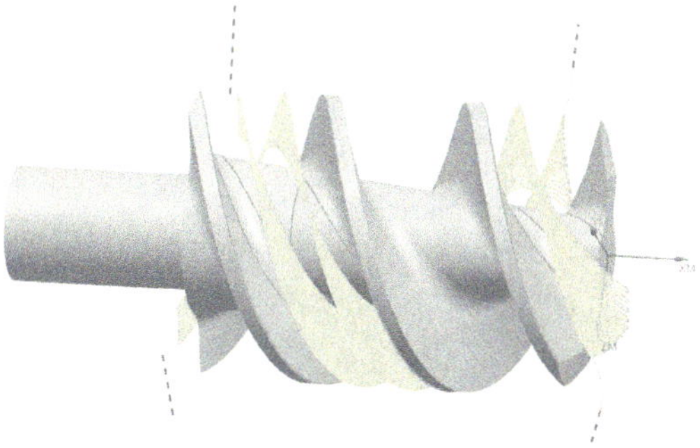

图 4-39　齿 2 左齿廓面粗加工刀具轨迹

3. 齿根圆 1 粗加工，留余量 0.3mm

如果直接使用齿根圆曲面作为驱动面生成齿根圆加工刀具轨迹，其进退刀较多，如图 4-41 所示，而理想的齿根圆加工刀具轨迹是与蜗杆螺旋齿螺旋线方向一致的。如果想生成理想的刀具轨迹，就需要构造与齿根圆曲面相同的驱动曲面。

齿根圆1粗加工

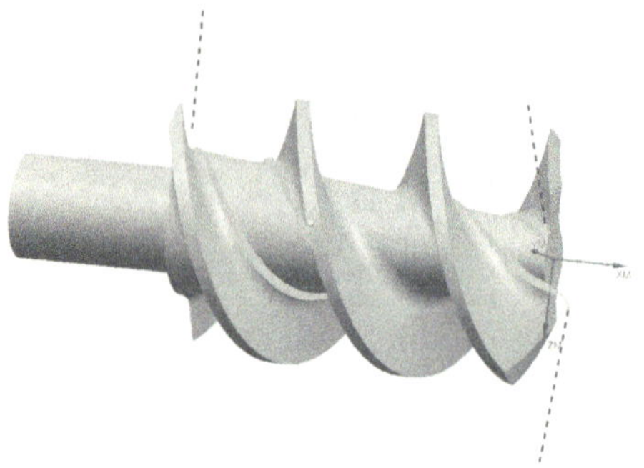

图 4-40　齿根圆 1 两侧圆角粗加工刀具轨迹

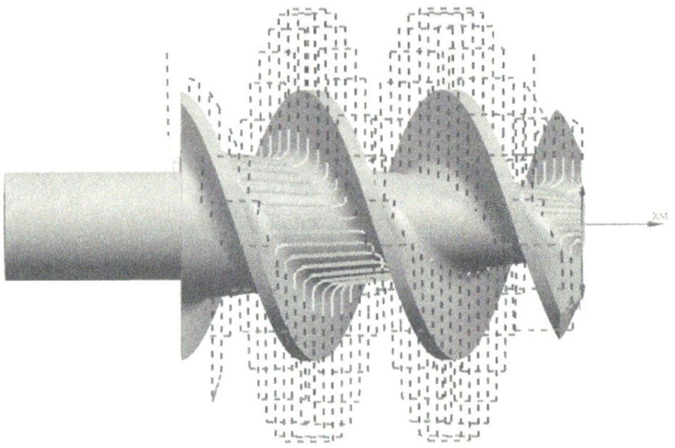

图 4-41　不合理的齿根圆加工刀具轨迹

（1）驱动曲面建模

1）进入建模环境，单击【菜单】→【插入】→【关联复制】→【抽取几何特征】，弹出如图 4-42 所示对话框，【类型】选择“复合曲线”，单击选择图 4-43 所示两条曲线，作为构件曲面的引导线。

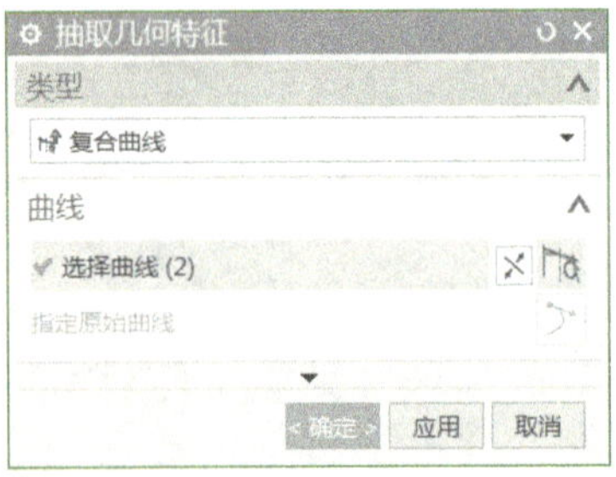

图 4-42　【抽取几何特征】对话框

图 4-43　选择的复合曲线

2）分别在图 4-44 所示蜗杆两侧端面创建齿根圆曲面截面线圆弧。

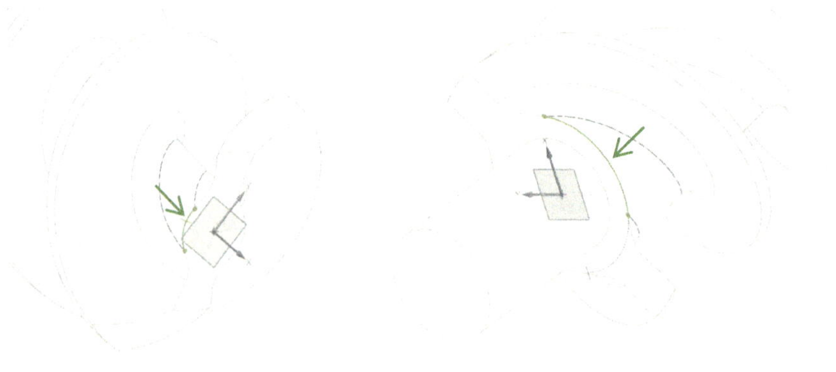

图 4-44　创建齿根圆曲面截面线圆弧

【专家点拨】

为了使构建的曲面更接近齿根圆曲面，建议在引导线间增加几段截面线，可创建几个等距基准平面，在基准平面上画出基准平面与齿根圆的圆弧交线。

3）单击【菜单】→【插入】→【扫掠】→【扫掠】，弹出如图 4-45 所示对话框，单击【截面】中的【选择曲线】，选择完一条截面线后，需要先单击【添加新集】图标，再选择下一条。同理，单击【引导线】中的【选择曲线】，依次选择两条引导线（前面抽取的螺旋线），单击【确定】按钮，即创建出图 4-46 所示的齿根圆曲面。

图 4-45　【扫掠】对话框

图 4-46　齿根圆曲面

【专家点拨】

选择截面线和引导线时，需要保证截面线和引导线上方向箭头起始位置一致。

（2）齿根圆粗加工刀具轨迹创建　其创建过程与齿廓面粗加工相同，参见齿 1 右齿廓面粗加工。

【刀具】选择 D8 球头铣刀，【指定部件】选择齿根圆曲面，【指定驱动几何体】选择上一步骤创建的扫掠面。

该粗加工需分层。单击【切削参数】按钮，在【多刀路】选项卡（图 4-47）中，【部件余量偏置】输入“8.0”，勾选【多重深度切削】，【步进方法】选择“增量”，【增量】输入“0.5”，单击【确定】按钮。

齿根圆 1 粗加工刀具轨迹如图 4-48 所示。

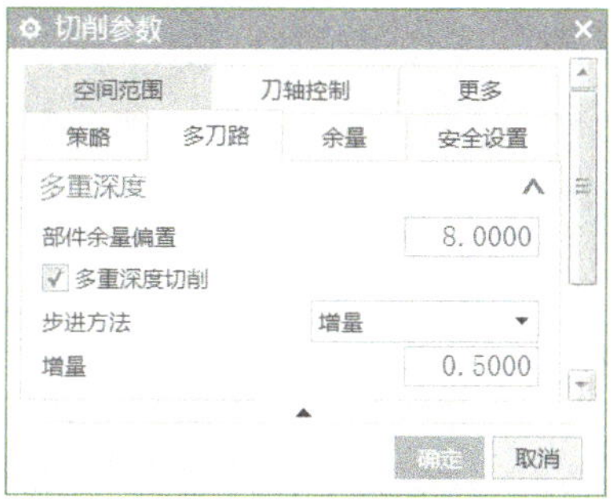

图 4-47　【多刀路】选项卡

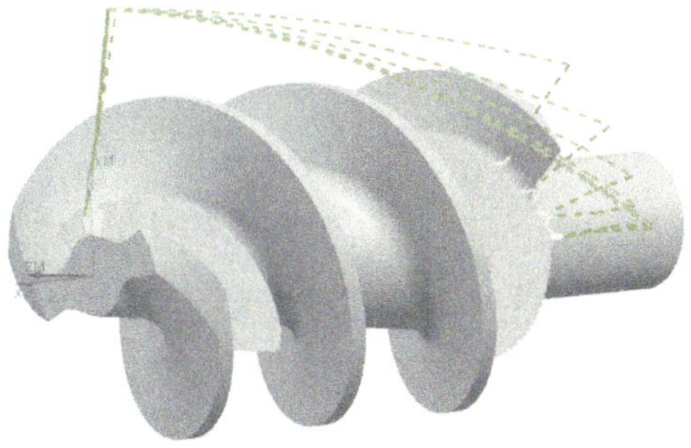

图 4-48　齿根圆 1 粗加工刀具轨迹

4. 齿廓、齿根圆及圆角精加工

创建齿廓、齿根圆及圆角的精加工刀具轨迹时，先复制相应粗加工程序，【刀具】选择D8球头铣刀，在【切削参数】对话框的【余量】选项卡中，【部件余量】修改为“0”，齿根圆粗加工取消勾选【多重深度切削】，单击【生成】按钮即可。

齿槽2刀路生成

双头锥度蜗杆一个齿槽的精加工刀具轨迹如图4-49所示。

双头锥度蜗杆有两个齿槽，只需要创建其中一个齿槽的粗、精加工程序，另一个齿槽的粗、精加工程序应用【变换】功能将第一个齿槽的所用程序绕蜗杆轴线旋转180°即可。

选中齿槽1所有程序，在选中的程序上单击鼠标右键弹出快捷菜单，单击【对象】→【变换】，弹出如图4-50所示对话框，【类型】选择“绕直线旋转”，【直线方法】选择“点和矢量”，单击【指定点】点选端面外圆，系统自动选择圆心，单击【指定矢量】点选轴线方向，如图4-51所示，【角度】默认“180”，【结果】选择“复制”，单击【确定】按钮。

双头锥度蜗杆粗、精加工刀具轨迹如图4-52所示。

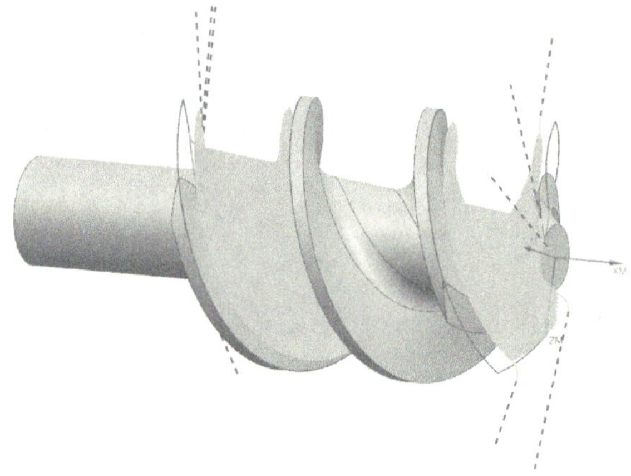

图4-49　一个齿槽的精加工刀具轨迹

图4-50　【变换】对话框

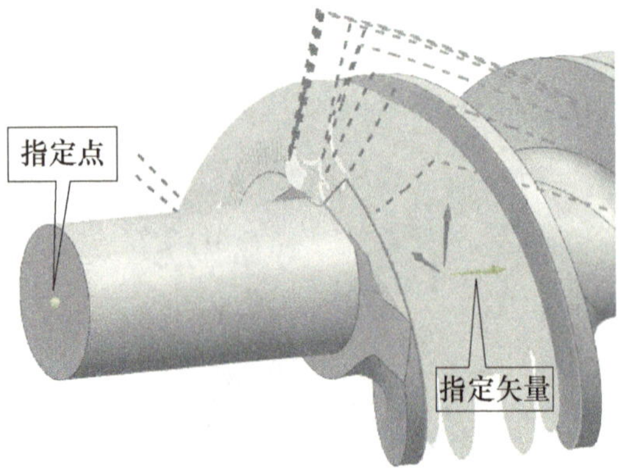

图4-51　变换轴线点和矢量

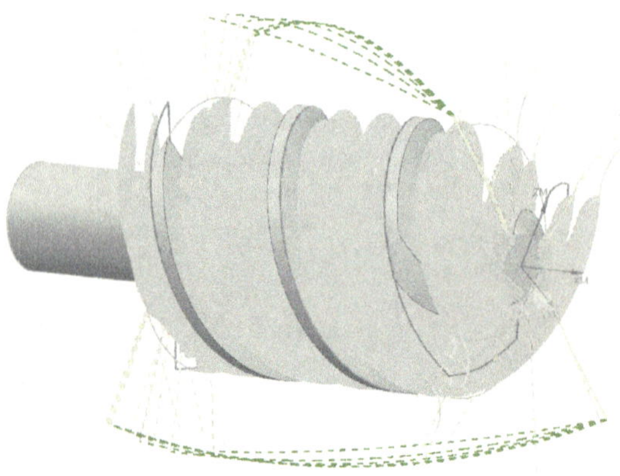

图4-52　双头锥度蜗杆粗、精加工刀具轨迹

至此，完成双头锥度蜗杆加工程序的创建。

任务评价

总结本次任务完成情况，填写表 4-18，根据考核项目进行自评、互评和教师评价，完成任务评价。

表 4-18　任务评价表

考核项目与权重	考核内容	评价标准	自评	互评	教师评价
专业知识（20%）	（1）掌握可变轮廓铣工序的用途及各参数含义（10 分）	根据双头锥度蜗杆齿槽 1 粗、精加工刀轨生成情况酌情扣分			
	（2）掌握扫掠功能（5 分）	根据驱动曲面的创建情况酌情扣分			
	（3）掌握变换功能（5 分）	根据双头锥度蜗杆齿槽 2 粗、精加工刀轨生成情况酌情扣分			
专业能力（30%）	（1）能够使用扫掠功能进行驱动曲面建模（10 分）	根据驱动曲面创建错误情况酌情扣分			
	（2）能够创建可变轮廓铣工序，选择曲面区域驱动方法，合理设置参数，生成双头锥度蜗杆粗、精加工刀轨，并进行刀轨仿真（15 分）	刀轨有误或不合理酌情扣分			
	（3）能够使用变换功能快速生成加工刀轨（5 分）	方法有误酌情扣分			
职业素养（20%）	（1）敬业守时、认真负责、踏实严谨、谦虚好学（7 分）	迟到、早退、无故缺勤等，每次扣 1 分，扣完为止			
	（2）具有良好的团队合作精神，能热心帮助其他同学完成任务（7 分）	不参加小组讨论每次扣 1 分，扣完为止			
	（3）能根据工作任务对资源进行合理分配，能正确控制、激励、协调小组工作全过程（6 分）	根据对小组的引导、小组完成任务情况酌情扣分			
任务总结（30%）	（1）能进行归纳总结，得出规律和指导性经验，技术文件完整、规范、条理清晰。在任务结束后，反思自己的任务完成情况和质量（10 分）	根据任务总结情况酌情扣分			
	（2）安全、有效地完成任务中的每个要求（20 分）	根据任务完成情况酌情扣分			
合计（自评占比 40%，互评占比 20%，教师评价占比 40%）					
任务反思					

项目总结

如图 4-53 所示，项目四包含加工连接块和加工双头锥度蜗杆两个任务。通过任务一加工连接块，学习了四轴定向加工方法，掌握了四轴加工坐标系及安全平面的创建、四轴圆周孔加工、退刀槽铣削及螺纹铣削的方法。通过任务二加工双头锥度蜗杆，学习了可变轮廓铣及曲面区域驱动方法在四轴联动加工中的应用，并学习了扫掠、变换及刀轴等知识。

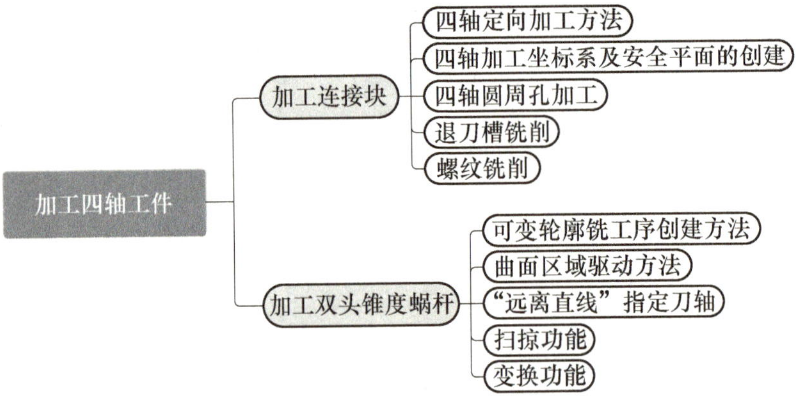

图 4-53　项目四总结思维导图

项目练习题

一、填空题

1. 可变轮廓铣在曲线、边界、面或曲面等驱动几何体上生成____________，并沿着指定的投影矢量投射到____________上，然后将刀具定位到部件几何体以生成刀轨。

2. 可变轮廓铣驱动方法用于定义____________________。选择驱动方法时，应该根据____________________以及____________来做决定。

3. 四轴联动加工多用于加工____________工件，刀轴一般使用____________。

4. 四轴加工工件坐标系一般设置在____________，工件轴线对应_____轴。

5. 用可变轮廓铣对曲面进行粗加工时，使用____________实现粗加工分层。

二、判断题

1. 通常所说的数控机床多轴控制是指四轴以上的控制。（　　）

2. 生成扫掠曲面时，截面线和引导线选择不需要保证截面线和引导线上方向箭头起始位置一致。（　　）

3. 可变轮廓铣使用曲面区域驱动方法时，选好驱动面后系统自动设置切削方向。（　　）

4. 对于四轴联动曲面加工，投影矢量一般选择朝向驱动体。（　　）

5. 四轴加工时，安全设置选择自动平面。（　　）

三、选择题

1. 在 UG NX 12.0 软件中变换命令绕直线旋转，下列选项中（　　）不是指定直线的方法。

A. 选择　　B. 两点法　　C. 点和矢量　　D. 增量

2. 相对于一般的三轴加工，以下关于多轴加工的说法（　　）是不对的。

A. 加工精度提高　　B. 编程复杂（特别是后处理）

C. 加工质量提高　　D. 工艺顺序与三轴相同

3. 一般四轴卧式加工中心所带的旋转工作台为（　　）。

A. A 轴　　B. B 轴　　C. C 轴　　D. D 轴

4. 在多轴加工中，如果球头铣刀的轴线从垂直于被加工表面变为与被加工表面呈倾斜状态，则刀具接触点处的切削速度与原来相比将（　　）。

A. 增大　　B. 减小

C. 不变　　D. 不能一概而论，应视具体情况而定

5. 下列（　　）不是采用多轴加工的目的。

A. 加工复杂型面　　B. 提高加工质量

C. 提高工作效率　　D. 促进数控技术发展

四、简答题

1. 什么是四轴定向加工和四轴联动加工？四轴加工的优点是什么？

2. 创建双头锥度蜗杆齿根圆加工刀轨，为什么进行驱动曲面建模？

五、实操题

1. 打开源文件课后习题 4-1（图 4-54），根据模型的特点，设置毛坯、创建刀具、创建工序，进行该工件的粗、精铣削加工，生成刀具轨迹，保存文件。

2. 打开源文件课后习题 4-2（图 4-55），根据模型的特点，设置毛坯、创建刀具、创建工序，进行该工件的粗、精铣削加工，生成刀具轨迹，保存文件。

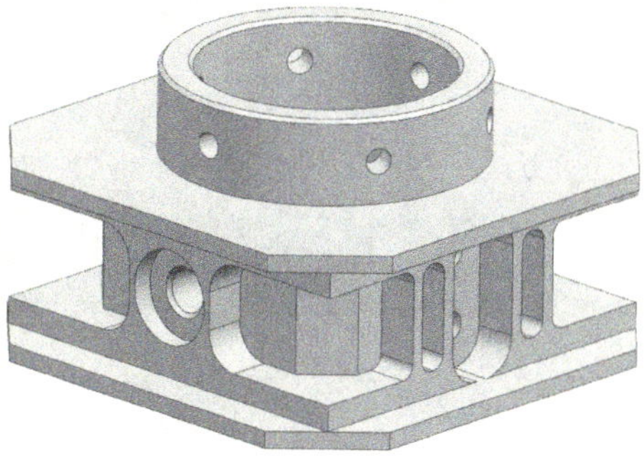

图 4-54　课后习题 4-1

图 4-55　课后习题 4-2

项目五　加工五轴工件

项目概述

五轴加工属于多轴加工方式。五轴加工是在三轴加工的基础上增加两个旋转轴。根据五轴机床的结构不同，两个旋转轴一种是绕 X、Z 轴旋转的 A、C 轴，另一种是绕 Y、Z 轴旋转的 B、C 轴。五轴加工分为五轴定向加工（3+2 定位加工）和五轴联动加工。本项目中任务一加工 S 试件和任务二加工维纳斯雕像为复合加工，既有五轴定向加工也有五轴联动加工，任务三加工叶轮为五轴联动加工。

项目目标

1. 学习 UG NX CAM 软件五轴加工方法。
2. 学习 UG NX CAM 软件坐标系创建方法及注意事项。
3. 学习 UG NX CAM 软件外形轮廓铣及五轴孔加工方法。
4. 掌握 UG NX CAM 软件雕像类工件加工方法。
5. 掌握 UG NX CAM 软件叶轮加工方法。

任务一　加工 S 试件

任务描述

本任务加工 S 试件（图 5-1），因其 S 型的两侧壁面为互相平行的且具有多角度扭摆的直纹面，一般运用多轴机床的联动功能完成加工，而两个斜面上的元素，可以运用多轴机床的定向功能完成加工。

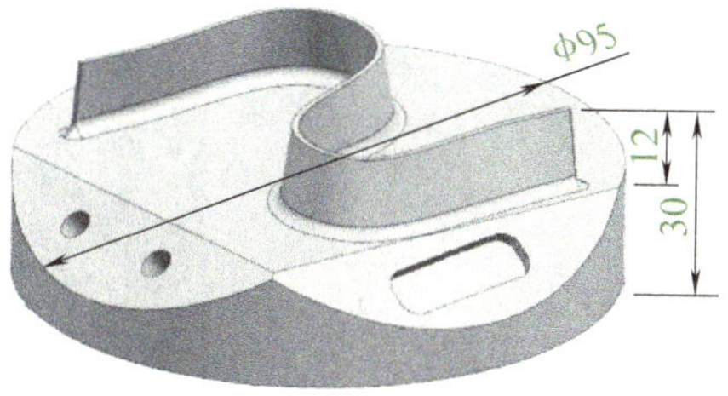

图 5-1　S 试件

学习目标

【知识目标】

1. 掌握 UG NX 软件五轴定向加工方法。
2. 掌握五轴加工坐标系及安全平面的创建要求和方法。
3. 掌握五轴定向加工刀具轨迹的创建方法。
4. 掌握 S 型面联动加工刀具轨迹的创建方法。
5. 掌握斜面孔的加工方法。

【能力目标】

1. 能够分析工件特征，制订 S 试件的加工工艺。
2. 能够正确创建 S 试件加工程序组及加工所需刀具。
3. 能够正确创建几何体，根据 S 试件特点，合理选择坐标系原点，正确指定部件及毛坯。
4. 能够运用五轴定向加工方法进行孔加工和平面的粗、精加工。
5. 能够使用可变轮廓铣中外形轮廓铣驱动方法编程。
6. 能够使用带 IPW 的底壁铣工序进行参数设置和编程。

【素养目标】

1. 在五轴加工程序的编制过程中，培养学生知识迁移的意识和能力。
2. 了解五轴机床给生产带来的效率提升，提高使用先进装备和生产工艺解决实际加工问题的能力。

知识准备

S 试件各元素的命名如图 5-2 所示。

1. 外形轮廓铣

外形轮廓铣是可变轮廓铣中的一种驱动方法，其设计目的是使用刀侧刃来加工倾斜壁。

加工时，在其他条件允许的情况下，通过刀轴的自动变化，刀具参与切削的侧刃可以完全与工件倾斜壁相切，这样的加工方式既能提高效率又能获得最佳加工效果。

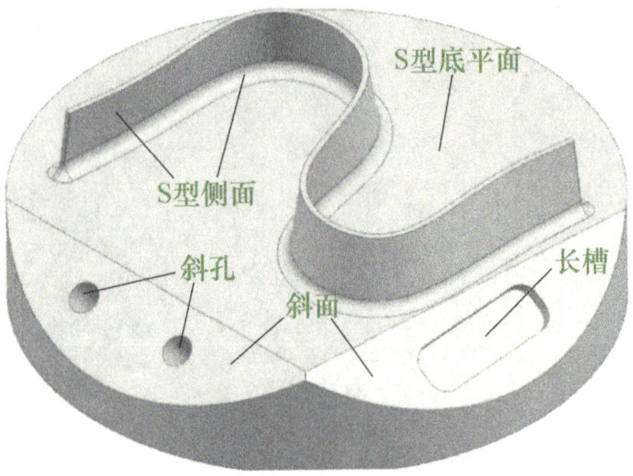

图 5-2　S 试件各元素的命名

2. 带 IPW 的底壁铣

带 IPW 的底壁铣中的 IPW 指的是继承加工过程中的毛坯，其使用方法与底壁铣类似。但与底壁铣相比，带 IPW 的底壁铣的特点是通过 IPW 跟踪、识别，只对未切削的材料进行铣削，因此带 IPW 的底壁铣可以优化刀轨，减少空切削，提高工作效率。

任务准备

学习相关文档、视频等资料，打开计算机，启动 UG NX 软件，检查计算机及软件是否正常，准备上课所需的源文件。

任务实施

一、工件分析及工艺制订

1. 工件分析

该工件是经典的 S 曲面造型，并加入了五轴定向加工元素，整体为圆柱体，结构元素包括 S 型底平面、S 型侧面、斜面、斜孔和长槽五部分，这些元素包含了平面和曲面两种造型。

2. 工艺方案

（1）毛坯选用　选择直径为 100mm、长度为 70mm 的铝制圆棒料作为毛坯。为了提高加工效率，先将圆棒料车削加工成图 5-3 所示的形状，再通过五轴机床的多轴联动和五轴定向功能完成加工。

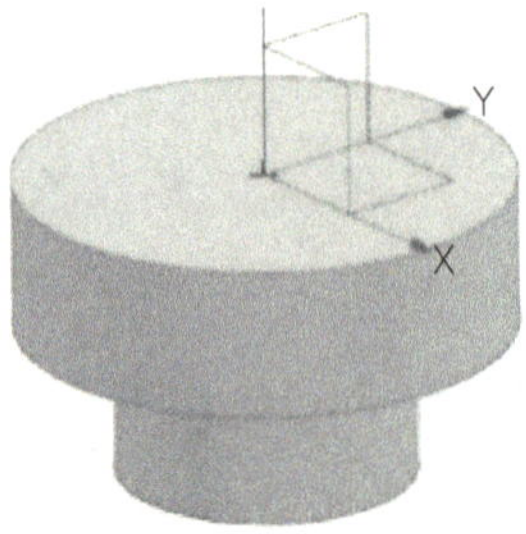

图 5-3　S 试件毛坯

（2）刀具选择　该工件的结构较为简单，需要加工的元素大致可分为两部分：S 型的粗、精加工部分和五轴定向加工部分。S 型底平面需要进行五轴定向加工，使用 D10 立铣刀，而 S 型侧面均为曲面造型，需要进行五轴联动加工，并且 S 型根部有 R2mm 圆角过渡，为提高效率，使用 R2 锥度球头铣刀。五轴定向加工部分，应先用 D10 立铣刀加工两斜面，再分别用 D5 麻花钻和 D6 立铣刀加工斜面上的元素。

（3）工件装夹　该工件整体为圆柱体，考虑到工件坐标系原点设置在工件顶部圆心位置，为便于定位装夹，选择自定心卡盘进行装夹。

（4）加工策略　见表 5-1。

表 5-1　加工策略

序号	加工部位	加工工序	刀具规格名称	加工结果
1	S 型底平面加工	带边界面铣	D10 立铣刀	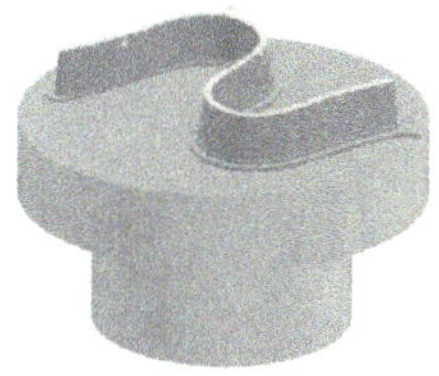
2	S 型底平面清根加工	带边界面铣	D10 立铣刀	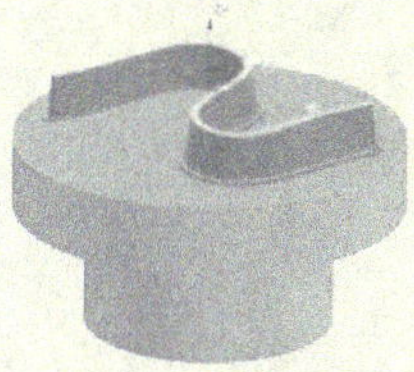
3	S 型侧面精加工	可变轮廓铣 外形轮廓铣	R2 锥度球头铣刀	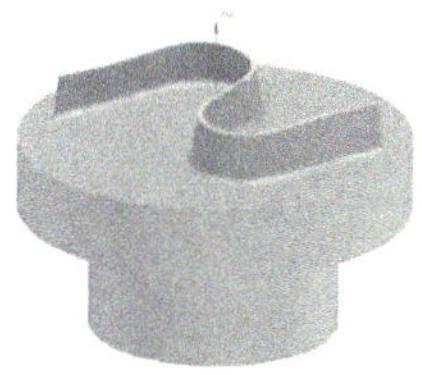
4	五轴定向斜面加工	带 IPW 的底壁铣	D10 立铣刀	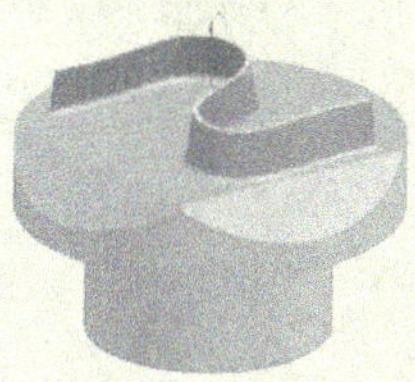
5	五轴定向长槽加工	带边界面铣	D6 立铣刀	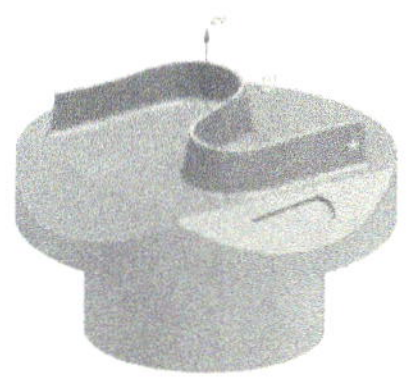
6	五轴定向钻孔加工	钻孔	D5 麻花钻	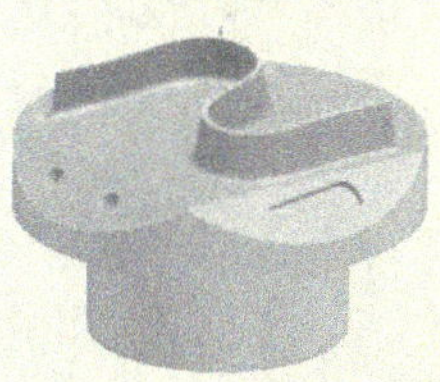

WORKPIECE
的设置

二、编程准备

1. 进入加工模块

1）打开模型源文件，如图 5-4 所示。

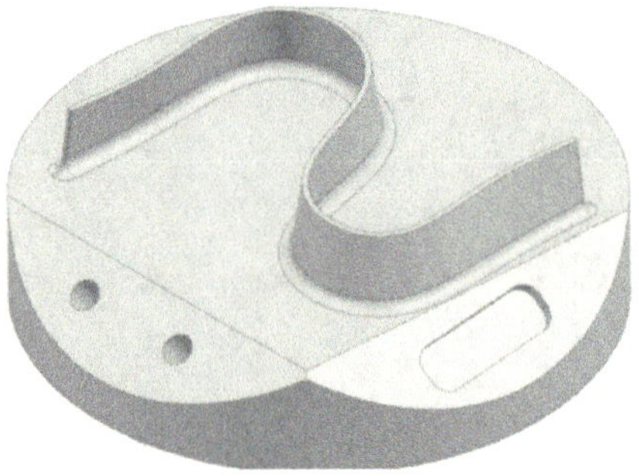

图 5-4　S 试件模型

2）进入加工环境。在【应用模块】功能选项卡的加工区域中单击【加工】按钮，系统弹出【加工环境】对话框，如图 5-5 所示。在【加工环境】对话框的【CAM 会话配置】列表中选择“cam_general”，在【要创建的 CAM 组装】列表中选择“mill_planar”，单击【确定】按钮，进入加工环境。

2. 创建几何体

（1）设置机床坐标系　单击【几何视图】按钮，双击 MCS_MILL 坐标系，弹出【MCS 铣削】对话框，设置机床坐标系原点在 S 试件毛坯顶部圆心位置，如图 5-6 所示。

（2）创建安全平面　在【MCS 铣削】对话框【安全设置】区域的【安全设置选项】列表中选择“平面”，【指定平面】设置在工件上表面，【距离】输入 10mm，如图 5-7 所示，单击【确定】按钮。

图 5-5　【加工环境】对话框

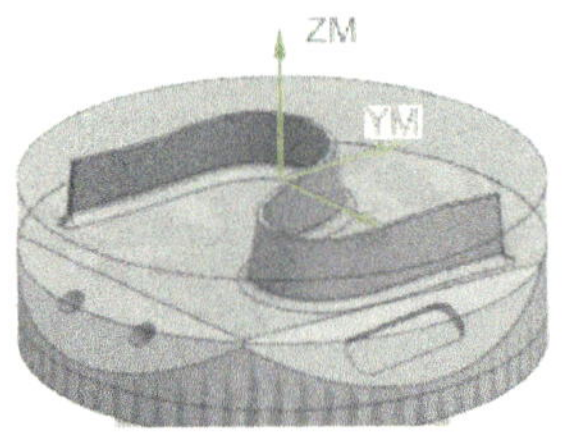

图 5-6　设置机床坐标系

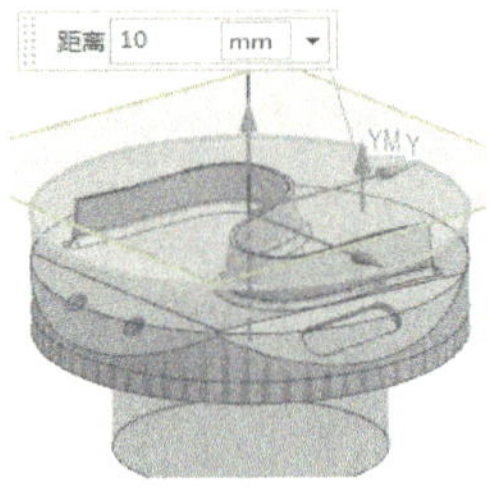

图 5-7　创建安全平面

（3）指定部件和毛坯几何体　双击 WORKPIECE，在弹出的【工件】对话框中单击【指定部件】按钮，弹出【部件几何体】对话框，单击 S 试件模型，单击【确定】按钮，完成部件几何体的设置。单击【指定毛坯】按钮，在【毛坯几何体】对话框的【类型】列表中选择“几何体”，选取毛坯，单击【确定】按钮，完成毛坯几何体的设置。返回

【工件】对话框，单击【确定】按钮，完成几何体的设置，再次单击 WORKPIECE，结果如图 5-8 所示。然后复制这个“WORKPIECE”，也将其放在【MCS_MILL】内，名称为“WORKPIECE_COPY”，并将其中的【指定毛坯】换为图 5-9 所示的毛坯，单击【确定】按钮。

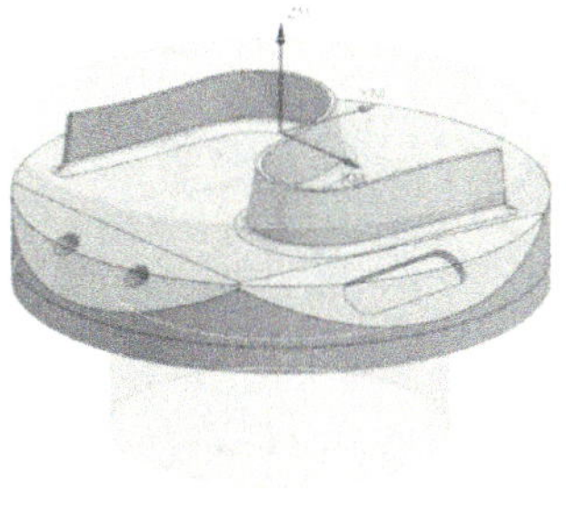

图 5-8　指定部件几何体

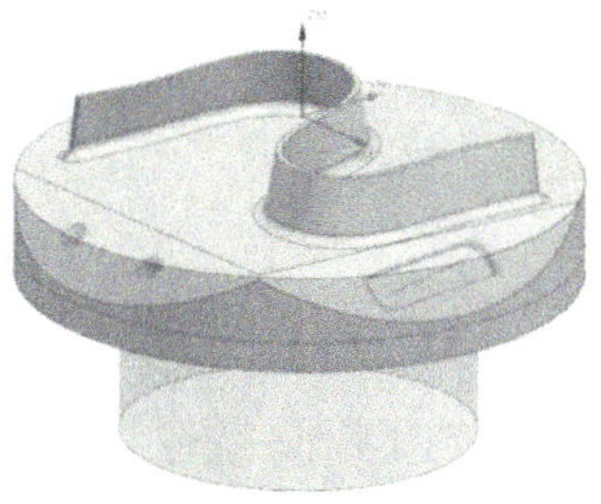

图 5-9　指定毛坯

【专家点拨】

在一个【MCS】中，根据实际加工需要可以设置多个“WORKPIECE”，“WORKPIECE”中的部件按实际指定即可，而毛坯的选择一般是完全包裹部件的，但在一些情况下，为了编程的便捷、刀轨的整齐和加工效率的提升，毛坯的选择往往也可以是不完全包裹部件的，或不包裹部件已加工完的元素。例如，在使用带 IPW 的底壁铣工序编程时就可这样使用。

3. 创建刀具

单击【工序导航器】中的【机床视图】按钮，再单击【创建刀具】按钮，在弹出的【创建刀具】对话框中完成 D10 立铣刀、D6 立铣刀、D5 麻花钻的创建。在创建 R2 锥度球头铣刀时，需先单击按钮，输入刀具名称“B8R2”，其他参数设置如图 5-10 所示。

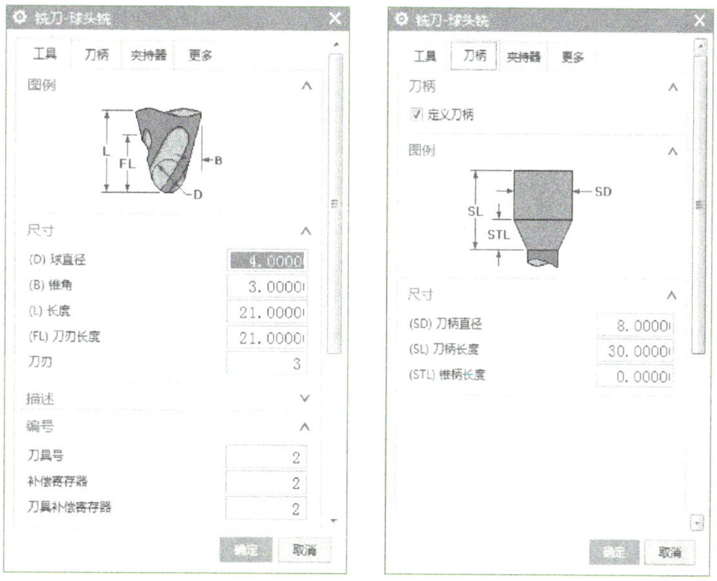

图 5-10　R2 锥度球头铣刀刀具参数

4. 创建程序组

创建六个程序组，分别命名为“S 型底平面加工”“S 型底平面清根加工”“S 型侧面精加工”“五轴定向斜面加工”“五轴定向长槽加工”和“五轴定向钻孔加工”，完成后如图 5-11 所示。

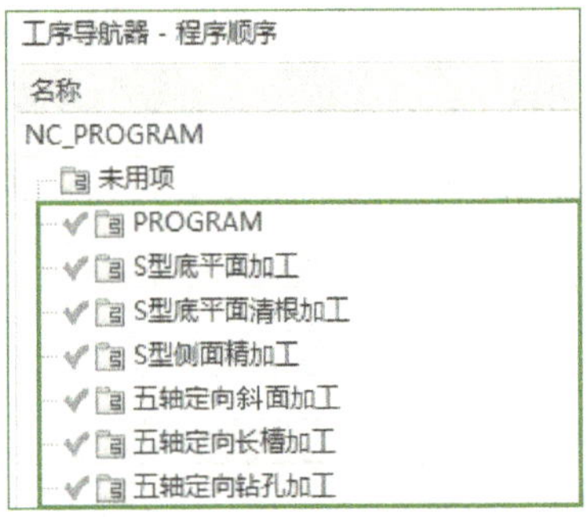

图 5-11　创建程序组

三、创建程序

1. 创建 S 型底平面加工程序

（1）插入带边界面铣工序　单击【创建工序】按钮，弹出【创建工序】对话框，【类型】选择“mill_planar”，【工序子类型】选择“带边界面铣”，【位置】区域中的【程序】选择“S 型底平面加工”，【刀具】选择“D10”，【几何体】选择“WORKPIECE”，如图 5-12 所示。单击【确定】按钮，弹出【面铣】对话框，如图 5-13 所示。

图 5-12　创建工序

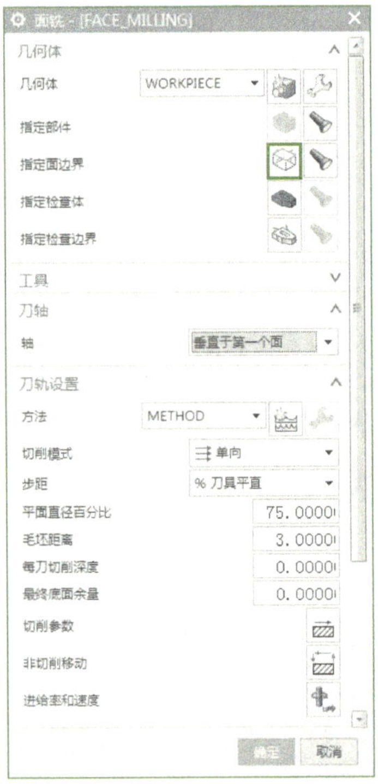

图 5-13　【面铣】对话框

（2）指定面边界　单击【面铣】对话框中的【指定面边界】按钮，进入【毛坯边界】对话框，单击选择“WORKPIECE_COPY”里毛坯的上平面，其他参数默认，如图 5-14 所示，单击【确定】按钮。

（3）刀轨设置　在【面铣】对话框的【刀轨设置】区域中，【切削模式】选择“跟随周边”，【毛坯距离】设置为 12mm，【每刀切削深度】设置为 1mm，其他参数设置如图 5-15 所示。

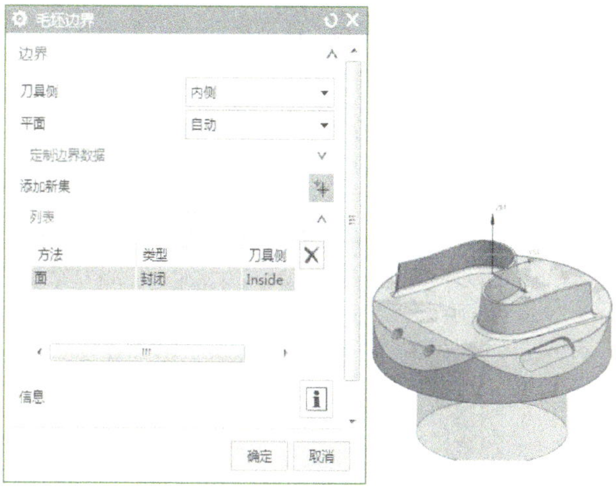

图 5-14　指定面边界

图 5-15　刀轨设置

（4）设置切削参数　在【面铣】对话框中，单击【切削参数】按钮，进入【切削参数】对话框，在【策略】选项卡中，【刀路方向】选择“向内”，其他参数设置如图 5-16 所示；在【余量】选项卡中，【部件余量】设置为“0.3”，如图 5-17 所示，其余参数默认，单击【确定】按钮。

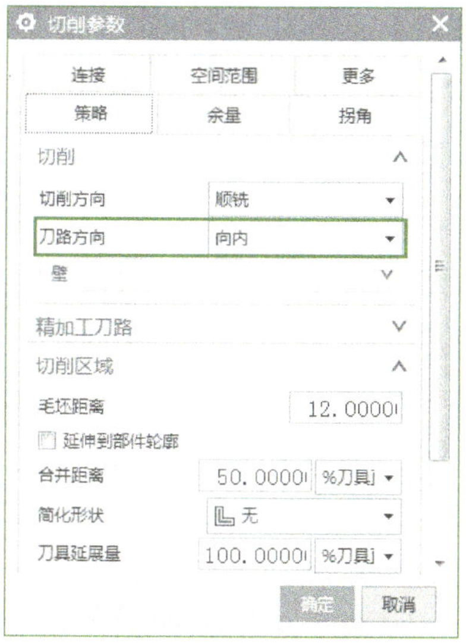

图 5-16　【策略】选项卡

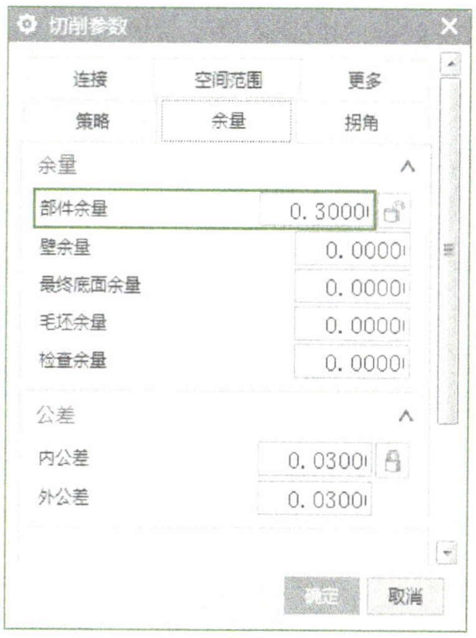

图 5-17　【余量】选项卡

（5）设置进给率和速度　在【面铣】对话框中，单击【进给率和速度】按钮，进入【进给率和速度】对话框，设置【主轴转速】为“8000”，【进给率】中的【切削】为“1500”，其余参数默认，单击【确定】按钮。

（6）生成刀轨与仿真　在【创建工序】对话框中单击按钮，生成刀轨，如图 5-18 所示；单击按钮进行【3D 动态】仿真，仿真结果如图 5-19 所示。查看刀轨与仿真结果，确认无误后，单击【确定】按钮，完成程序创建。

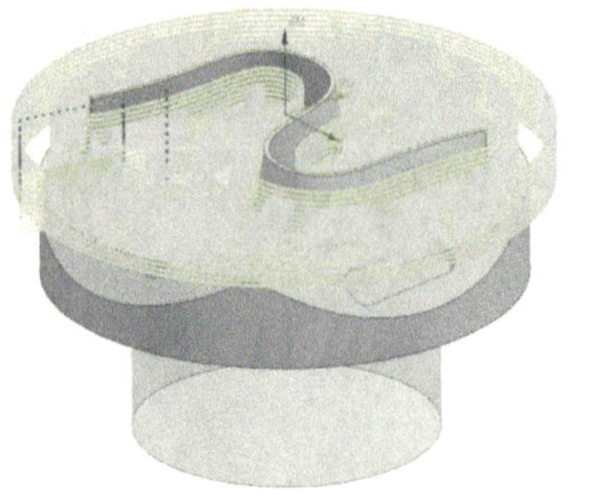

图 5-18　S 型底平面加工刀具轨迹

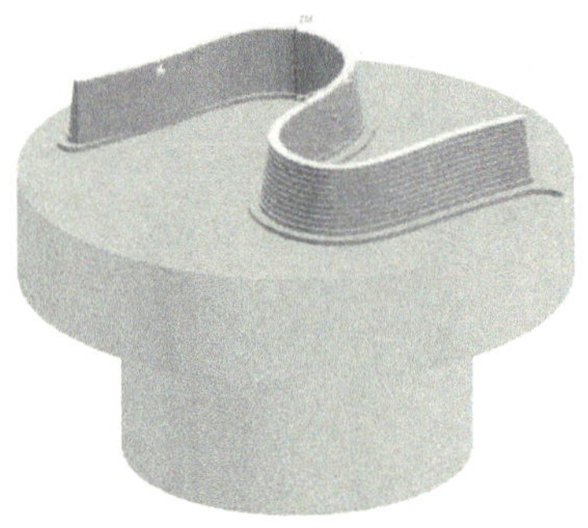

图 5-19　S 型底平面加工仿真结果

2. 创建 S 型底平面清根加工程序

（1）复制带边界面铣工序　将“S 型底平面加工”程序组中的“FACE_MILLING”工序复制到“S 型底平面清根加工”程序组中，如图 5-20 所示。

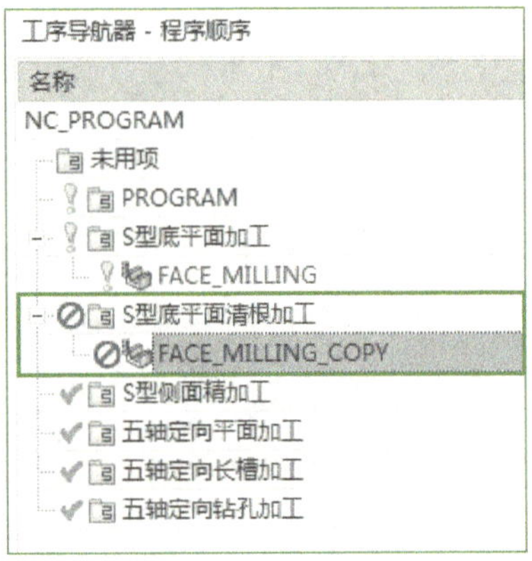

图 5-20　复制带边界面铣工序

（2）刀轨设置　双击刚复制的工序“FACE_MILLING_COPY”，在【面铣】对话框的【刀轨设置】区域中，【切削模式】选择“轮廓”，【毛坯距离】设置为“0”，其他参数设置如图 5-21 所示。

（3）设置切削参数　在【切削参数】对话框的【余量】选项卡中，【部件余量】设置为“0”，其余参数默认，单击【确定】按钮。

（4）设置进给率和速度　在【进给率和速度】对话框中，设置【主轴转速】为“8000”，【进给率】中的【切削】为“1500”，其余参数默认，单击【确定】按钮。

（5）生成刀轨与仿真　在【创建工序】对话框中单击按钮，生成刀轨，如图 5-22 所示；单击按钮进行【3D 动态】仿真，仿真结果如图 5-23 所示。查看刀轨与仿真结果，确认无误后，单击【确定】按钮完成程序的创建。

【专家点拨】

使用同一种工序加工、且要加工的元素之间有较多共同点或相似点时，可以复制已创建好的工序，然后根据加工元素的特点对复制的工序参数进行针对性的修改，即完成编程。这样可以大大减少编程人员的工作量，提高编程效率。

图 5-21　刀轨设置

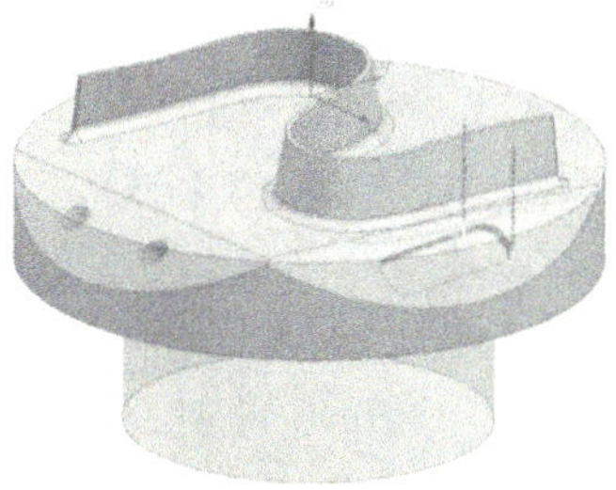
图 5-22　S 型底平面清根加工刀具轨迹

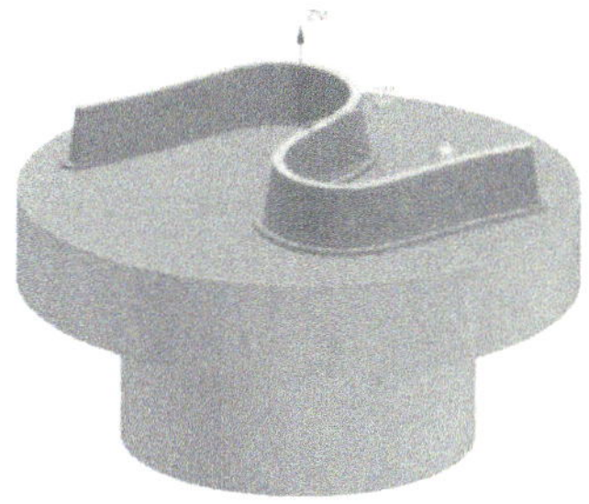
图 5-23　S 型底平面清根加工仿真结果

3. 创建 S 型侧面精加工程序

（1）插入外形轮廓铣工序　单击【创建工序】按钮，弹出【创建工序】对话框，【类型】选择“mill_multi-axis”，【工序子类型】选择“外形轮廓铣”，【位置】区域中的【程序】选择“S 型侧面精加工”，【刀具】选择“B8R2”，【几何体】选择“WORKPIECE”，如图 5-24 所示。单击【确定】按钮，弹出【外形轮廓铣】对话框，如图 5-25 所示。

创建S型侧面精加工工序

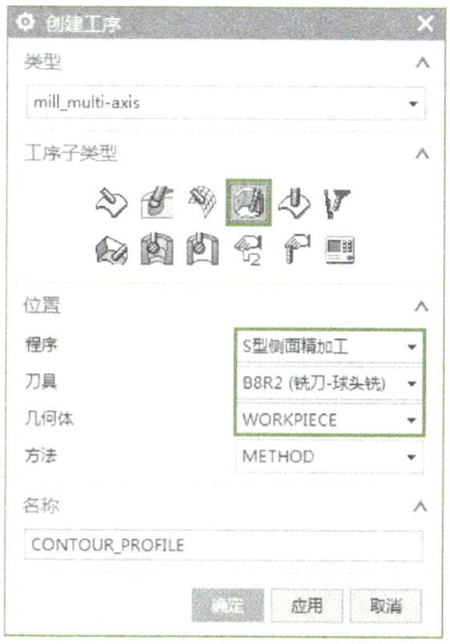

图 5-24　创建工序

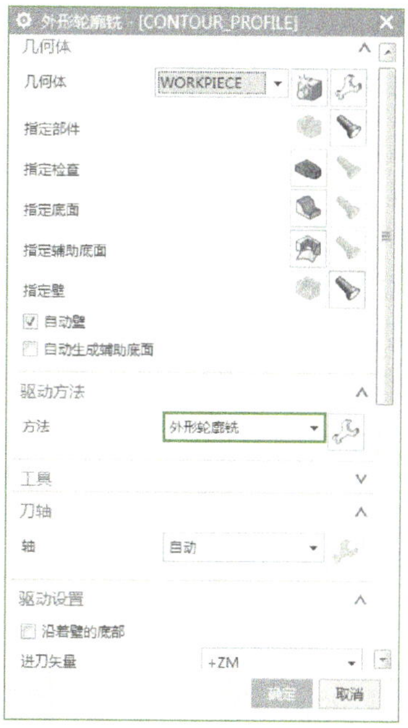

图 5-25　【外形轮廓铣】对话框

（2）设置驱动方法　在【驱动方法】中选择“外形轮廓铣”，单击【确定】按钮，进入【外形轮廓铣驱动方法】对话框，参数设置如图 5-26 所示，单击【确定】按钮。

（3）指定底面　单击【外形轮廓铣】对话框中的【指定底面】按钮，进入【底面几何体】对话框，单击选择 S 型底平面，如图 5-27 所示，其他参数默认，单击【确定】按钮。

（4）指定壁　单击【外形轮廓铣】对话框中的【指定壁】按钮，进入【壁几何体】对话框，单击选择 S 型侧面和根部圆角面，共选定 16 个面，如图 5-28 所示，其他参数默认，单击【确定】按钮。

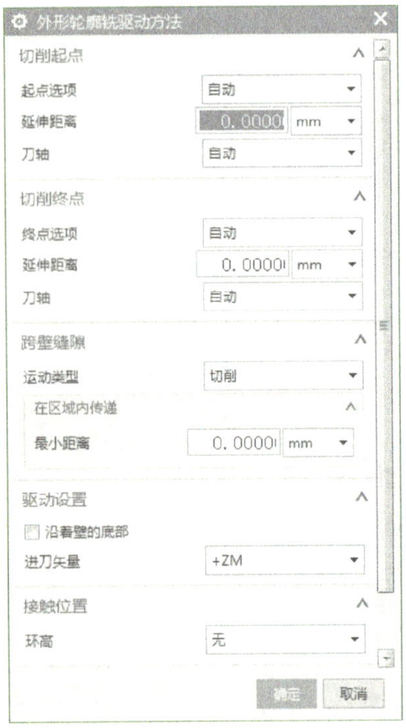

图 5-26　设置驱动方法

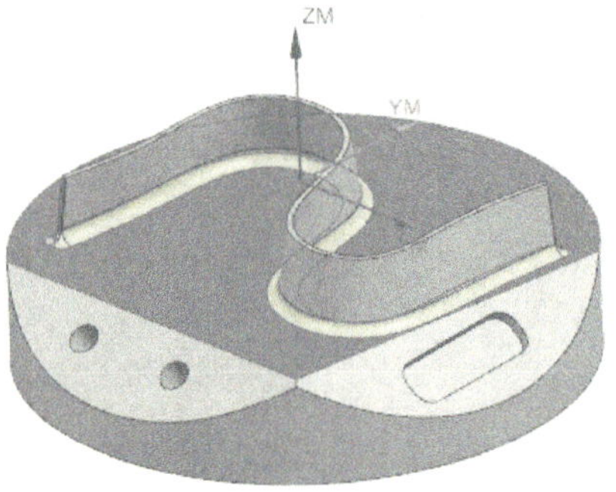

图 5-27　指定底面

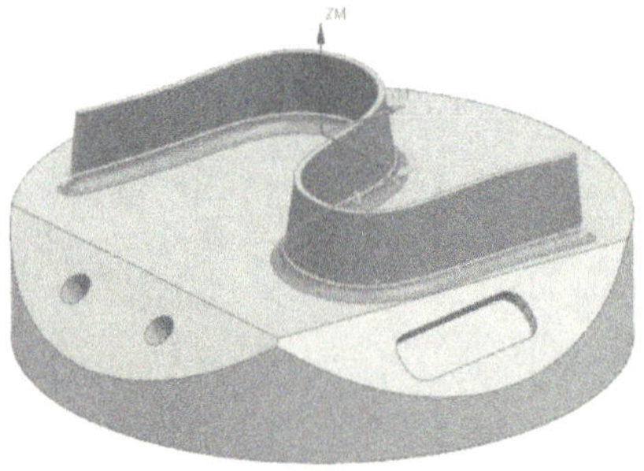

图 5-28　指定壁

（5）设置切削参数　单击【切削参数】按钮，进入【切削参数】对话框，在【策略】选项卡中，【切削方向】选择“顺铣”，如图 5-29 所示；在【多刀路】选项卡中，参数设置如图 5-30 所示，单击【确定】按钮。

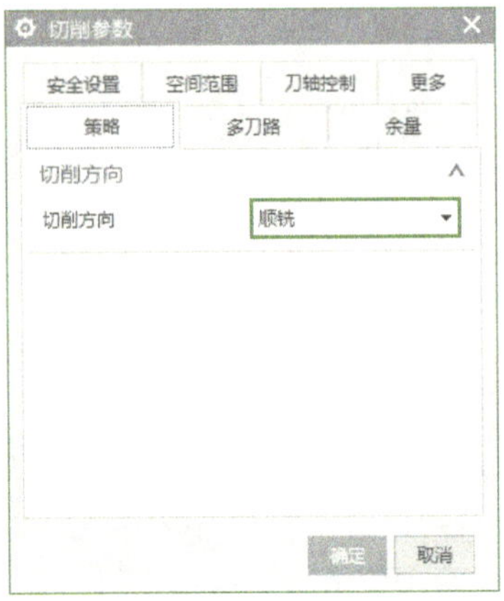

图 5-29　【策略】选项卡

图 5-30　【多刀路】选项卡

（6）设置非切削移动　单击【非切削移动】按钮，进入【非切削移动】对话框，在【进刀】选项卡中，【进刀类型】选择“圆弧-平行于刀轴”，如图 5-31 所示；在【起点/钻点】选项卡中，【指定点】指定为如图 5-32 所示的点，其他参数默认，单击【确定】按钮。

图 5-31　【进刀】选项卡

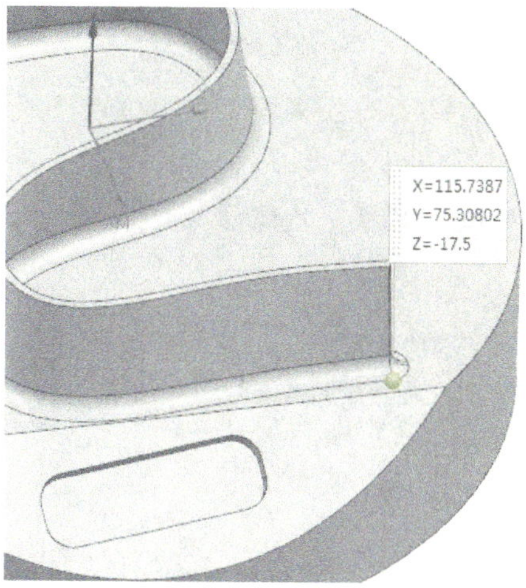

图 5-32　指定点

（7）设置进给率和速度　单击【进给率和速度】按钮，进入【进给率和速度】对话框，设置【主轴转速】为“10000”，【进给率】中的【切削】为“1000”，其余参数默认，单击【确定】按钮。

（8）生成刀轨与仿真　在【创建工序】对话框中单击按钮，生成刀轨，如图 5-33 所示；单击按钮进行【3D 动态】仿真，仿真结果如图 5-34 所示。查看刀轨与仿真结果，确认无误后，单击【确定】按钮完成程序创建。

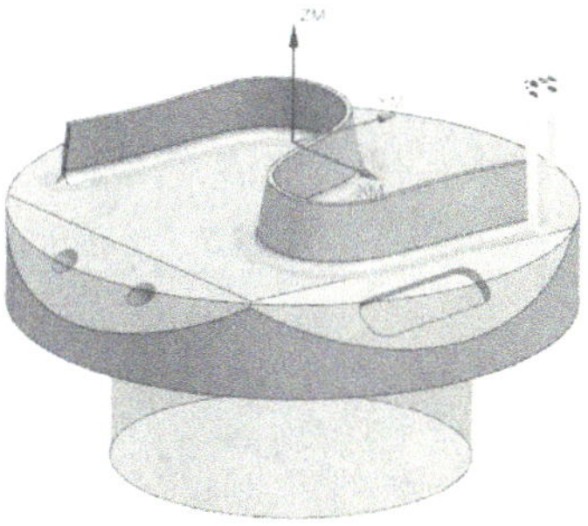

图5-33　S 型侧面精加工刀具轨迹

4. 创建五轴定向斜面加工程序

创建五轴定向平面加工工序

（1）插入带 IPW 的底壁铣工序　单击【创建工序】按钮，弹出【创建工序】对话框，【类型】选择“mill_planar”，【工序子类型】选择“带 IPW 的底壁铣”，【几何体】选择“WORKPIECE_COPY”，其他参数设置如图 5-35 所示。单击【确定】按钮，弹出【底壁铣 IPW】对话框，如图 5-36 所示。

（2）指定切削区底面　单击【指定切削区底面】按钮，进入【切削区域】对话框，单击选择要切削的斜面，其他参数默认，如图 5-37 所示，单击【确定】按钮。

（3）刀轴与刀轨设置　在【底壁铣 IPW】对话框中，【刀轴】选择“垂直于第一个

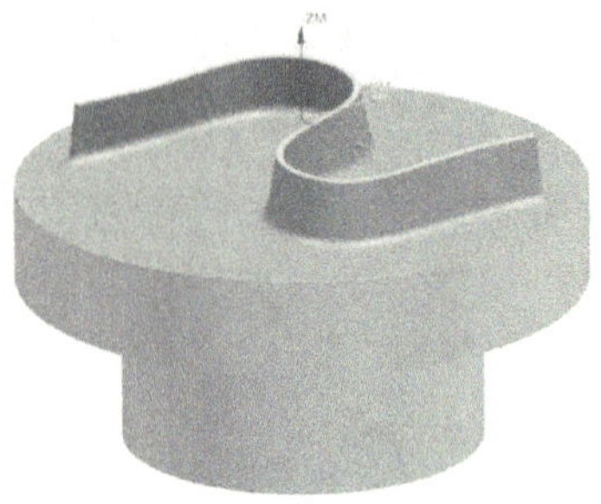

图 5-34　S 型侧面精加工仿真结果

图 5-35　创建工序

图 5-36　【底壁铣 IPW】对话框

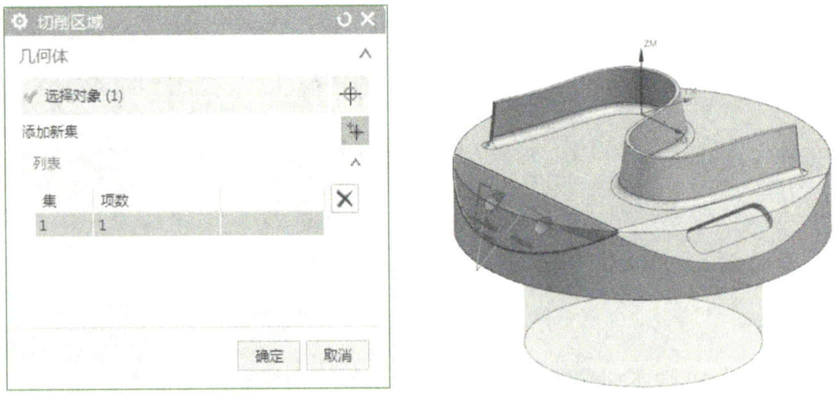

图 5-37　指定切削区底面

面”，【切削模式】选择“往复”，【每刀切削深度】设置为 1mm，其他参数设置如图 5-38 所示。

（4）设置进给率和速度　设置【主轴转速】为“8000”，【进给率】中的【切削】为“1500”，其余参数默认，单击【确定】按钮。

（5）生成刀轨与仿真　在【创建工序】对话框中单击按钮，生成刀轨，如图 5-39 所示；单击按钮进行【3D 动态】仿真，仿真结果如图 5-40 所示。查看刀轨与仿真结果，确认无误后，单击【确定】按钮完成程序的创建。

图 5-38　刀轴与刀轨设置

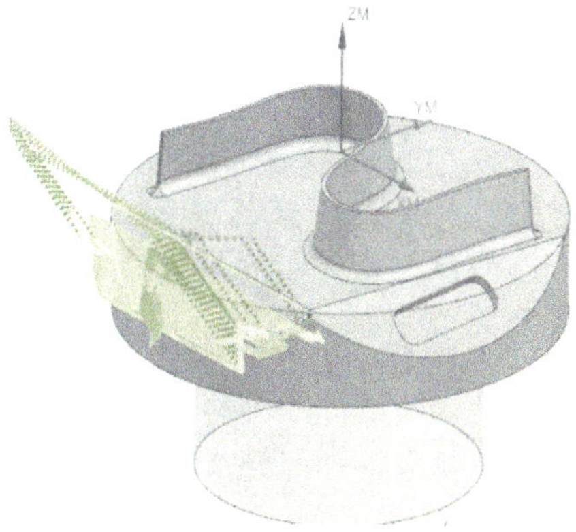

图 5-39　五轴定向斜面加工刀具轨迹

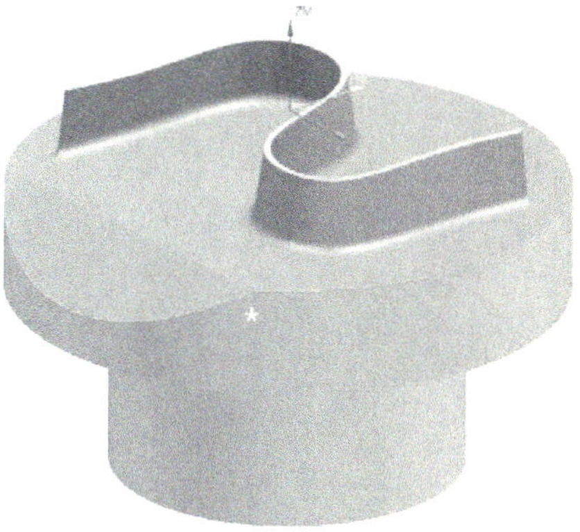

图 5-40　五轴定向斜面加工仿真结果

（6）创建另一斜面加工程序　复制“FLOOR_WALL_IPW”工序（图 5-35），默认名称为“FLOOR_WALL_IPW_COPY”，并放在同一程序组中，双击修改此工序参数，只需把【指定切削区底面】中的【切削区域】删除，再选择另一个要加工的斜面即可，如图 5-41 所示，单击【确定】按钮。

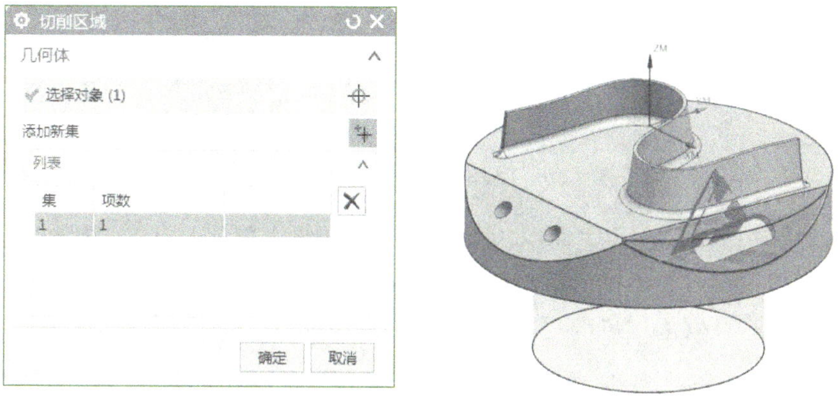

图 5-41　指定切削区底面

在【创建工序】对话框中单击按钮，生成刀轨，如图 5-42 所示；单击按钮进行【3D 动态】仿真，仿真结果如图 5-43 所示。查看刀轨与仿真结果，确认无误后，单击【确定】按钮完成程序创建。

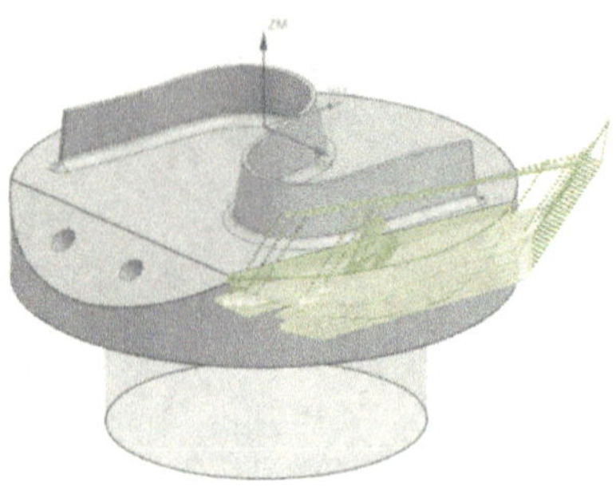

图 5-42　另一斜面加工刀具轨迹

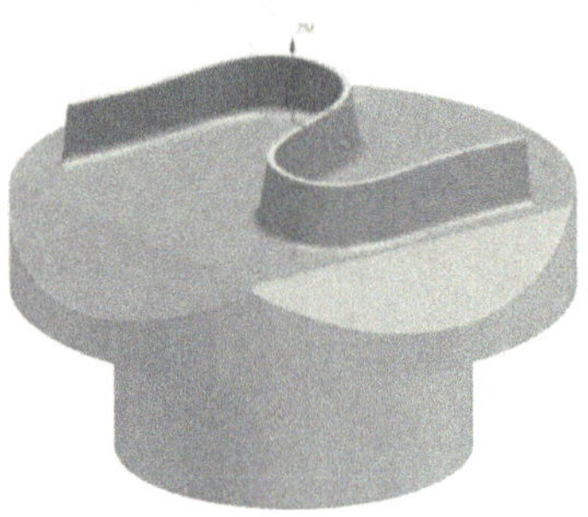

图 5-43　另一斜面加工仿真结果

5. 创建五轴定向长槽加工程序

（1）插入带边界面铣粗加工工序　单击【创建工序】按钮，弹出【创建工序】对话框，【类型】选择“mill_planar”，【工序子类型】选择“带边界面铣”，【位置】区域中的【程序】选择“五轴定向长槽加工”，【刀具】选择“D6”，【几何体】选择“WORKPIECE_COPY”，如图 5-44 所示。单击【确定】按钮，弹出【面铣】对话框，如图 5-45 所示。

图 5-44　创建工序

图 5-45　【面铣】对话框

（2）指定面边界　单击【面铣】对话框中的【指定面边界】按钮，进入【毛坯边界】对话框，单击选择长槽底面，其他参数默认，如图 5-46 所示，单击【确定】按钮。

（3）刀轨设置　在【面铣】对话框的【刀轨设置】区域中，【切削模式】选择“跟随周边”，【毛坯距离】设置为 2mm，【最终底面余量】设置为 0.2mm，其他参数设置如图 5-47 所示。

（4）设置切削参数　单击【切削参数】按钮，进入【切削参数】对话框，在【余

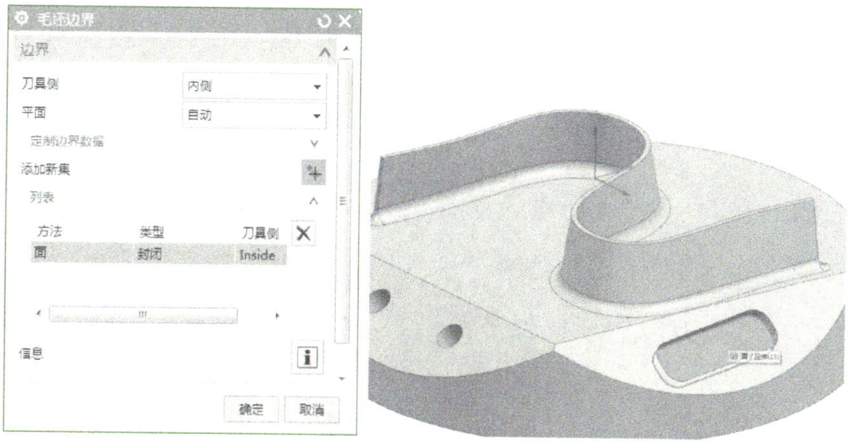

图 5-46　指定面边界

量】选项卡中，【部件余量】设置为“0.2”，如图 5-48 所示，其余参数默认，单击【确定】按钮。

（5）设置非切削移动　单击【非切削移动】按钮，进入【非切削移动】对话框，在【进刀】选项卡中，【进刀类型】选择“沿形状斜进刀”，【斜坡角度】设置为“1”，【高度】设置为“1”，如图 5-49 所示，其他参数默认，单击【确定】按钮。

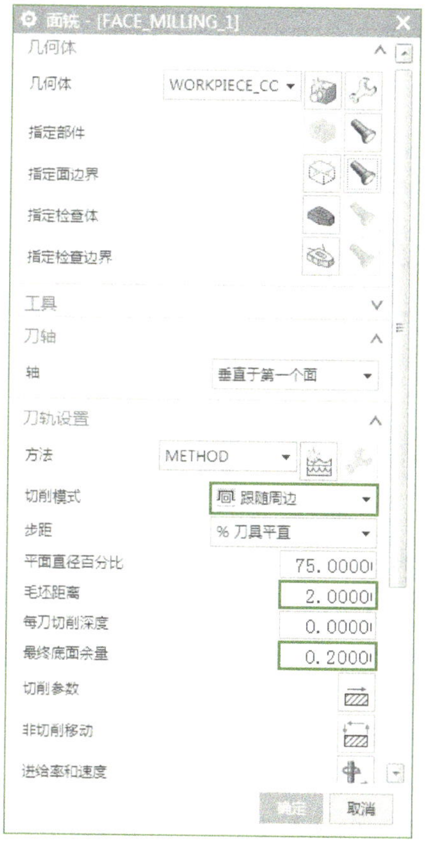

图 5-47　刀轨设置

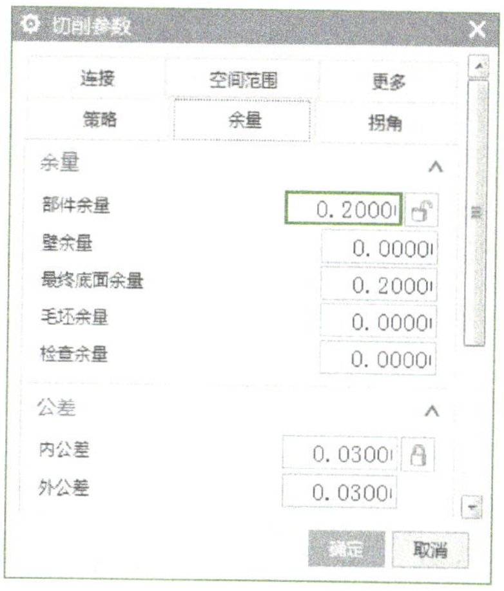

图 5-48　【余量】选项卡

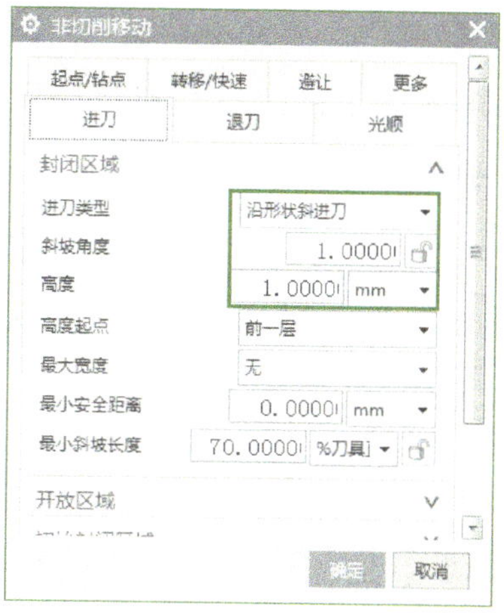

图 5-49　【进刀】选项卡

（6）设置进给率和速度　单击【进给率和速度】按钮，进入【进给率和速度】对话框，设置【主轴转速】为“10000”，【进给率】中的【切削】为“1000”，其余参数默认，单击【确定】按钮。

（7）生成刀轨与仿真　在【创建工序】对话框中单击按钮，生成刀轨，如图 5-50 所示；单击按钮进行【3D 动态】仿真，仿真结果如图 5-51 所示。查看刀轨与仿真结果，确认无误后，单击【确定】按钮完成程序创建。

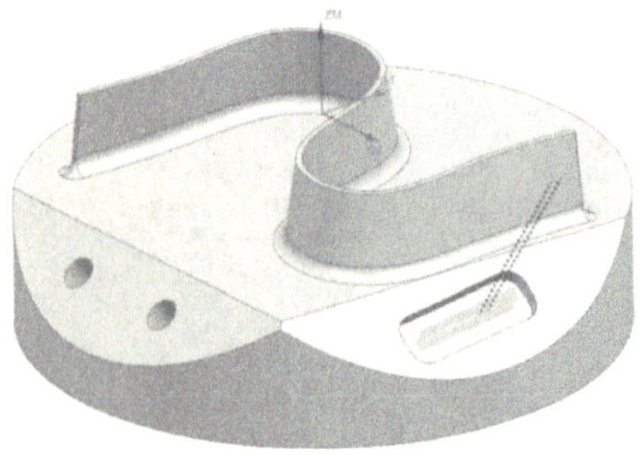

图 5-50　五轴定向长槽加工刀具轨迹

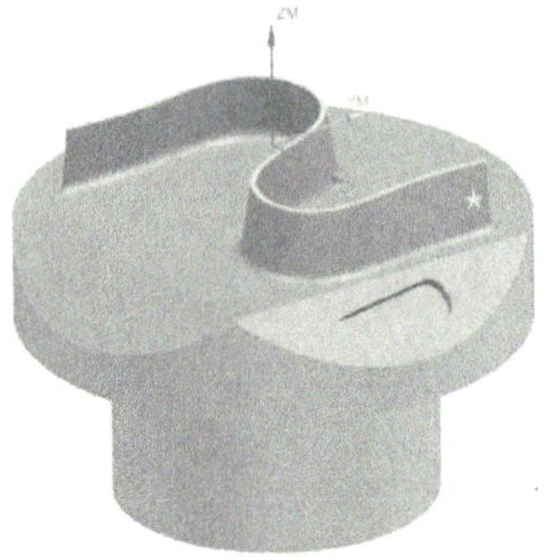

图 5-51　五轴定向长槽加工仿真结果

（8）创建五轴定向长槽精加工程序　复制“FACE_MILLING_1”工序，默认名称为“FACE_MILLING_1_COPY”，并放在“五轴定向长槽加工”程序组中，双击修改此工序参数，只需将切削参数中的各种余量设置为 0 即可完成修改，完成后的程序和仿真结果与粗加工类似，不再赘述。

6. 创建五轴定向钻孔加工程序

（1）插入钻孔工序　单击【创建工序】按钮，弹出【创建工序】对话框，【类型】选择“hole_making”，【工序子类型】选择“钻孔”，【位置】区域中的【程序】选择“五轴定向钻孔加工”，【刀具】选择“Z5”，【几何体】选择“WORKPIECE_COPY”，如图 5-52 所示。单击【确定】按钮，弹出【钻孔】对话框，如图 5-53 所示。

（2）指定特征几何体　单击【钻孔】对话框中的【指定特征几何体】按钮，进入【特征几何体】对话框，单击选择斜面上的孔特征，如图 5-54 所示，其余参数默认，单击【确定】按钮。

（3）刀轨设置　在【钻孔】对话框的【刀轨设置】区域中，【循环】选择“钻，深孔”，弹出【循环参数】对话框，设置【步进】中的【最大距离】为 3mm，其他参数设置如图 5-55 所示。

（4）设置进给率和速度　单击【进给率和速度】按钮，进入【进给率和速度】对话框，设置【主轴转速】为“6000”，【进给率】中的【切削】为“600”，其余参数默认，单击【确定】按钮。

图 5-52　创建工序

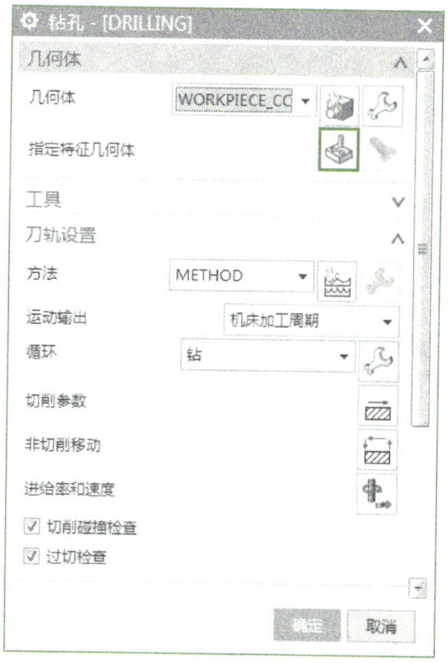

图 5-53　【钻孔】对话框

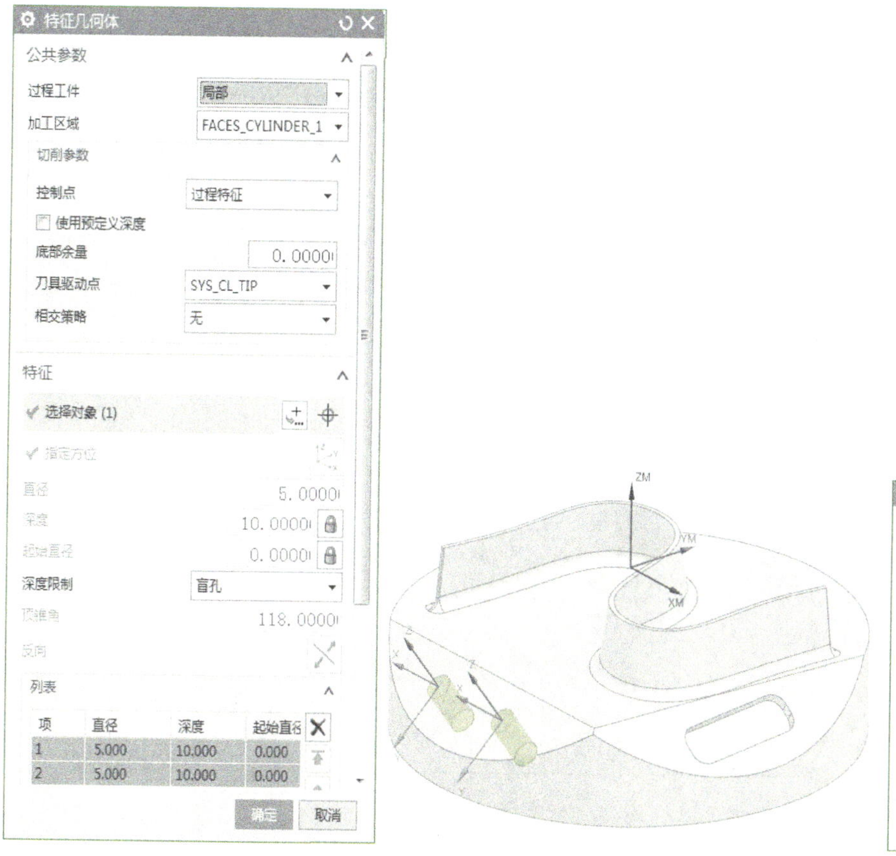

图 5-54　指定特征几何体

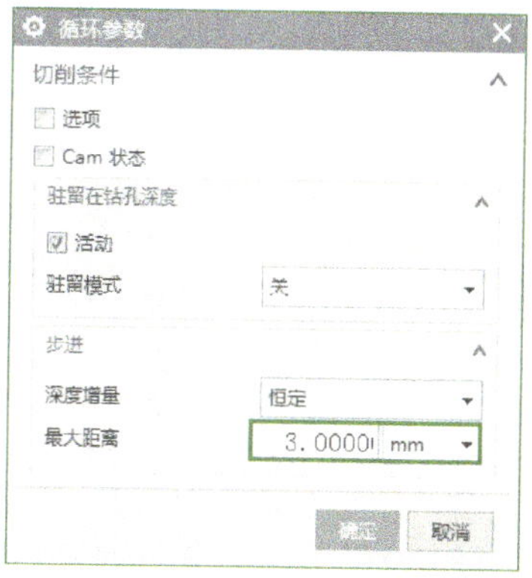

图 5-55　刀轨设置

（5）生成刀轨与仿真　在【创建工序】对话框中单击按钮，生成刀轨，如图 5-56 所示；单击按钮进行【3D 动态】仿真，仿真结果如图 5-57 所示。查看刀轨与仿真结果，确认无误后，单击【确定】按钮完成程序创建。

至此，完成S试件加工程序的创建。

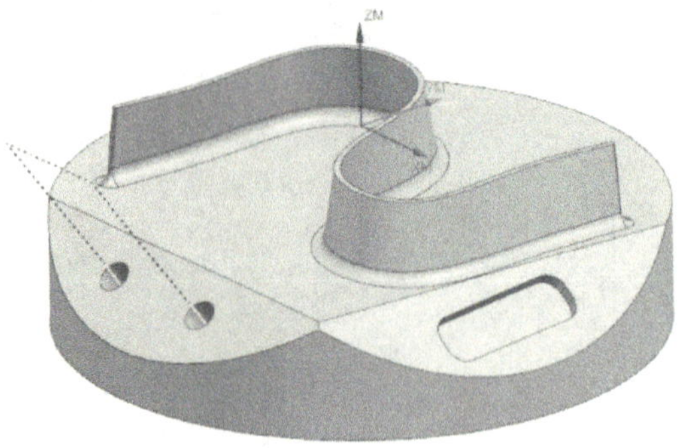

图 5-56　五轴定向钻孔加工刀具轨迹

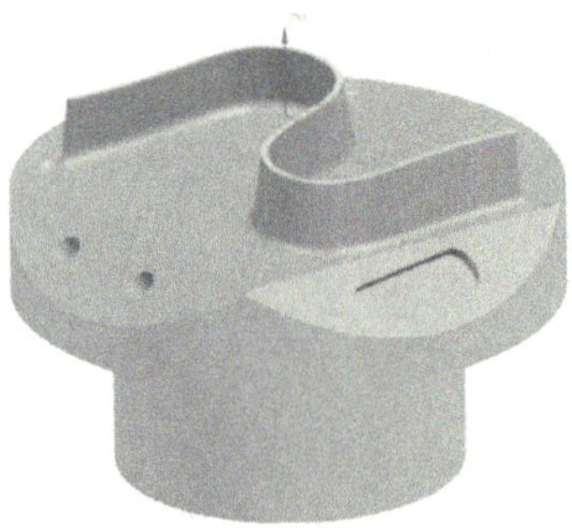

图 5-57　五轴定向钻孔加工仿真结果

任务评价

总结本次任务完成情况，填写表5-2，根据考核项目进行自评、互评和教师评价，完成任务评价。

表 5-2　任务评价表

考核项目与权重	考核内容	评价标准	自评	互评	教师评价
专业知识(20%)	(1)掌握斜面孔的加工方法(4分)	能利用所学知识生成合理的五轴加工刀具轨迹，每错误使用一个刀轨扣2分，扣完为止			
	(2)掌握五轴定向加工刀具轨迹的创建方法(8分)	刀轴的选择、面特征选择、参数设置合理，错误一处扣2分，扣完为止			
	(3)掌握S型面五轴联动加工刀具轨迹的创建方法(8分)	特征选择、参数设置合理，错误一处扣2分，扣完为止			
专业能力(30%)	(1)能够根据所学加工策略生成S试件的五轴加工刀具轨迹(10分)	方法有误或使用不合理的策略每处扣2分，扣完为止			
	(2)能够根据斜面上的元素结构，使用带IPW的底壁铣工序生成五轴定向加工刀具轨迹(10分)	特征选择、参数设置合理，错误一处扣2分，扣完为止			
	(3)能够根据S型面的特点选择合适的加工方法并完成刀轨生成(10分)	特征选择、参数设置合理，错误一处扣2分，扣完为止			
职业素养(20%)	(1)敬业守时、认真负责、踏实严谨、谦虚好学(5分)	迟到、早退、无故缺勤等，每次扣1分，扣完为止			
	(2)具有良好的团队合作精神，能热心帮助其他同学完成任务(5分)	不参加小组讨论每次扣1分，扣完为止			
	(3)能根据工作任务对资源进行合理分配，能正确控制、激励、协调小组工作全过程(5分)	根据对小组的引导、小组完成任务情况酌情扣分			
	(4)能准确、快速表达个人思想和见解，能灵活运用所学知识，有创造性(5分)	根据创意设计情况酌情扣分			

（续）

考核项目与权重	考核内容	评价标准	自评	互评	教师评价
任务总结（30%）	（1）能进行归纳总结，得出规律和指导性经验，技术文件完整、规范、条理清晰。在任务结束后，反思自己的任务完成情况和质量（10分）	根据任务总结情况酌情扣分			
	（2）安全、有效地完成任务中的每个要求（20分）	根据任务完成情况酌情扣分			
合计（自评占比40%，互评占比20%，教师评价占比40%）					
任务反思					

任务二　加工维纳斯雕像

任务描述

本任务加工维纳斯雕像。如图5-58所示，维纳斯雕像是常见的雕像类工件，选用圆棒料作为毛坯，采用五轴联动加工方法。先使用定向加工的方式去除大块余料，然后逐步清根，去除局部余料，最后进行精加工和其他部位的加工。通过本任务学习相关加工策略并生成相应的加工刀具轨迹。

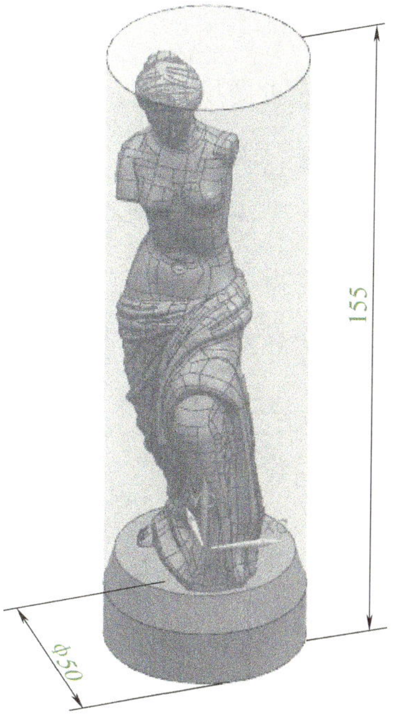

图5-58　维纳斯雕像

学习目标

【知识目标】

1. 掌握雕像类工件粗加工方法。
2. 掌握雕像类工件精加工驱动面的创建方法。
3. 掌握雕像类工件半精加工和精加工方法。
4. 掌握五轴定向加工方法在雕像类工件加工中的应用。

【能力目标】

1. 能够分析工件特征，制订维纳斯雕像的加工工艺。
2. 能够正确创建维纳斯雕像加工程序组及加工所需刀具。
3. 能够正确创建几何体，根据维纳斯雕像特点，合理选择坐标系原点，正确指定部件及毛坯几何体。
4. 能够创建维纳斯雕像的粗加工刀具轨迹。
5. 能够创建维纳斯雕像精加工所需的驱动面。

6. 能够创建维纳斯雕像的半精加工及精加工刀具轨迹。

7. 能够运用合适的加工策略创建雕像其他部位的加工刀具轨迹。

【素养目标】

1. 在编制五轴加工程序的过程中，培养学生勇于探索、不畏艰难的职业品质。

2. 在面对复杂五轴加工编程问题时，使学生养成互帮互助、共同进步的友善品质。

知识准备

五轴加工编程较三轴和四轴加工编程更为复杂。要想使用 UG NX 软件获得正确、合理的五轴加工程序，就要熟练掌握多轴加工工序，而多轴加工刀具轨迹主要通过控制刀轴矢量、刀位点投影矢量、驱动方法及其他相关加工工艺参数综合生成，因此必须熟练掌握相关基础知识。下面介绍驱动几何体、刀轴和投影矢量这几个重要概念。

1. 驱动几何体

驱动几何体是用来产生刀位点的辅助几何体，可以是工件本身的几何元素，也可以是绘制的几何体。在进行复杂工件曲面加工时，先在简单的驱动面上创建刀位点，再将这些刀位点按照指定方向投射到工件表面上，即可获得理想的刀具轨迹。驱动面的主要作用就是化繁为简，提高刀具轨迹质量，并且尽量使用简单的几何体。

2. 刀轴

刀轴是指刀具从刀尖指向刀柄方向的矢量。在 UG NX 软件的多种加工方法中，大多需要通过刀轴控制刀具相对于工件的位置状态。在加工过程中，根据刀轴矢量的不同，刀轴可以分为固定刀轴和可变刀轴。固定刀轴的铣削称为定轴铣削，该方式下加工过程中刀轴始终与刀轴矢量平行；可变刀轴铣削用于多轴加工，根据加工的需要，使刀轴矢量按照一定规律变化。表 5-3 所列为常见刀轴方式的含义及图示。

3. 投影矢量

投影矢量是指产生在驱动面上的刀位点如何投射到工件表面上从而生成真正的刀具轨迹。在选定加工区域之后，驱动是生成刀具轨迹的基础，而投影矢量决定了驱动按何种规则投射到工件表面上，进而产生刀具轨迹。投影矢量的类型及含义如下：

表 5-3　常见刀轴方式的含义及图示

刀轴方式	含义	图示
远离点	刀尖指向某个指定点，此点为所有刀轴的聚焦点	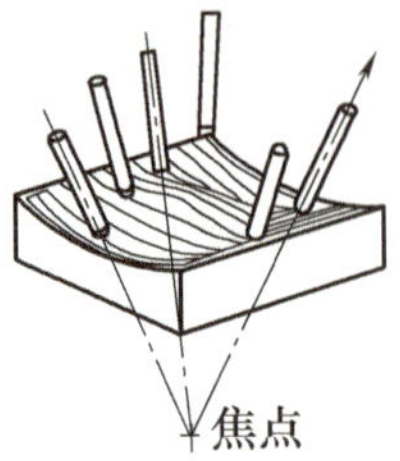

（续）

刀轴方式	含义	图示
朝向点	刀柄方向聚焦指向某一固定点	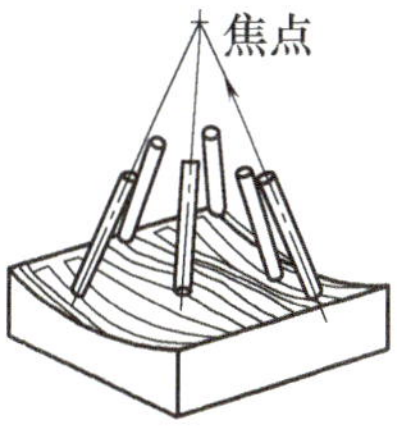
远离直线	指定一条直线作为刀轴矢量的聚焦线，刀轴矢量垂直于该直线，且从刀尖指向指定直线	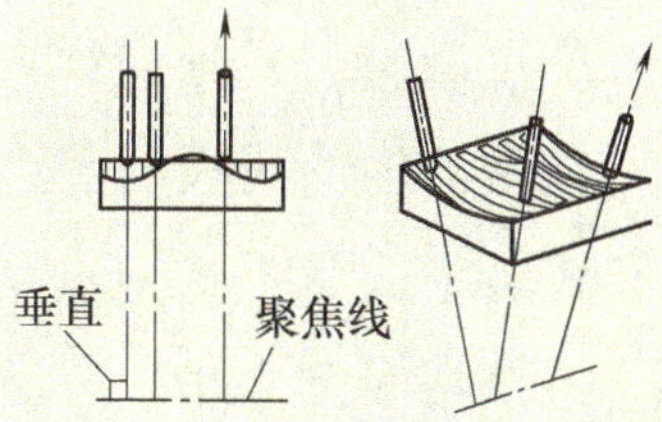
朝向直线	指定一条直线作为刀轴矢量的聚焦线，刀轴矢量垂直于该直线，且从刀柄指向指定直线	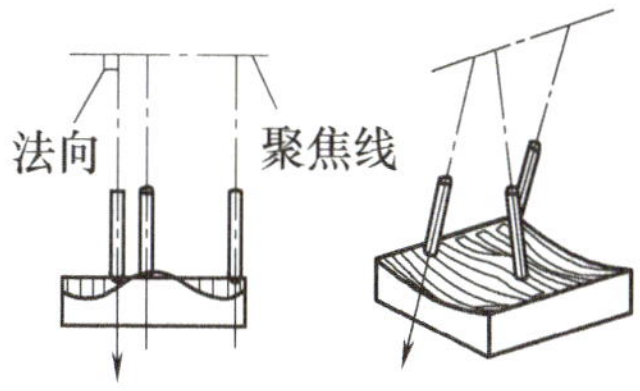
相对于矢量	通过定义相对于矢量的前倾角和侧倾角来确定刀轴方向	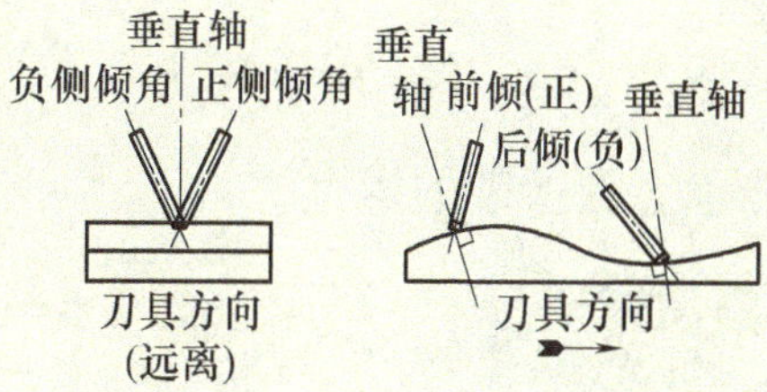
垂直于部件	刀轴矢量与部件表面垂直	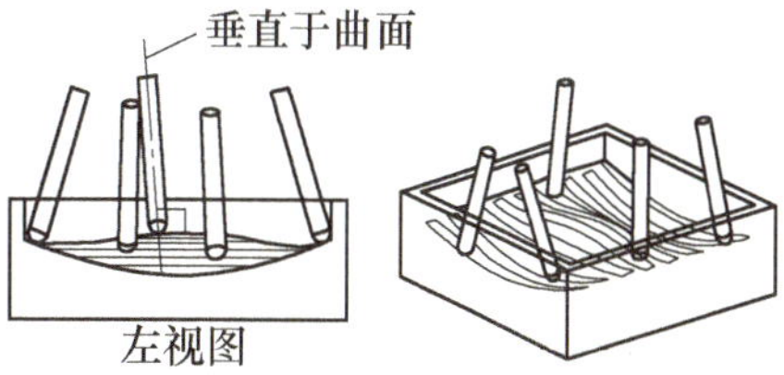
4轴，相对于部件	通过指定第四轴及其旋转角度、前倾角和侧倾角来定义刀轴矢量	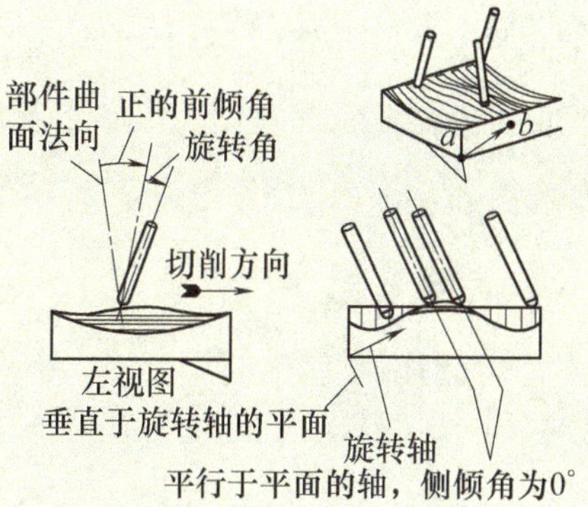

（续）

刀轴方式	含义	图示
侧刃驱动	用驱动面的直纹面来定义刀轴矢量，通过指定侧刃方向，用刀具的侧刃加工驱动面，刀尖加工工件表面	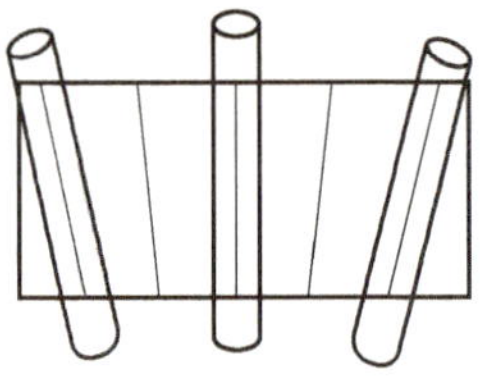

指定矢量：指定刀位点向工件表面投影的矢量方向。

刀轴：刀位点沿着刀具轴向投向工件表面。

刀轴向上：沿刀轴向上投射。

远离点：刀尖指向某个指定点。

朝向点：刀柄指向某个指定点。

远离直线：刀尖指向某条指定直线。

朝向直线：刀柄指向某条指定直线。

垂直于驱动体：投影矢量垂直于驱动体。

朝向驱动体：刀位点沿着最近的路径向部件表面投射。

任务准备

学习相关文档、视频等资料，打开计算机，启动 UG NX 软件，检查计算机及软件是否正常，准备上课所需的源文件。

任务实施

一、工件分析及工艺制订

1. 工件分析

如图 5-58 所示，维纳斯雕像外观形状复杂，且由较多片体组成，表面形状不规则，具有很多局部细节结构，三轴机床和四轴机床无法满足加工要求，需要用到五轴加工方法。对于五轴加工的工序安排，刀具干涉检查、加工效率及加工精度的保障都是工艺制订的难点。另外维纳斯雕像工件较长，在加工时顶端刚性较差，容易引起振动，因此在进行工件装夹和参数设置时要给予考虑。

2. 工艺方案

（1）毛坯选用　毛坯选用 2A12 铝合金棒料，尺寸为 ϕ50mm×155mm，由车床完成外圆及端面加工。

（2）刀具选择　根据工件的特征分析，确定维纳斯雕像的加工刀具，见表 5-4。

表 5-4　刀具清单

序号	名称	规格	材质	齿数
1	圆角铣刀	D12R1	硬质合金	4
2	圆角铣刀	D6R0.5	硬质合金	2
3	圆角铣刀	D4R0.5	硬质合金	2
4	球头铣刀	R3	硬质合金	4
5	球头铣刀	R2	硬质合金	2
6	球头铣刀	R1	硬质合金	2
7	球头铣刀(参考刀具)	R2.5		
8	球头铣刀(参考刀具)	R1.5		
9	圆角铣刀(参考刀具)	D8R1		

(3) 工件装夹　工件毛坯为圆棒料，因此使用自定心卡盘进行装夹。

(4) 加工策略　加工策略见表 5-5。

表 5-5　加工策略

序号	加工部位	加工工序	刀具规格名称	加工结果
1	一次开粗	型腔铣	D12R1 圆角铣刀	
2	二次开粗	型腔铣	D6R0.5 圆角铣刀	
3	三次开粗	型腔铣	D4R0.5 圆角铣刀	
4	半精加工及精加工	可变轮廓铣 固定轮廓铣	R3 球头铣刀	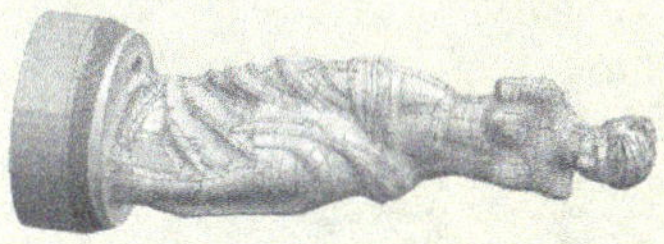
5	R2 刀清根加工	固定轮廓铣	R2 球头铣刀	
6	R1 刀清根加工	固定轮廓铣	R1 球头铣刀	

（续）

序号	加工部位	加工工序	刀具规格名称	加工结果
7	底座平面和倒角面加工	可变轮廓铣 固定轮廓铣	R2 球头铣刀 R3 球头铣刀	

二、编程准备

在 UG NX 软件中，打开维纳斯雕像模型源文件。在工具栏中单击【拉伸】命令按钮，选择雕像底面外圆，向上拉伸“155”，布尔运算选择“无”，单击【应用模块】→【加工】，进入加工环境。

坐标系的创建和几何体的选取

1. 创建几何体

（1）建立加工坐标系　双击模型坐标系，捕捉底座上表面圆心，将模型坐标系移动到此处，手动拖动 ZC 轴，使其旋转到 YC 轴与雕像头部前后方向大致平行的位置，如图 5-59 所示。按<Esc>键退出坐标系调整。

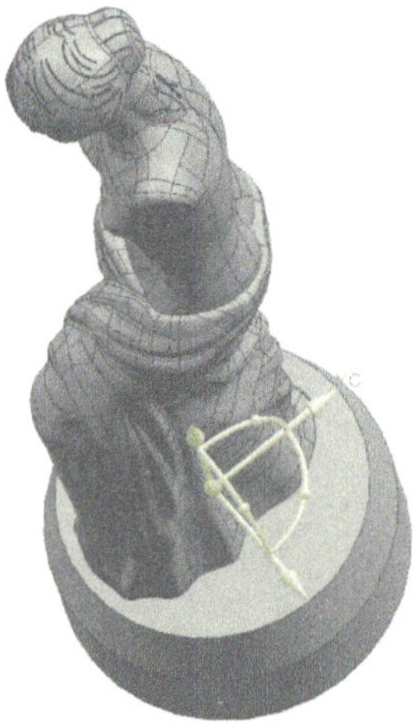

图 5-59　维纳斯雕像模型坐标系调整

单击【工序导航器】→【几何视图】，双击【MCS_MILL】，打开【坐标系】对话框，将【参考坐标系】设置为“WCS”。【安全设置选项】选为“圆柱”，【指定点】选择坐标系原点，【指定矢量】选择 Z 轴，【半径】设置为 35mm，单击【确定】按钮完成坐标系和安全平面设定。

（2）指定部件和毛坯几何体　双击【WORKPIECE】，打开【工件】对话框，【指定部件】选择维纳斯雕像，【指定毛坯】选择刚刚拉伸的圆柱，单击【确定】按钮，完成部件和毛坯几何体设定。

创建刀具和程序组

2. 创建刀具

根据表 5-4 所列刀具清单创建刀具。

3. 创建程序组

按照图 5-60 所示创建加工维纳斯雕像所用程序组。

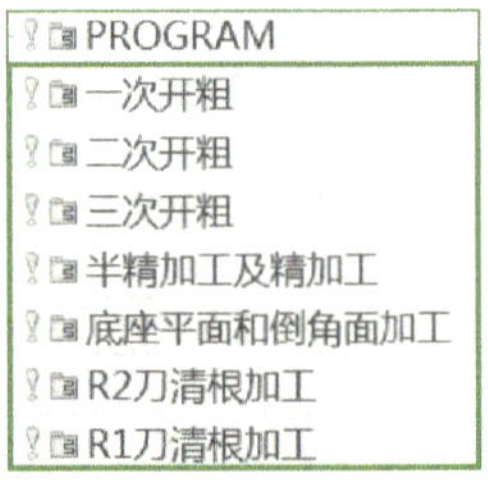

图 5-60　加工维纳斯雕像所用程序组

维纳斯雕像粗加工

三、创建程序

1. 一次开粗

（1）维纳斯雕像背面开粗

1）选择加工工序。在【程序顺序视图】下，用鼠标右键单击“一次开粗”程序组名称，在弹出的立即菜单中选择【插入】→【工序】，弹出【创建工序】对话框，【类型】选择“mill_contour”，【工序子类型】选择“型腔铣”，【位置】区域中的【程序】选择“一次开粗”，【刀具】选择“D12R1”，【几何体】选择“WORKPIECE”，其余默认，单击【确定】按钮。

2）选择加工区域。因为创建工序时已经选择了“WORKPIECE”，此时不需要再单独指定切削区域。

3）设置加工参数。在【型腔铣】对话框中，设置【刀轴】指定矢量，单击【指定矢量】后面的【矢量】按钮，【类型】选择“XC 轴”，如图 5-61 所示。【切削模式】选择“跟随周边”，【公共每刀切削深度】为“恒定”，【最大距离】为“0.5”。

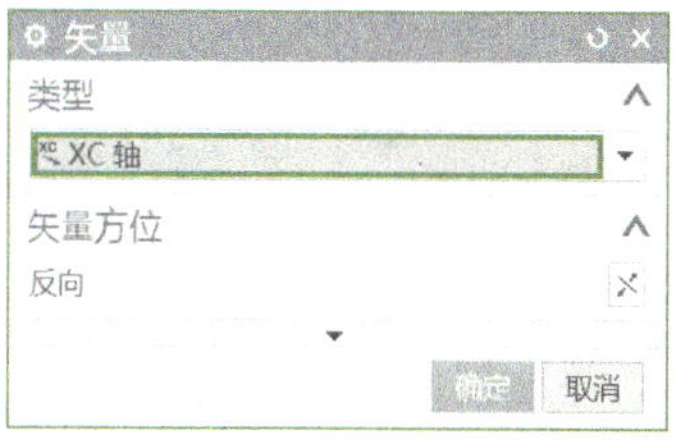

图 5-61　【矢量】对话框

4）设置切削层参数。单击【切削层】按钮，弹出【切削层】对话框，【范围定义】中的【范围深度】设置为“37”，使得切削加工时刀具下切深度能够到达雕像鼻子的轮廓深度，单击【确定】按钮返回【型腔铣】对话框。

5）设置切削参数。单击【切削参数】按钮，弹出【切削参数】对话框，在【策略】选项卡中，设置【刀路方向】为“向内”，勾选【岛清根】；在【余量】选项卡中，设置【部件侧面余量】为“0.3”，单击【确定】按钮返回【型腔铣】对话框。

6）设置非切削移动。单击【非切削移动】按钮，弹出【非切削移动】对话框，根据需要设置相关参数，本工序可以使用默认参数。

7）设置进给率和速度。单击【进给率和速度】按钮，弹出【进给率和速度】对话框，设置【主轴转速】为“5000”，【进给率】中的【切削】为“2000”，单位选择“mmpm”，单击【确定】按钮返回【型腔】对话框。

8）生成刀具轨迹。单击【创建工序】对话框中的【生成】按钮，生成刀具轨迹，如图 5-62 所示。

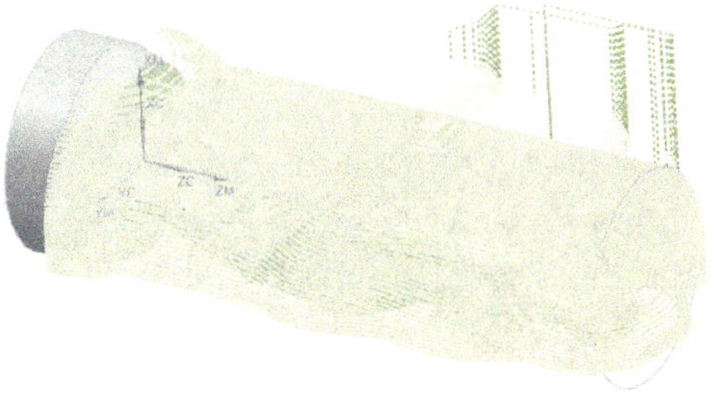

图 5-62　维纳斯雕像背面一次开粗刀具轨迹

（2）维纳斯雕像正面开粗

1）复制背面开粗程序，内部粘贴到【一次开粗】程序组。

2）双击复制的程序，打开【型腔铣】对话框，单击【指定矢量】后面的反向按钮，再单击【生成】按钮，完成雕像一次开粗程序的创建，正、反两面的刀具轨迹如图 5-63 所示，图 5-64 所示为一次开粗仿真结果。

图 5-63　一次开粗刀具轨迹

图 5-64　一次开粗仿真结果

维纳斯雕像二次开粗和三次开粗

2. 二次开粗

使用 D6R0.5 刀具进行二次开粗。复制一次开粗的两个型腔铣程序，内部粘贴到“二次开粗”程序组下，修改刀具为 D6R0.5 圆角铣刀，加工参数略做调整，重新生成刀具轨迹。图 5-65 所示为二次开粗刀具轨迹，图 5-66 所示为二次开粗仿真结果。

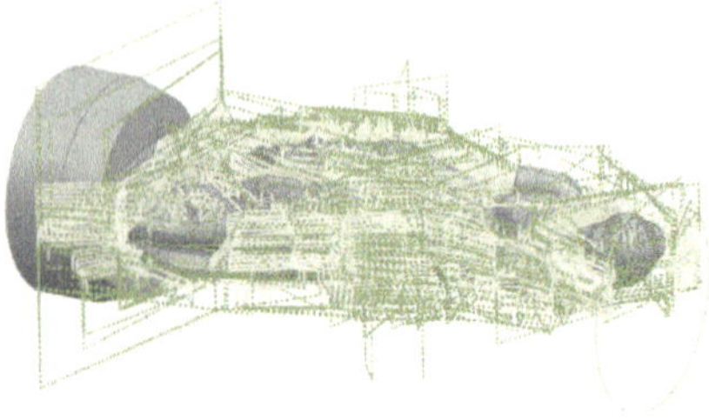

图 5-65　二次开粗刀具轨迹

图 5-66　二次开粗仿真结果

3. 三次开粗

使用 D4R0.5 刀具进行三次开粗，进一步去除余料。复制二次开粗的两个型腔铣程序，内部粘贴到“三次开粗”程序组下，修改刀具为 D4R0.5 圆角铣刀，调整加工参数，重新生成刀具轨迹。图 5-67 所示为三次开粗刀具轨迹，图 5-68 所示为三次开粗仿真结果。

【专家点拨】

维纳斯雕像的开粗加工，使用了尺寸依次减小的三把刀具，后续加工在前次加工的基础上进一步去除余料，需要把前次加工使用的刀具作为参考刀具生成加工刀具轨迹，三次开粗均保留 0.3mm 的余量，以保证精加工余量均匀。

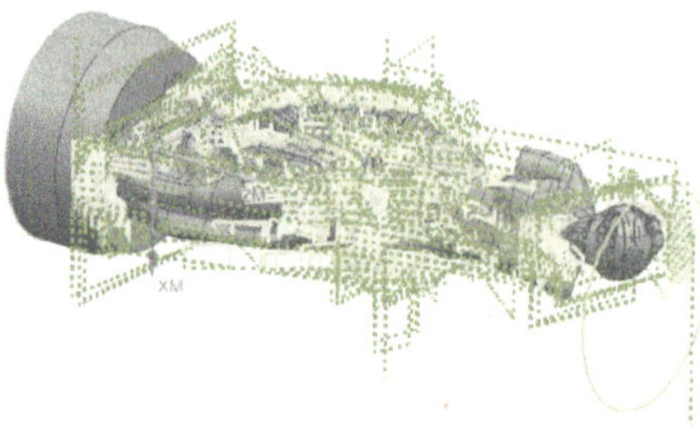

图 5-67　三次开粗刀具轨迹

图 5-68　三次开粗仿真结果

4. 半精加工及精加工

驱动面创建

（1）创建辅助曲面

1）在雕像最高点绘制点。进入建模环境，单击【菜单】→【插入】→【等斜度曲线】，弹出【等斜度曲线】对话框，【面】选择雕像头顶最上面的曲面片体，单击矢量 XC，曲面片体上出现预览曲线，单击【应用】按钮，再次选择曲面，【矢量】选择“YC”，单击【应用】按钮，则得到相交的两条曲线，在交点处绘制点，如图 5-69 所示。

2）绘制截面线。

① 绘制第一截面。双击模型坐标系，单击刚刚绘制的点，将模型坐标系移动到此处，再单击 Z 轴，在【距离】处输入“-1”，则坐标系向下移动 1mm，按<Esc>键退出。在此坐标系的 XY 平面内绘制整圆，直径为 8mm。

② 绘制第二截面。单击【菜单】→【插入】→【偏置/缩放】→【包容体】，在打开的【包容体】对话框中，【类型】选择“圆柱”，选择维纳斯腰部的一圈小片体，生成如图 5-70 所示的圆柱，单击【应用】按钮退出对话框。

单击【菜单】→【插入】→【派生曲线】→【等参数曲线】，弹出【等参数曲线】对话框，如图 5-70 所示，设置【方向】为“V”，【位置】为“均匀”，【数量】为“3”，单击圆柱面，再单击【应用】按钮，生成等参数曲线并退出对话框。

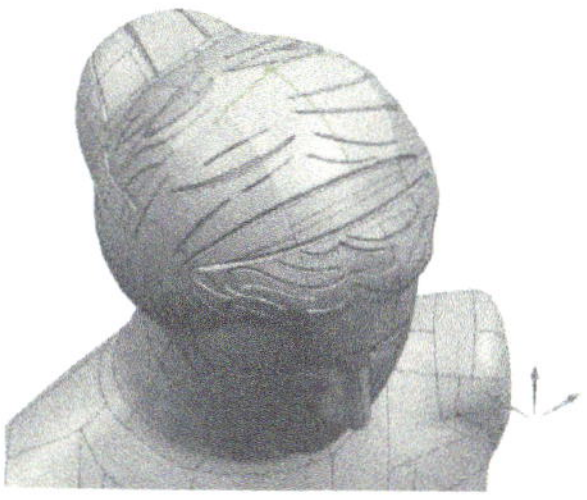

图 5-69 绘制等斜度线和点

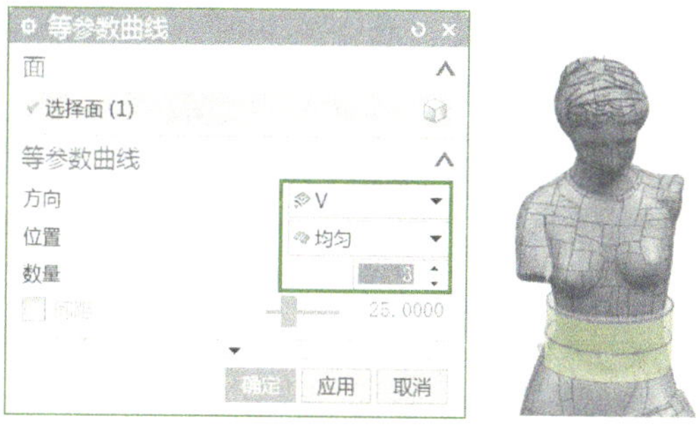

图 5-70 等参数曲线

单击【菜单】→【编辑】→【特征】→【移除参数】，单击刚刚生成的三条曲线的中间一条，则移除了圆柱及曲线的参数，隐藏圆柱，并将上、下两个圆删除。

③ 绘制第三截面。打开【偏置曲线】对话框，距离设置为 0，选择底座上表面边线，单击【应用】按钮，生成第三截面。

3）在截面上创建点。将模型坐标系移动至第一个截面圆中心，单击【插入】→【派生曲线】→【截面】，弹出【截面曲线】对话框，如图 5-71 所示，先按默认平面 XC，单击圆，再单击【应用】按钮，绘制完两点，再指定平面 YC，选择圆，单击【应用】按钮，生成另外两个点，退出对话框。按此方法在另外两个截面上绘制点，用于下一步创建曲面时的捕捉特征点。

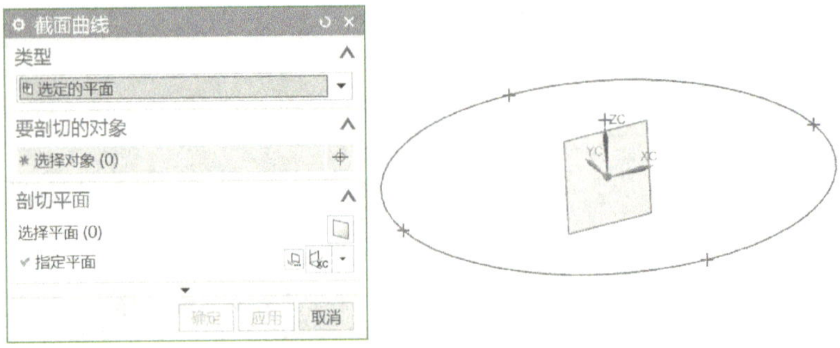

图 5-71　在截面曲线上绘制点

4）绘制样条线。单击【艺术样条】图标按钮，依次连接最高点及三个截面同一方向上的点，在四个方向绘制样条线。通过调整样条线底部控制点的约束来调整样条线形状，使其平滑光顺，如图 5-72 所示。

5）生成网格曲面。单击【菜单】→【插入】→【网格曲面】→【通过曲线网格】，弹出对话框，首先选择主曲线，在圆周方向依次按 1-2-3-4-1 的顺序单击样条线，每单击一条，按一下鼠标滚轮，或是单击一下添加新集按钮，然后【交叉曲线】选择“从上至下”，在相同的方位选择三个截面，每选择一个截面，按一下鼠标滚轮，生成如图 5-73 所示曲面。

【专家点拨】

辅助曲面的创建质量会影响后续作为驱动面生成的刀具轨迹，曲面应尽量光顺，形状大致与模型一致。对于网格曲面，控制曲面形状的曲线起决定性作用。本任务主曲线的样条线绘制是难点，通过调整控制点来调整样条线形状，使其大致符合工件形状且光顺。另外，交叉曲线的圆的四周要绘制相应点，以便于绘制样条线时选取。

维纳斯雕像半精加工和精加工及头顶加工

（2）半精加工　维纳斯雕像的半精加工需要使用五轴加工方法——可变轮廓铣，工步内容及参数设置见表 5-6。

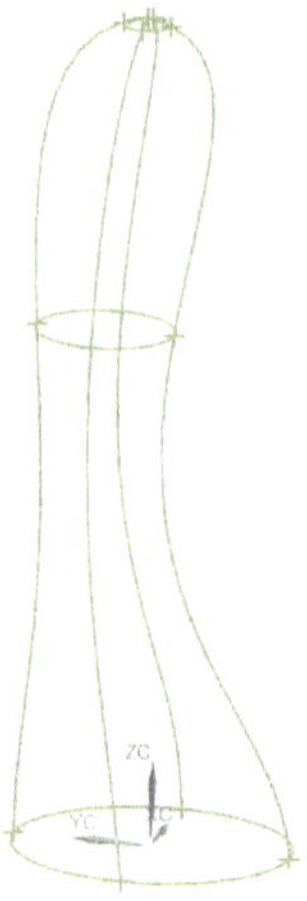

图 5-72　绘制样条线

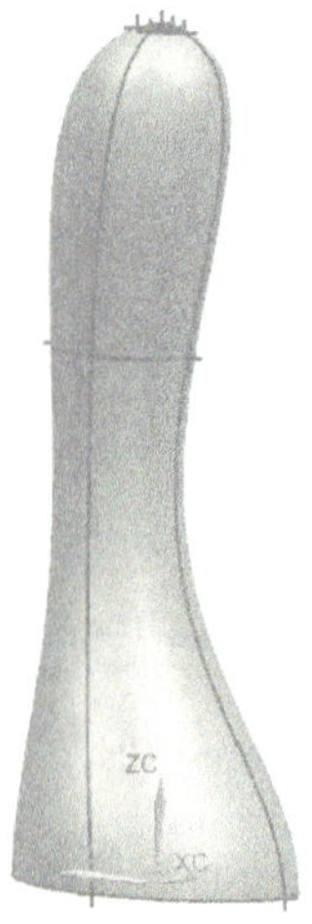

图 5-73　生成网格曲面

表 5-6　半精加工工步内容及参数设置

工步内容	参数设置及图示
选择加工工艺	“可变轮廓铣” 【程序】:半精加工及精加工 【刀具】:R3 球头铣刀 【几何体】:WORKPIECE 【方法】:METHOD 【名称】:半精加工
选择加工区域	【部件】:维纳斯雕像,不必单独选
设置加工参数	【驱动方法】:曲面区域,曲面选择新创建的网格曲面,切削方向按下图选择  【切削模式】:螺旋 【步距】:残余高度 0.05mm 【投影矢量】:刀轴 【刀轴】:垂直于驱动体
设置切削参数	在【余量】选项卡中,【部件余量】和【检查余量】均设为“0.15”
设置非切削移动	按默认参数
设置进给率和速度	【主轴转速】:8000 【进给率】中的【切削】:2000 其余默认
生成刀具轨迹	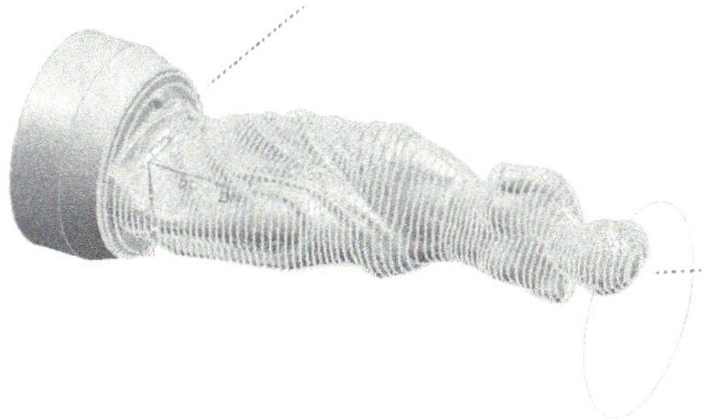
仿真确认结果	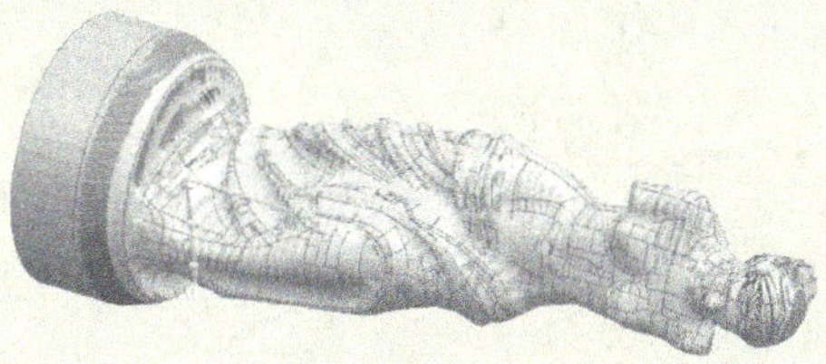

（3）精加工　精加工时，直接复制粘贴半精加工程序，设置【加工余量】为“0”，【残余高度】为“0.003”，【主轴转速】为“8000”，【进给率】中的【切削】为“2000”，生成刀具轨迹并仿真，如图 5-74 和图 5-75 所示。

（4）头顶加工　头顶未加工的地方使用“固定轮廓铣”加工，刀具选用 R3 球头铣刀，【驱动方法】选择区域铣削，【刀轴】选择 Z 向，【指定切削区域】选择头顶曲面片体，【指定修剪边界】选择绘制的圆，如图 5-76 所示。

图 5-74　精加工刀具轨迹

图 5-75　精加工仿真结果

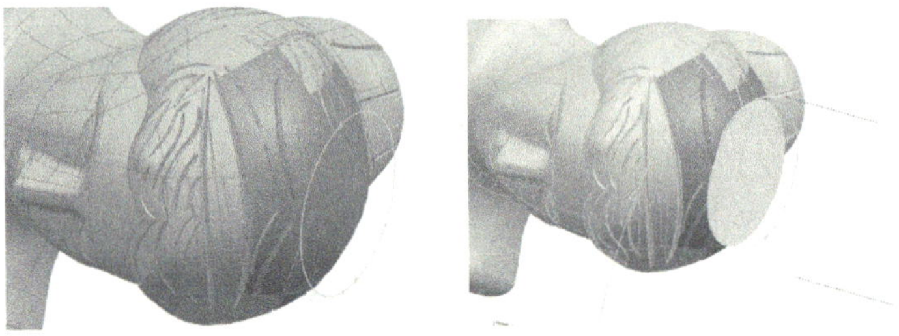

图 5-76　头顶加工驱动面及刀具轨迹

5. R2 刀清根加工

维纳斯雕像清根加工

（1）第一面清根加工　使用“固定轮廓铣”进行清根加工，操作步骤如下：

1）在【固定轮廓铣】对话框中单击【几何体】→【指定切削区域】，选择切削区域如图 5-77 所示。

2）【刀具】选择 R2 球头铣刀。

3）【驱动方法】选择“清根”，【非陡峭切削】中的【步距】为 0.08mm，【参考刀具】选择 R2.5 球头铣刀，【重叠距离】为“0.3”。

4）单击【刀轴】→【轴】→【矢量】按钮，在弹出的【矢量】对话框中，【类型】选择 XC 轴，选择反向，单击【确定】按钮返回【固定轮廓铣】对话框。

5）在【切削参数】对话框的【余量】选项卡中，各余量均设置为 0，内、外公差均设置为 0.01mm。

6）在【非切削移动】对话框的【光顺】选项卡中，勾选【替代为光顺连接】。

7）单击【生成】按钮生成清根刀具轨迹，如图 5-78 所示。

图 5-77　清根加工指定切削区域

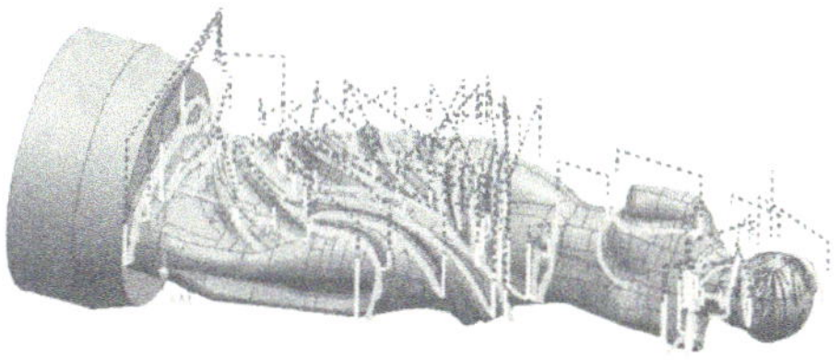

图 5-78　XC 反向清根刀具轨迹

（2）生成其余各面清根刀具轨迹　将刚刚生成的清根程序复制粘贴三次，内部粘贴到“R2 刀清根加工”程序组，刀轴矢量依次选择 XC 轴、YC 轴、YC 轴反向，生成全部一次清根刀具轨迹，如图 5-79 所示。

6. R1 刀清根加工

复制 R2 刀清根加工的四个程序并内部粘贴到“R1 刀清根加工”程序组，分别修改各程序的加工刀具为 R1 球头铣刀，参考刀具为 R1.5 球头铣刀，生成如图 5-80 所示刀具轨迹。

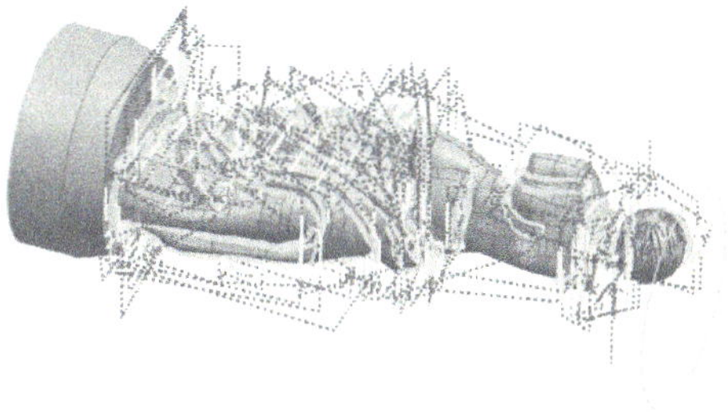

图 5-79　R2 刀清根加工刀具轨迹

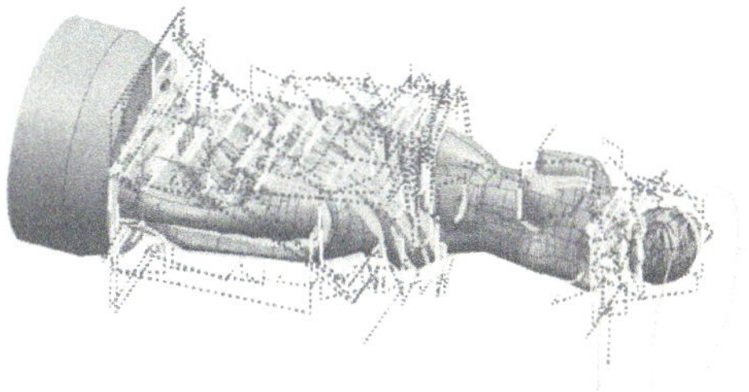

图 5-80　R1 刀清根加工刀具轨迹

7. 底座平面和倒角面加工

其余部位加工

（1）底座平面加工　底座平面选用“固定轮廓铣”加工，但是刀轴方向需要特殊选择，在 XZ 平面绘制两条如图 5-81 所示的直线。刀具选择 R2 球头铣刀，【指定切削区域】选择底座上表面。【驱动方法】选择区域铣削，【刀轴指定矢量】先选择其中一条直线，生成刀具轨迹，然后复制程序，将刀轴矢量改为另一直线并生成刀具轨迹。

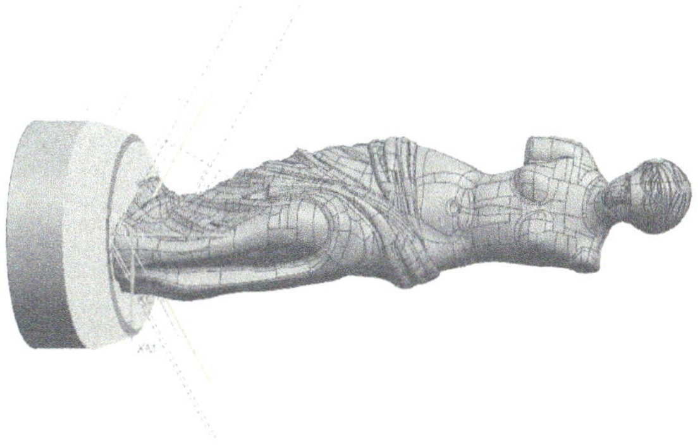

图 5-81　底座平面加工

【专家点拨】

该维纳斯雕像底座平面的加工不必使用五轴联动，可以使用相对简单的五轴定向加工，但需先绘制与底座轴线具有合理夹角的直线，用于确定固定轮廓铣的刀轴矢量，既要避免加工过程中刀具与工件的干涉，又要保证刀具能够加工到底座全部表面。

（2）倒角面加工　倒角面选用“可变轮廓铣”加工，刀具选用 R3 球头铣刀，切削区域是倒角面，【驱动方法】选择“曲面区域”，【投影矢量】选择“刀轴”，【刀轴】选择“垂直于驱动体”。倒角面加工刀具轨迹如图 5-82 所示。

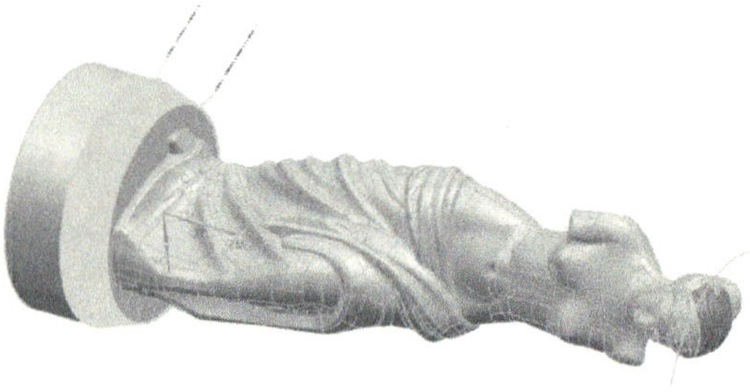

图 5-82　倒角面加工刀具轨迹

至此，完成维纳斯雕像加工程序的创建。

任务评价

总结本次任务完成情况，填写表 5-7，根据考核项目进行自评、互评和教师评价，完成任务评价。

表 5-7　任务评价表

考核项目与权重	考核内容	评价标准	自评	互评	教师评价
专业知识(20%)	(1)掌握 UG NX 五轴定向粗加工方法(6 分)	能利用所学知识生成合理的五轴粗加工刀具轨迹，错误一处扣 1 分，扣完为止			
	(2)掌握维纳斯雕像精加工驱动面的创建方法(6 分)	曲线创建、曲面生成合理，错误一处扣 1 分，扣完为止			
	(3)掌握维纳斯雕像半精加工和精加工方法(8 分)	特征选择、参数设置合理，错误一处扣 1 分，扣完为止			
专业能力(30%)	(1)能够根据所学加工策略生成维纳斯雕像粗加工刀具轨迹(10 分)	方法有误或使用不合理的策略每处扣 2 分，扣完为止			
	(2)能够创建五轴精加工所需的驱动面并生成精加工刀具轨迹(10 分)	特征选择、参数设置合理，错误一处扣 1 分，扣完为止			
	(3)能够使用定向加工的方法生成维纳斯雕像其他部位的刀具轨迹(10 分)	特征选择、参数设置合理，错误一处扣 1 分，扣完为止			
职业素养(20%)	(1)敬业守时、认真负责、踏实严谨、谦虚好学(5 分)	迟到、早退、无故缺勤等，每次扣 1 分，扣完为止			
	(2)具有良好的团队合作精神，能热心帮助其他同学完成任务(5 分)	不参加小组讨论每次扣 1 分，扣完为止			
	(3)能根据工作任务对资源进行合理分配，能正确控制、激励、协调小组工作全过程(5 分)	根据对小组的引导、小组完成任务情况酌情扣分			
	(4)能准确、快速表达个人思想和见解，能灵活运用所学知识，有创造性(5 分)	根据创意设计情况酌情扣分			

（续）

考核项目与权重	考核内容	评价标准	自评	互评	教师评价
任务总结（30%）	（1）能进行归纳总结，得出规律和指导性经验，技术文件完整、规范、条理清晰。在任务结束后，反思自己的任务完成情况和质量（10 分）	根据任务总结情况酌情扣分			
	（2）安全、有效地完成任务中的每个要求（20 分）	根据任务完成情况酌情扣分			
合计（自评占比 40%，互评占比 20%，教师评价占比 40%）					
任务反思					

任务三　加工叶轮

任务描述

本任务加工叶轮（图 5-83）。叶轮加工是五轴联动加工中典型的案例，这里选用圆棒料作为毛坯，以顶面圆心作为定位基准，采用五轴机床加工。本任务学习使用 UG NX CAM 软件中的叶轮模块进行编程加工，同时学习常见叶轮的结构、关键参数设置及注意事项。

图 5-83　叶轮

学习目标

【知识目标】

1. 了解叶轮各个结构元素的名称。
2. 掌握叶轮模块中几何体的创建和设置方法。
3. 掌握叶轮粗加工刀具轨迹的创建方法。
4. 掌握叶轮各个结构元素精加工刀具轨迹的创建方法。

【能力目标】

1. 能够分析工件特征，制订叶轮的加工工艺。
2. 能够正确创建叶轮加工程序组及加工所需刀具。
3. 能够正确创建叶轮模块的几何体和多叶片几何体。
4. 能够使用叶轮模块的粗加工工序进行编程，生成刀具轨迹，并进行刀具轨迹仿真。

5. 能够使用叶轮模块的各种精加工工序进行编程，生成刀具轨迹，并进行刀具轨迹仿真。

6. 能够使用变换指令，将编好的程序按需进行变换操作。

【素养目标】

1. 在五轴加工程序的编制过程中，培养学生知识迁移的意识和能力。

2. 了解五轴机床给生产带来的效率提升，提高使用先进装备和生产工艺解决实际加工问题的能力。

知识准备

1. 叶轮元素

叶轮的主要元素包括包覆、轮毂（叶毂）、主叶片、分流叶片和叶根圆角等，如图5-84所示。

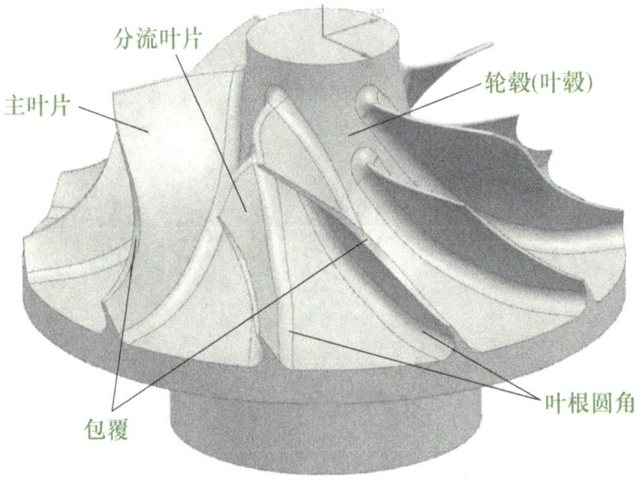

图5-84 叶轮元素名称

2. 叶轮加工模块

该任务通过叶轮加工模块来介绍叶轮编程方法。该模块是针对叶轮加工而设计的，可以通过少量的辅助操作和参数设置，安全高效地对叶轮类工件进行编程。此模块除了包含前文所介绍的参数外，还有一些叶轮的特有参数，如多叶片几何体的参数等。

任务准备

学习相关文档、视频等资料，打开计算机，启动UG NX软件，检查计算机及软件是否正常，准备上课所需的源文件。

任务实施

一、工件分析及工艺制订

1. 工件分析

该工件是经典的叶轮造型，整体为圆柱或圆锥体，结构元素包括主叶片、分流叶片、轮毂和叶根圆角四部分，并且这些元素均为曲面造型。

2. 工艺方案

（1）毛坯选用　选择直径为120mm、长度为80mm的铝制圆棒料作为毛坯。为了提高加工效率，先车削加工成图 5-85 所示的形状，再通过五轴机床的多轴联动功能完成加工。

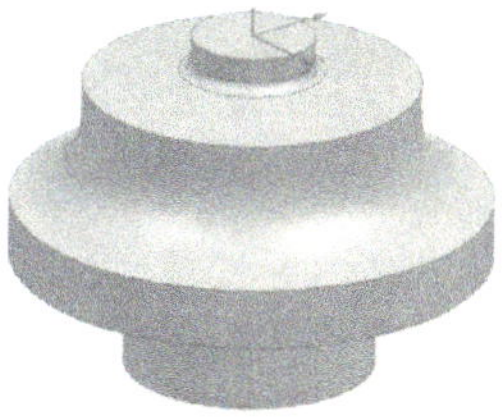

图 5-85　毛坯

（2）刀具选择　该叶轮的结构较为常见，需要加工的元素大致可分为三部分：叶片部分、轮毂部分和叶根圆角部分，而这些元素均为曲面造型。因此，首先使用 R3 锥度球头铣刀对叶轮整体进行粗加工，再使用 R3 锥度球头铣刀对叶片、轮毂部分进行精加工，最后使用 R2 锥度球头铣刀对叶根圆角部分进行精加工。

（3）工件装夹　该工件整体为圆柱体，考虑到工件坐标系原点设置在工件顶部圆心位置，并便于定位装夹，故选择自定义卡盘进行装夹。

（4）加工策略　加工策略见表 5-8。

表 5-8　加工策略

序号	加工部位	加工工序	刀具规格名称	加工结果
1	两主叶片之间区域	叶片粗铣	R3 锥度球头铣刀	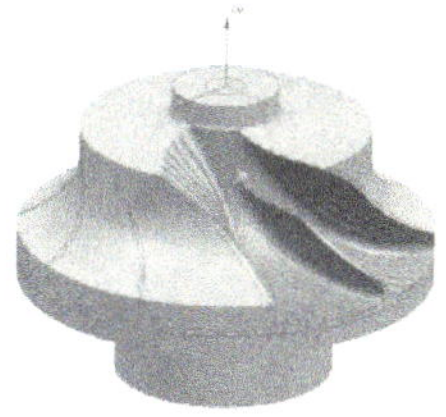
2	轮毂	轮毂精铣	R3 锥度球头铣刀	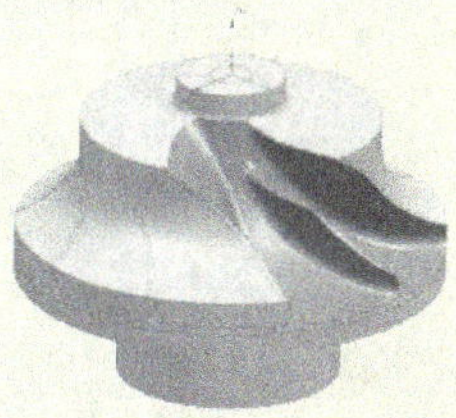
3	主叶片	叶片精铣	R3 锥度球头铣刀	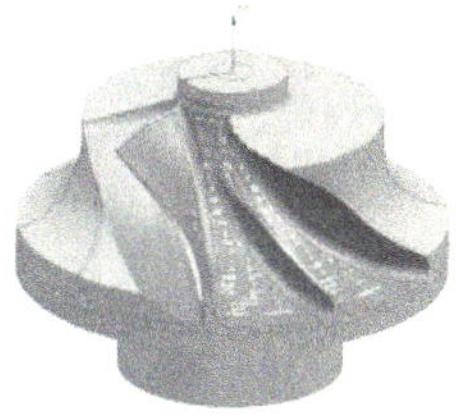
4	分流叶片	叶片精铣	R3 锥度球头铣刀	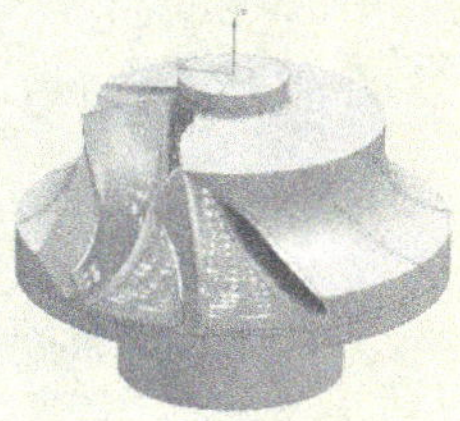

（续）

序号	加工部位	加工工序	刀具规格名称	加工结果
5	主叶片叶根圆角	叶根圆角精铣	R2 锥度球头铣刀	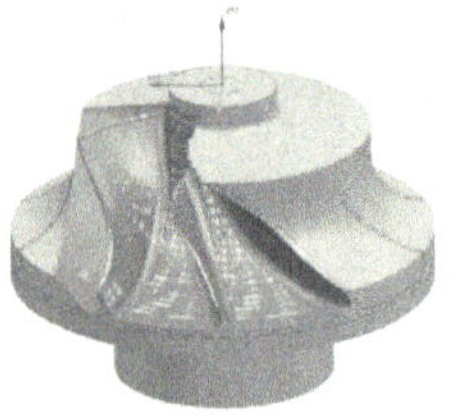
6	分流叶片叶根圆角	叶根圆角精铣	R2 锥度球头铣刀	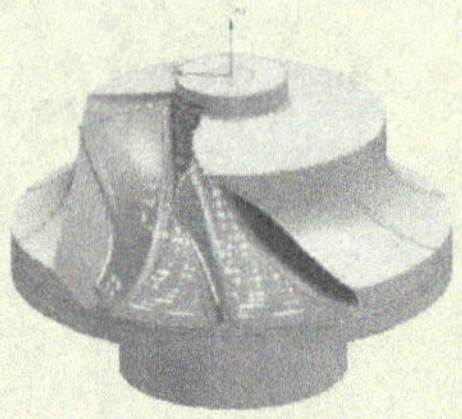

二、编程准备

1. 进入加工模块

1）打开模型源文件，如图 5-86 所示。

2）进入加工环境。在【应用模块】功能选项卡的加工区域单击【加工】按钮，系统弹出【加工环境】对话框，如图 5-87 所示。在【加工环境】对话框的【CAM 会话配置】列表中选择“cam_general”，在【要创建的 CAM 组装】列表中选择“mill_multi_blade”，单击【确定】按钮，进入加工环境。

图 5-86 叶轮模型

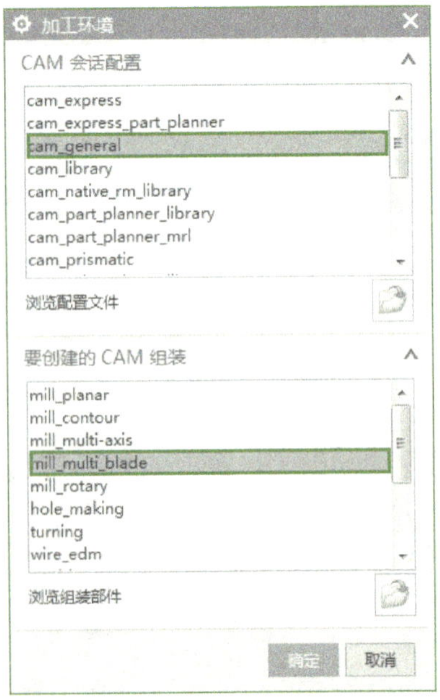

图 5-87 【加工环境】对话框

2. 创建几何体

加工叶轮—创建几何体

（1）设置机床坐标系　单击【几何视图】按钮，双击 MCS 坐标系，弹出【MCS 铣削】对话框，设置机床坐标系原点在叶轮顶部圆心位置，如图 5-88 所示。

（2）创建安全平面　在【MCS 铣削】对话框【安全设置】区域的【安全设置选项】列表中选择“圆柱”，【指定点】设置在坐标系原点，【指定矢量】设置为坐标系 Z+方向，【半径】输入 70mm，单击【显示】，单击【确定】按钮，创建安全平面，如图 5-89 所示。

（3）指定部件和毛坯几何体　双击 WORKPIECE，在弹出的【工件】对话框中单击【指定部件】按钮，弹出【部件几何体】对话框，单击叶轮模型，单击【确定】按钮，完成部件几何体的设置；单击【指定毛坯】按钮，在【毛坯几何体】对话框的【类型】列表中选择“几何体”，选取毛坯，单击【确定】按钮，完成毛坯几何体的设置，返回【工件】对话框，单击【确定】按钮，再次单击 WORKPIECE，指定部件和毛坯几何体，如图 5-90 所示。

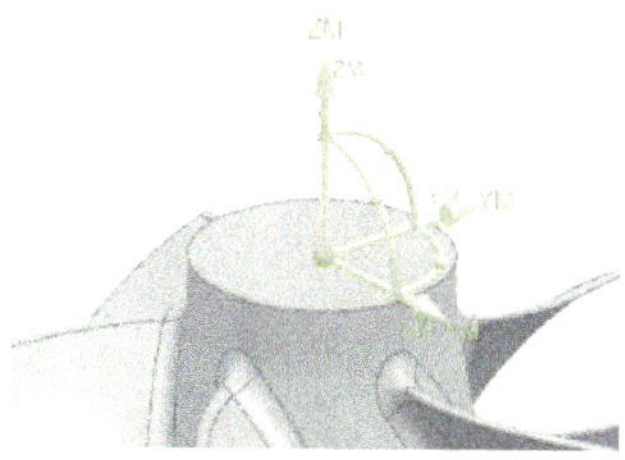

图 5-88　设置机床坐标系

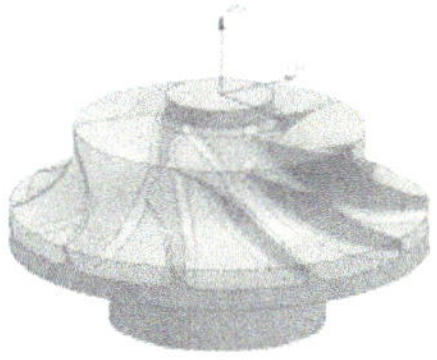

图 5-89　创建安全平面

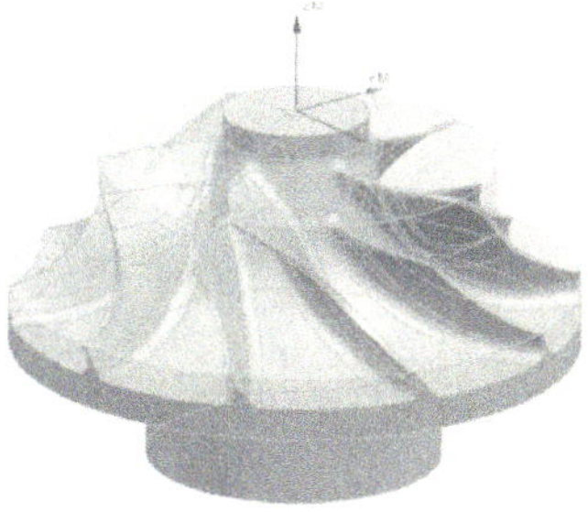

图 5-90　指定部件和毛坯几何体

（4）设置多叶片几何体　为了方便设置，将毛坯隐藏，再双击 MULTI_BLADE_GEOM，弹出【多叶片几何体】对话框，单击【指定轮毂】按钮，选择叶轮上的轮毂，单击【确定】按钮；单击【指定包覆】按钮，选择叶轮上的包覆，单击【确定】按钮；单击【指定叶片】按钮，选择叶轮上的主叶片，单击【确定】按钮；单击【指定叶根圆角】按钮，选择叶轮上主叶片的叶根圆角，单击【确定】按钮；单击【指定分流叶片】按钮，选择叶轮上的分流叶片及叶根圆角，单击【确定】按钮；【叶片总数】设置为“5”，单击【确定】按钮，各指定元素如图 5-91 所示。

3. 创建刀具

单击【工序导航器】中的【机床视图】按钮，单击【创建刀具】按钮，在弹出的【创建刀具】对话框中输入刀具名称“B12R3”，单击按钮，弹出【铣刀-球头铣】对话框，修改参数如图 5-92 所示；同理，创建第二把刀具，刀具名称为“B6R2”，修改参数

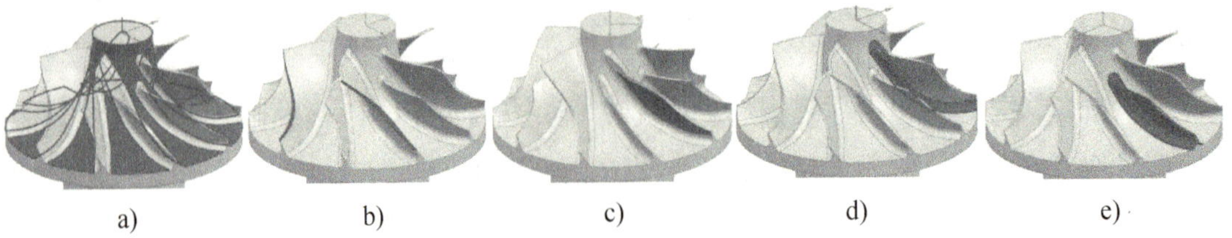

图 5-91　叶轮元素

a）轮毂　b）包覆　c）主叶片　d）叶根圆角　e）分流叶片

如图 5-93 所示。

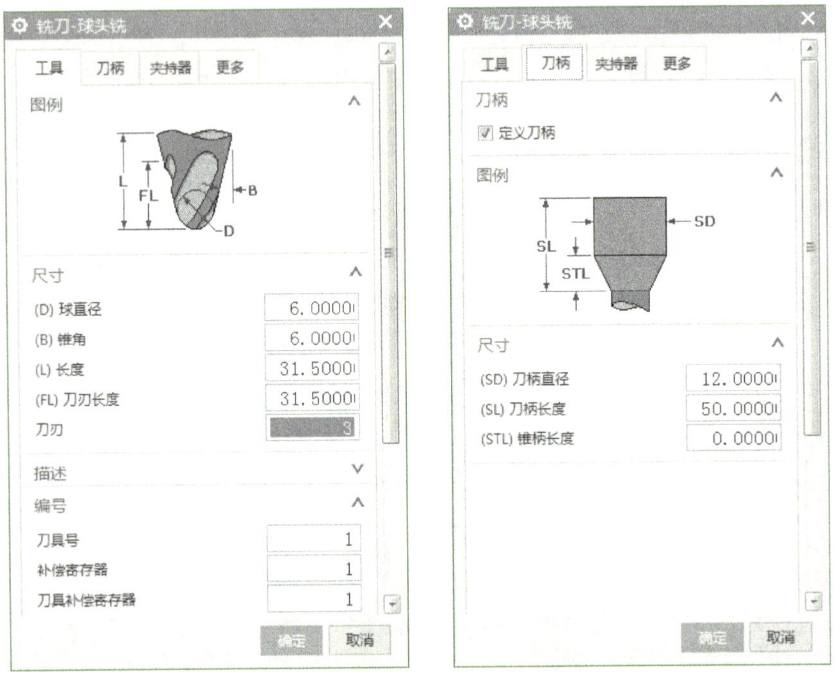

图 5-92　刀具“B12R3”的参数设置

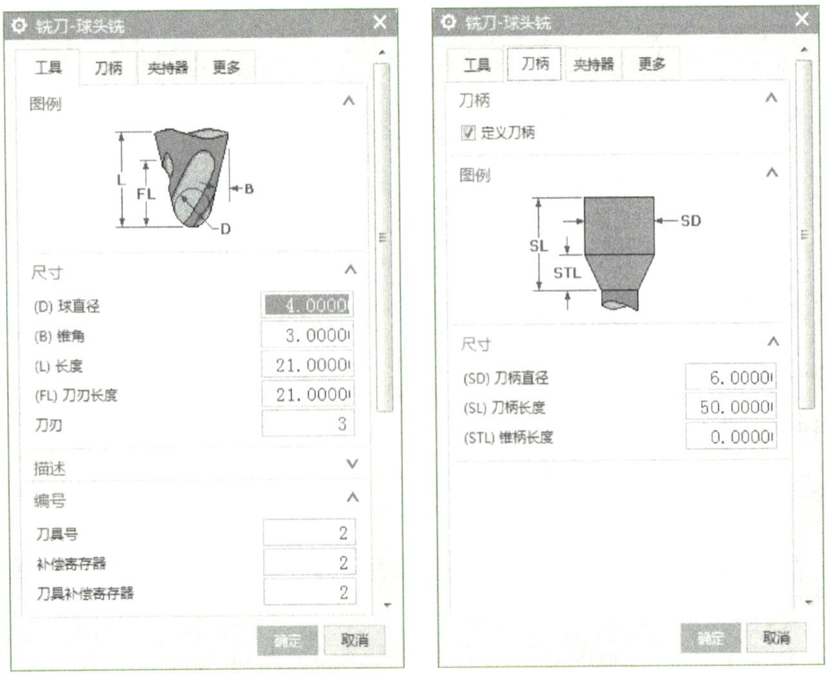

图 5-93　刀具“B6R2”的参数设置

4. 创建程序组

在【程序顺序视图】中，单击【菜单】→【插入】→【程序】，在打开的【创建程序】对话框中输入程序名称为“整体粗加工”，如图 5-94 所示，单击【确定】按钮。同理，分别创建程序名称为“叶毂精加工”“主叶片精加工”“分流叶片精加工”“主叶根圆角精加工”和“分流叶根圆角精加工”的程序组，完成后如图 5-95 所示。

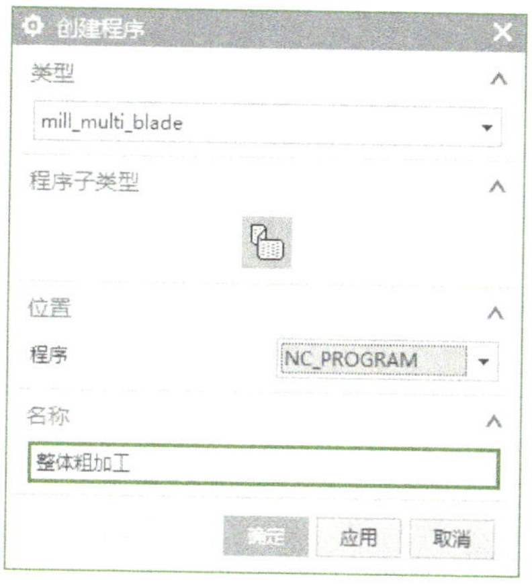

图 5-94　创建程序

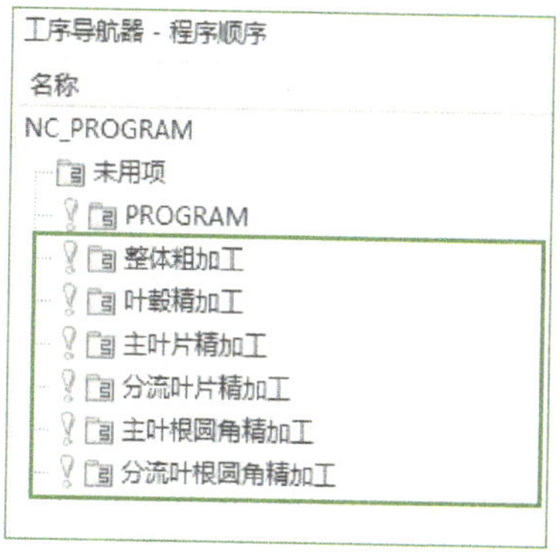

图 5-95　程序顺序视图

三、创建程序

创建叶片粗加工程序

1. 创建叶片粗加工程序

（1）插入叶片粗加工工序　单击【创建工序】按钮，弹出【创建工序】对话框，【类型】选择“mill_multi_blade”，【工序子类型】选择“叶片粗铣”，【位置】区域中的【程序】选择“整体粗加工”，【刀具】选择“B12R3”，【几何体】选择“MULTI_BLADE_GEOM”，如图 5-96 所示。单击【确定】按钮，弹出【叶轮粗铣】对话框，如图 5-97 所示。

（2）设置叶片粗加工驱动方法　在【叶轮粗铣】对话框的【驱动方法】中单击【叶片粗加工】按钮，进入【叶片粗加工驱动方法】对话框，参数设置如图 5-98 所示，单击【确定】按钮。

【专家点拨】

【驱动设置】中【最大距离】的数值设置得较大，不可直接用于实际加工，但这样程序计算的速度快，更方便观察刀轨情况，确认无误后再将其值改小，才可用于实际加工。

（3）设置切削层参数　在【叶轮粗铣】对话框的【刀轨设置】中单击【切削层】按钮，进入【切削层】对话框，参数设置如图 5-99 所示，单击【确定】按钮。

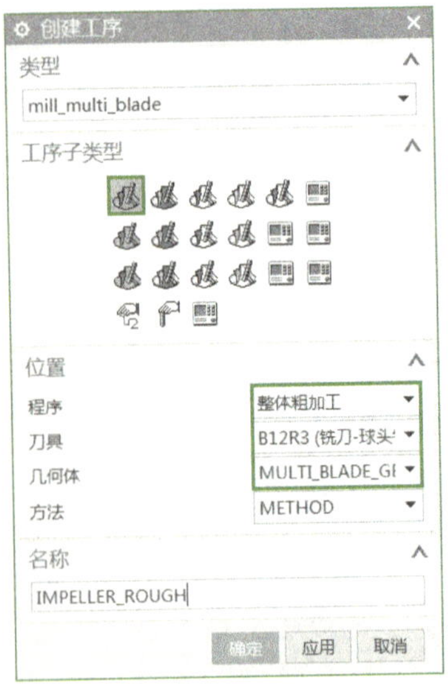

图 5-96　创建工序

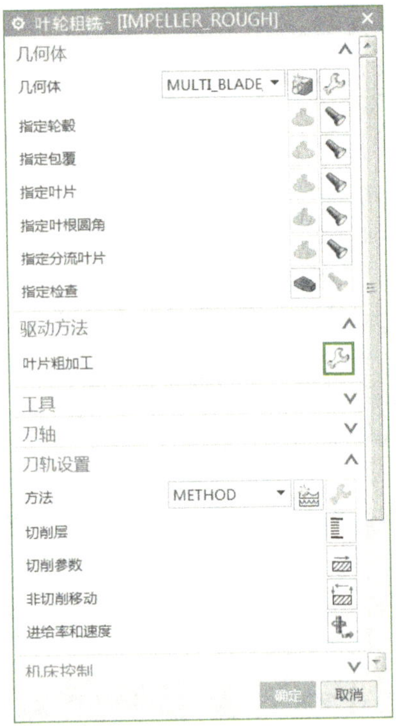

图 5-97　【叶轮粗铣】对话框

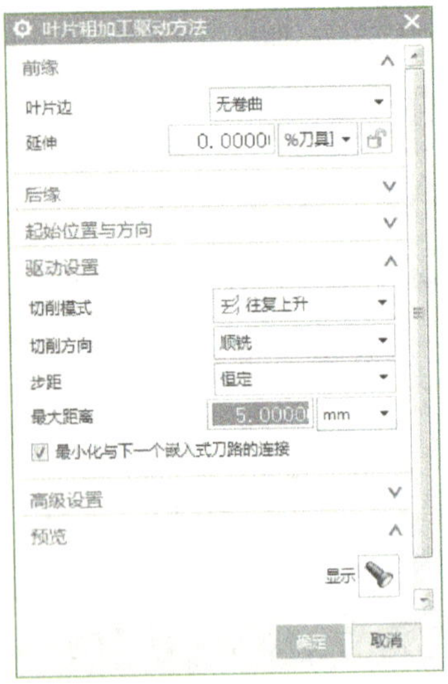

图 5-98　设置叶片粗加工驱动方法

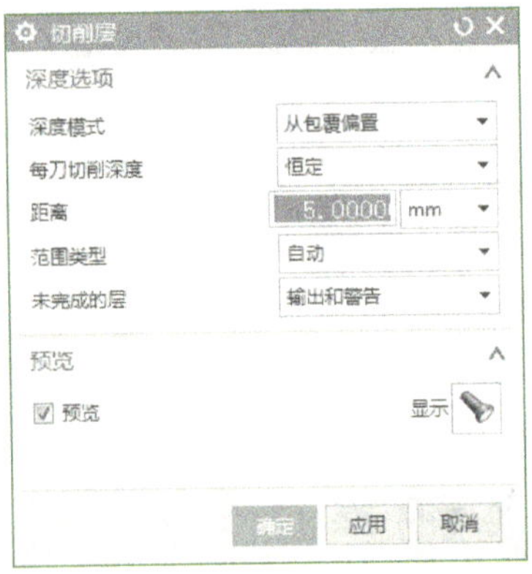

图 5-99　【切削层】对话框

【专家点拨】

【切削层】中【距离】的数值设置得较大，不可直接用于实际加工，但这样程序计算的速度快，更方便观察刀轨情况，确认无误后再将其值改小，才可用于实际加工。

(4) 设置刀轴参数　在【叶轮粗铣】对话框的【刀轴】中单击【自动】按钮，进入【自动】对话框，将【侧倾安全角】设置为“3”，如图 5-100 所示，其余参数默认，单击【确定】按钮。

(5) 设置切削参数　在【叶轮粗铣】对话框的【刀轨设置】中单击【切削参数】按

钮，进入【切削参数】对话框，参数设置如图 5-101 所示，单击【确定】按钮。

图 5-100　【自动】对话框

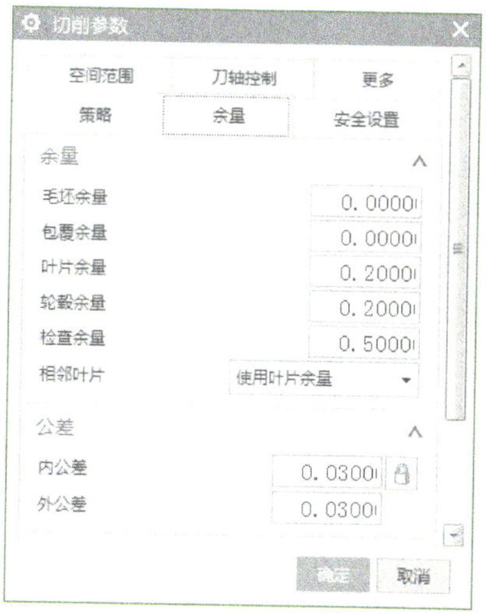

图 5-101　【切削参数】对话框

（6）设置进给率和速度　在【叶轮粗铣】对话框的【刀轨设置】中单击【进给率和速度】按钮，进入【进给率和速度】对话框，设置【主轴转速】为“8000”，【进给率】中的【切削】为“3000”，其余参数默认，单击【确定】按钮。

（7）生成刀轨与仿真　在【创建工序】对话框中单击按钮，生成刀轨，如图 5-102 所示；单击按钮进行【3D 动态】仿真，仿真结果如图 5-103 所示。查看刀轨与仿真结果，确认无误后，将【叶片粗加工驱动方法】对话框中的【最大距离】和【切削层】对话框中的【距离】均改为“1”，此数值也可根据实际情况做调整，再次单击按钮，生成刀轨。

图 5-102　叶片粗加工刀具轨迹

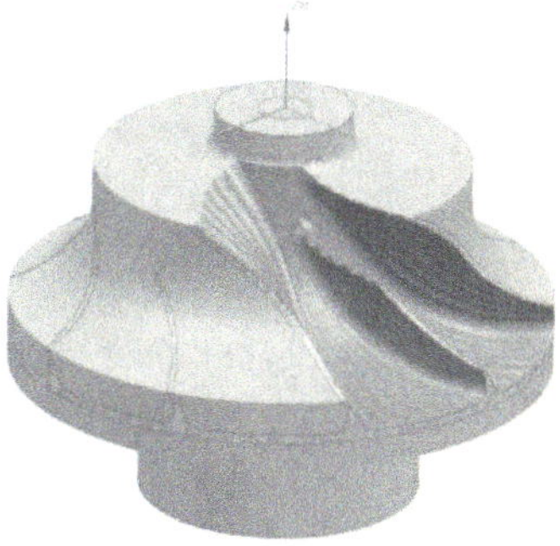

图 5-103　叶片粗加工仿真结果

2. 创建轮毂精加工程序

（1）插入轮毂精加工工序　单击【创建工序】按钮，弹出【创建工序】对话框，【类型】选择“mill_multi_blade”，【工序子类型】选择“轮毂精铣”，【位置】区域中的【程序】选择“叶毂精加工”，【刀具】选择“B12R3”，

创建轮毂精加工程序

【几何体】选择“MULTI_BLADE_GEOM”，如图 5-104 所示。单击【确定】按钮，弹出【轮毂精铣】对话框，如图 5-105 所示。

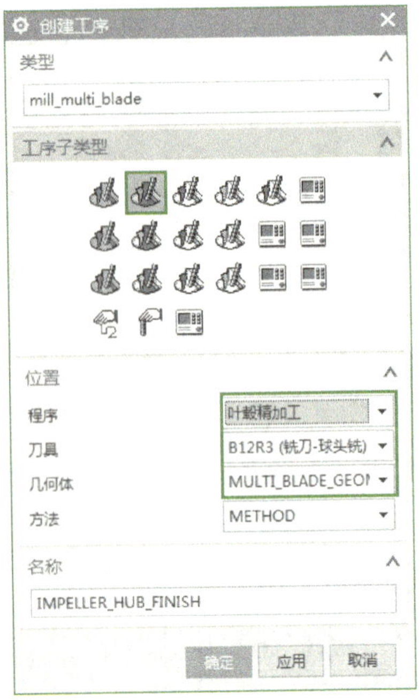

图 5-104 创建工序

图 5-105 【轮毂精铣】对话框

（2）设置轮毂精加工驱动方法　在【轮毂粗铣】对话框的【驱动方法】中单击【轮毂精加工】按钮，进入【轮毂精加工驱动方法】对话框，参数设置如图 5-106 所示，单击【确定】按钮。

（3）设置刀轴参数　在【轮毂精铣】对话框的【刀轴】中单击【自动】按钮，进入【自动】对话框，将【侧倾安全角】设置为“3”，如图 5-107 所示，其余参数默认，单击【确定】按钮。

（4）设置切削参数　在【轮毂精铣】对话框的【刀轨设置】中单击【切削参数】按钮，进入【切削参数】对话框，在【余量】选项卡中，【叶片余量】和【轮毂余量】均设置为“0”，其余参数默认，单击【确定】按钮。

（5）设置进给率和速度　在【轮毂精铣】对话框的【刀轨设置】中单击【进给率和速度】按钮，进入【进给率和速度】对话框，设置【主轴转速】为“8000”，【进给率】中的【切削】为“1500”，其余参数默认，单击【确定】按钮。

（6）生成刀轨与仿真　在【创建工序】对话框中单击按钮，生成刀轨，如图 5-108 所示；单击按钮进行【3D 动态】仿真，仿真结果如图 5-109 所示。

图 5-106　设置轮毂精加工驱动方法

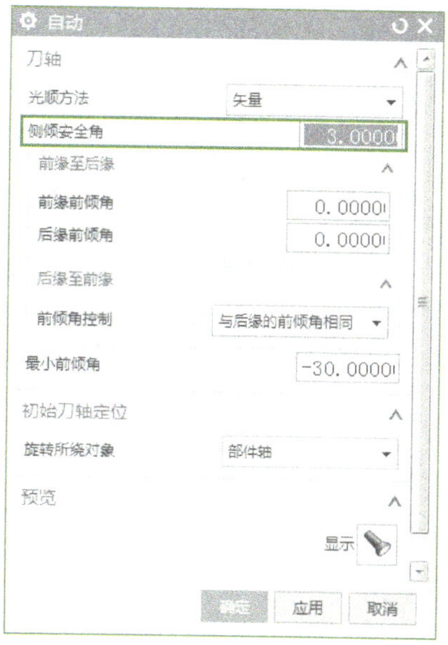

图 5-107　【自动】对话框

图 5-108　轮毂精加工刀具轨迹

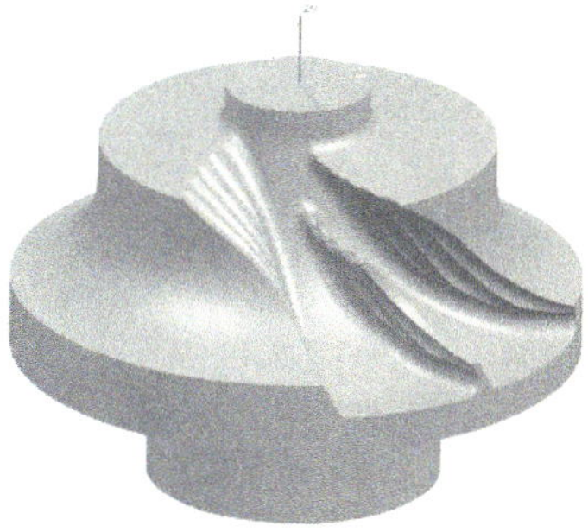

图 5-109　轮毂精加工仿真结果

3. 创建主叶片精加工程序

创建叶片精加工程序

（1）插入主叶片精加工工序　单击【创建工序】按钮，弹出【创建工序】对话框，【类型】选择“mill_multi_blade”，【工序子类型】选择“叶片精铣”，【位置】区域中的【程序】选择“主叶片精加工”，【刀具】选择“B12R3”，【几何体】选择“MULTI_BLADE_GEOM”，如图 5-110 所示。单击【确定】按钮，弹出【叶片精铣】对话框，如图 5-111 所示。

（2）设置叶片精加工驱动方法　在【叶片精铣】对话框的【驱动方法】中单击【叶片精铣】按钮，进入【叶片精加工驱动方法】对话框，参数设置如图 5-112 所示，单击【确定】按钮。

（3）设置切削层参数　在【叶片精铣】对话框的【刀轨设置】中单击【切削层】按钮，进入【切削层】对话框，参数设置如图 5-113 所示，单击【确定】按钮。

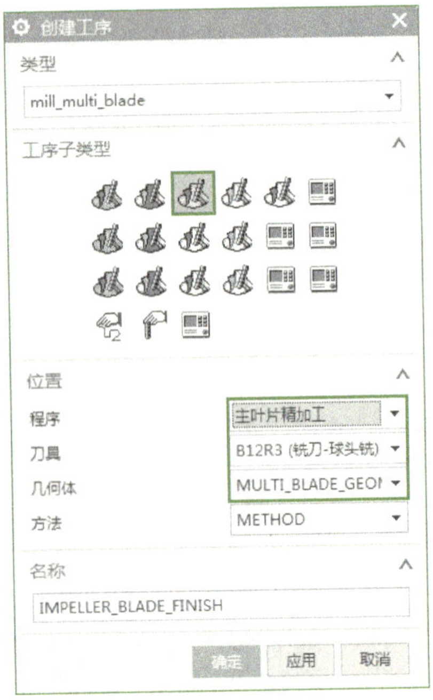

图 5-110　创建工序

图 5-111　【叶片精铣】对话框

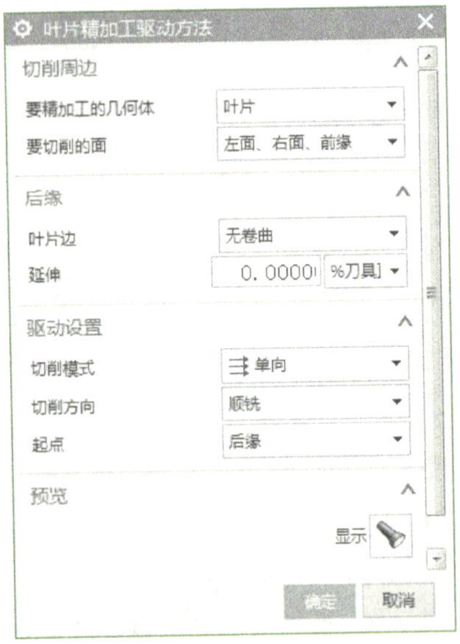

图 5-112　设置叶片精加工驱动方法

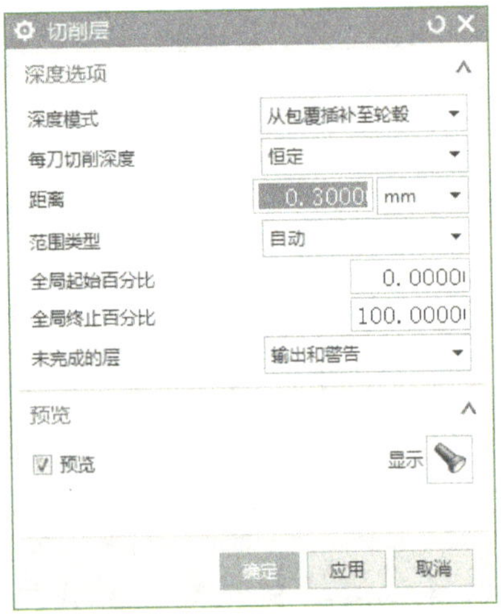

图 5-113　【切削层】对话框

(4) 设置刀轴参数　在【叶片精铣】对话框的【刀轴】中单击【自动】按钮，进入【自动】对话框，将【侧倾安全角】设置为“3”，其余参数默认，单击【确定】按钮。

(5) 设置切削参数　在【叶片精铣】对话框的【刀轨设置】中单击【切削参数】按钮，进入【切削参数】对话框，在【余量】选项卡中，【包覆余量】【叶片余量】和

【轮毂余量】均设置为“0”，其余参数默认，单击【确定】按钮。

（6）设置进给率和速度　在【叶片精铣】对话框的【刀轨设置】中单击【进给率和速度】按钮，进入【进给率和速度】对话框，设置【主轴转速】为“8000”，【进给率】中的【切削】为“1500”，其余参数默认，单击【确定】按钮。

（7）生成刀轨与仿真　在【创建工序】对话框中单击按钮，生成刀轨，如图5-114所示；单击按钮进行【3D动态】仿真，仿真结果如图5-115所示。

图5-114　主叶片精加工刀具轨迹

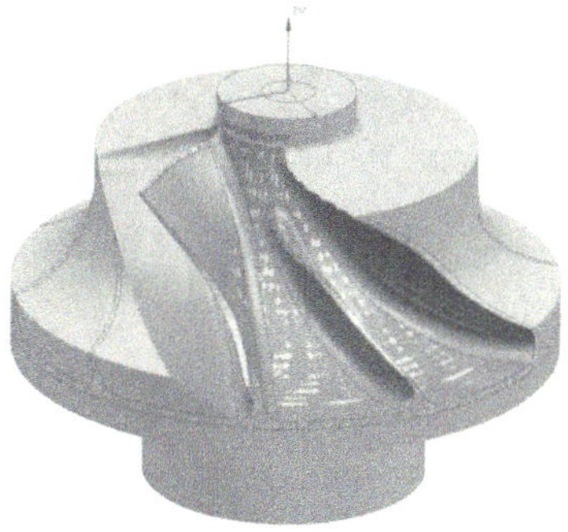

图5-115　主叶片精加工仿真结果

4. 创建分流叶片精加工程序

（1）复制主叶片精加工工序　将“主叶片精加工”程序组中的“IMPELLER_BLADE_FINISH”工序复制到“分流叶片精加工”程序组中，名称为“IMPELLER_BLADE_FINISH_COPY”，如图5-116所示。

（2）设置叶片精加工驱动方法　双击“IMPELLER_BLADE_FINISH_COPY”工序进行修改，单击【叶片精铣】按钮，进入【叶片精加工驱动方法】对话框，只需将【要精加工的几何体】选为“分流叶片1”即可，如图5-117所示，其余参数默认，单击【确定】按钮。

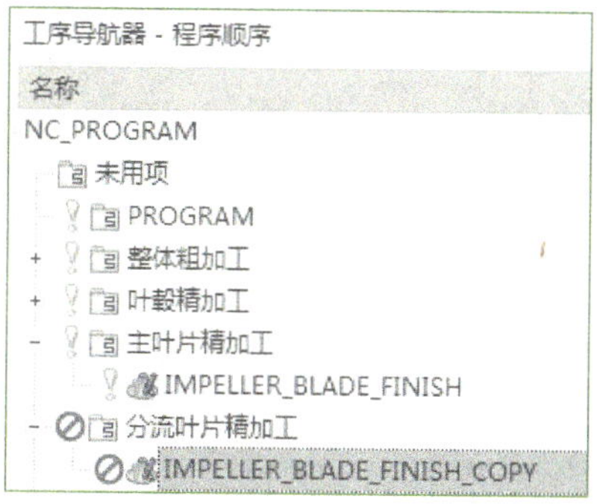

图5-116　复制主叶片精加工工序

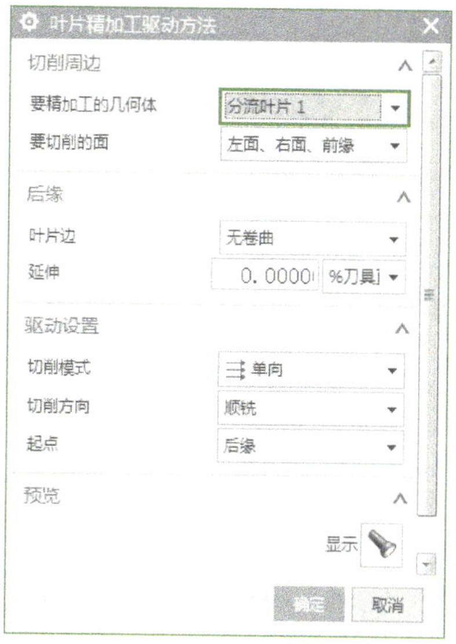

图5-117　设置叶片精加工驱动方法

（3）生成刀轨与仿真　在【创建工序】对话框中单击按钮，生成刀轨，如图 5-118 所示；单击按钮进行【3D 动态】仿真，仿真结果如图 5-119 所示。

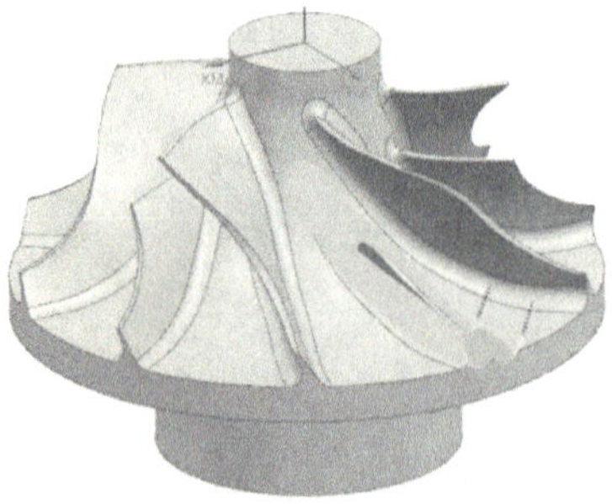

图 5-118　分流叶片精加工刀具轨迹

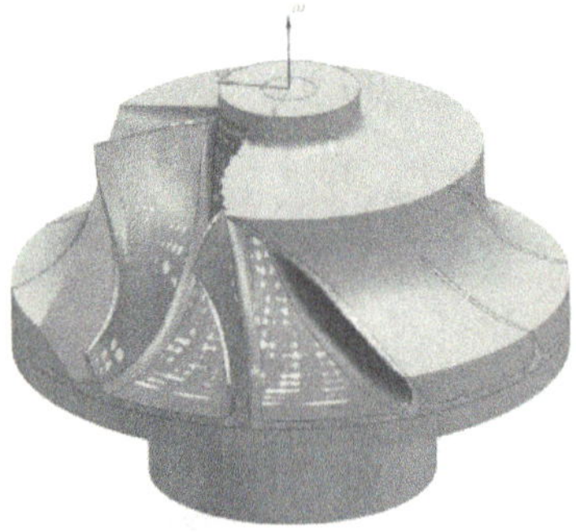

图 5-119　分流叶片精加工仿真结果

创建叶根圆角精加工程序

5. 创建主叶根圆角精加工程序

（1）插入主叶根圆角精加工工序　单击【创建工序】按钮，弹出【创建工序】对话框，【类型】选择“mill_multi_blade”，【工序子类型】选择“叶根圆角精铣”，【位置】区域中的【程序】选择“主叶根圆角精加工”，【刀具】选择“B6R2”，【几何体】选择“MULTI_BLADE_GEOM”，如图 5-120 所示。单击【确定】按钮，弹出【叶根圆角精铣】对话框，如图 5-121 所示。

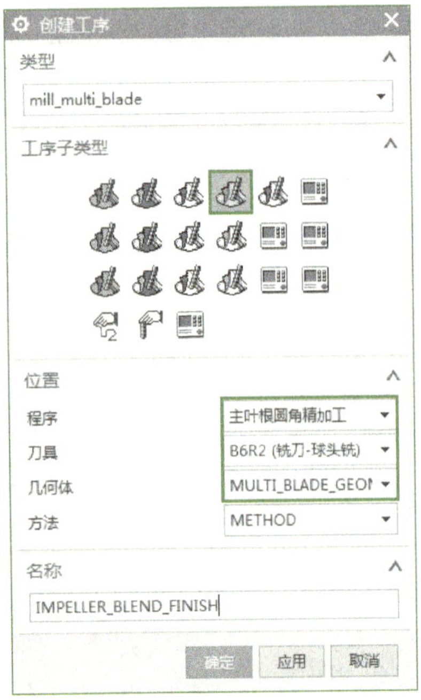

图 5-120　创建工序

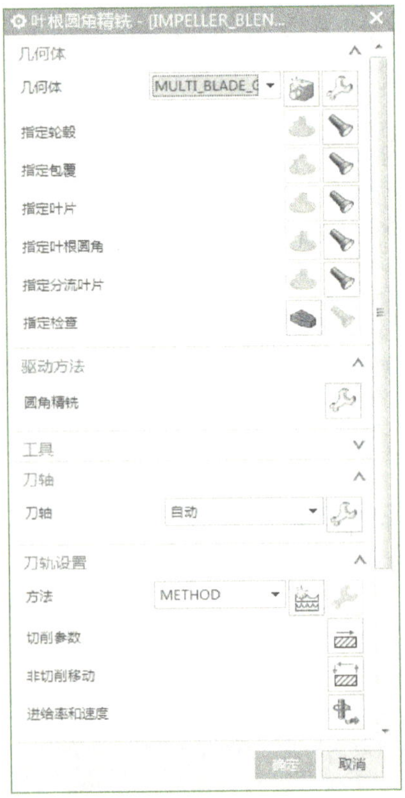

图 5-121　【叶根圆角精铣】对话框

（2）设置叶根圆角精加工驱动方法　在【叶根圆角精铣】对话框的【驱动方法】中单击【圆角精铣】按钮，进入【圆角精加工驱动方法】对话框，参数设置如图 5-122 所示，单击【确定】按钮。

（3）设置刀轴参数　在【叶根圆角精铣】对话框的【刀轴】中单击【自动】按钮，进入【自动】对话框，将【侧倾安全角】设置为“1”，如图 5-123 所示，其余参数默认，单击【确定】按钮。

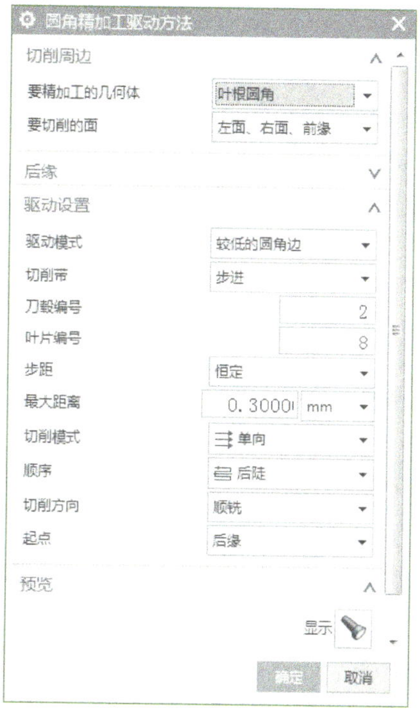

图 5-122　设置叶根圆角精加工驱动方法

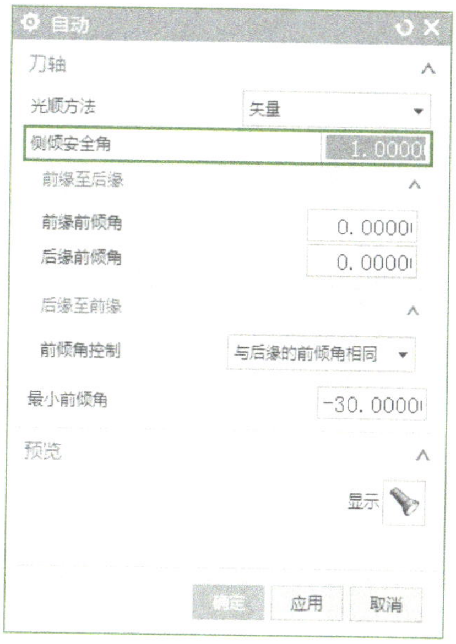

图 5-123　【自动】对话框

（4）设置切削参数　在【叶根圆角精铣】对话框的【刀轨设置】中单击【切削参数】按钮，进入【切削参数】对话框，在【余量】选项卡中，【叶片余量】和【轮毂余量】均设置为“0”，其余参数默认，单击【确定】按钮。

（5）设置进给率和速度　在【叶根圆角精铣】对话框的【刀轨设置】中单击【进给率和速度】按钮，进入【进给率和速度】对话框，设置【主轴转速】为“10000”，【进给率】中的【切削】为“1500”，其余参数默认，单击【确定】按钮。

（6）生成刀轨与仿真　在【创建工序】对话框中单击按钮，生成刀轨，如图 5-124 所示；单击按钮进行【3D 动态】仿真，仿真结果如图 5-125 所示。

6. 创建分流叶根圆角精加工程序

（1）复制主叶根圆角精加工工序　将“主叶根圆角精加工”程序组中的“IMPELLER_BLEND_FINISH”工序复制到“分流叶根圆角精加工”程序组中，名称为“IMPELLER_BLEND_FINISH_COPY”，如图 5-126 所示。

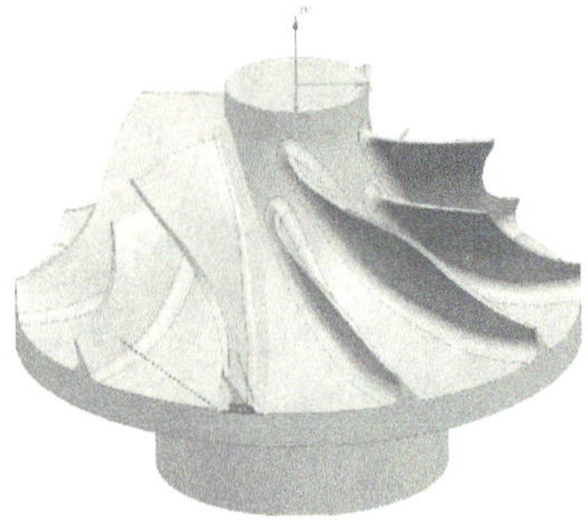

图 5-124　主叶根圆角精加工刀具轨迹

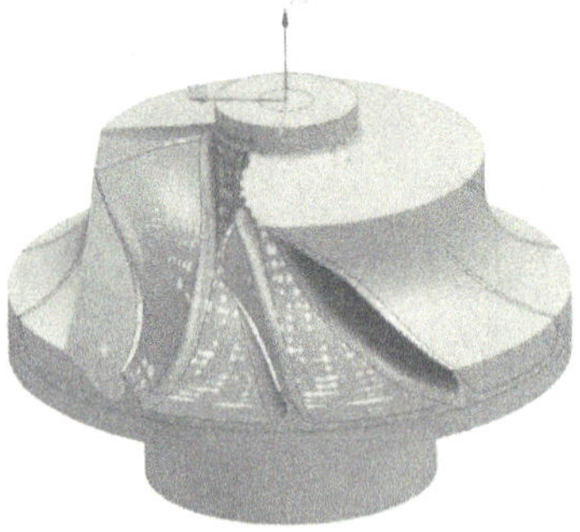

图 5-125　主叶根圆角精加工仿真结果

（2）设置分流叶根圆角精加工驱动方法　双击“IMPELLER_BLEND_FINISH_COPY”工序进行修改，单击【圆角精铣】按钮，进入【圆角精加工驱动方法】对话框，只需将【要精加工的几何体】选为“分流叶片 1 倒圆”即可，如图 5-127 所示，其余参数默认，单击【确定】按钮。

图 5-126　复制主叶根圆角精加工工序

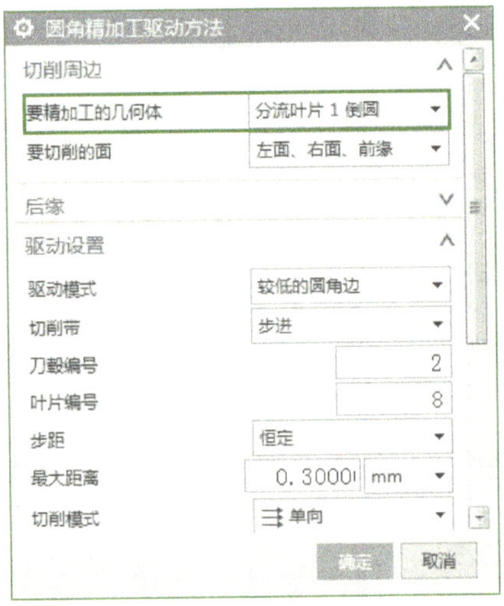

图 5-127　设置分流叶根圆角精加工驱动方法

（3）生成刀轨与仿真　在【创建工序】对话框中单击按钮，生成刀轨，如图 5-128 所示；单击按钮进行【3D 动态】仿真，仿真结果如图 5-129 所示。

图 5-128　分流叶根圆角精加工刀具轨迹

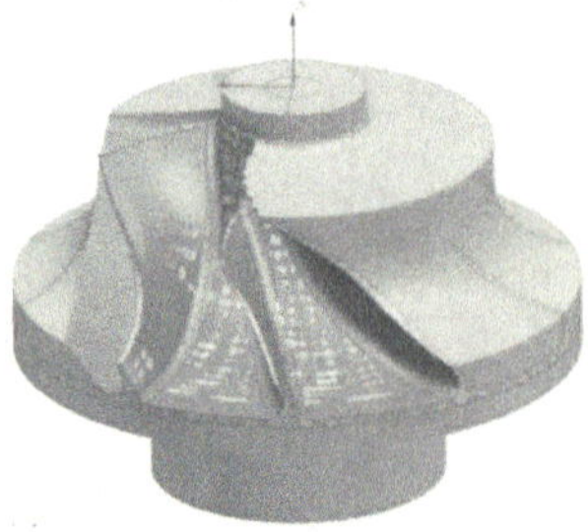

图 5-129　分流叶根圆角精加工仿真结果

7. 创建其他四组叶片加工程序

创建其他四组叶片加工程序

由于该叶轮上五组叶片造型完全相同，所以在创建完一组叶片加工程序后，可通过【变换】指令来完成其他程序的创建，具体操作步骤如下：

1）在【程序顺序视图】中，在选中的叶轮粗加工程序上单击鼠标右键弹出快捷菜单，单击【对象】→【变换】（图 5-130），进入【变换】对话框，如图 5-131 所示。

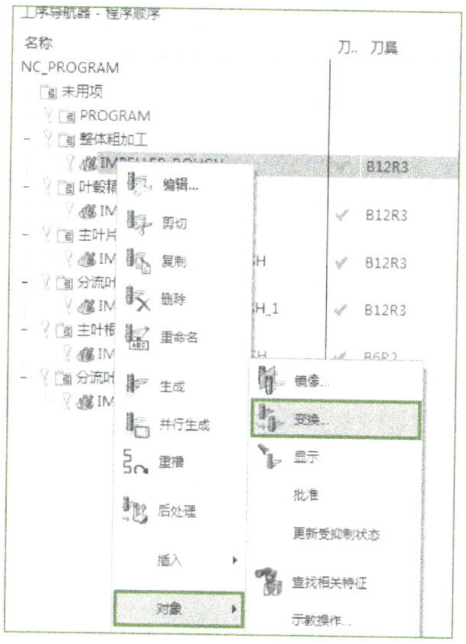

图 5-130　单击【对象】→【变换】

2）在【变换】对话框中，【类型】选择“绕点旋转”，将【变换参数】中的【指定枢轴点】设置在 MCS 坐标系的原点上，其他参数设置如图 5-131 所示。单击【确定】按钮，其余的叶片粗加工程序即被复制创建出来，如图 5-132 所示。

图 5-131　【变换】对话框

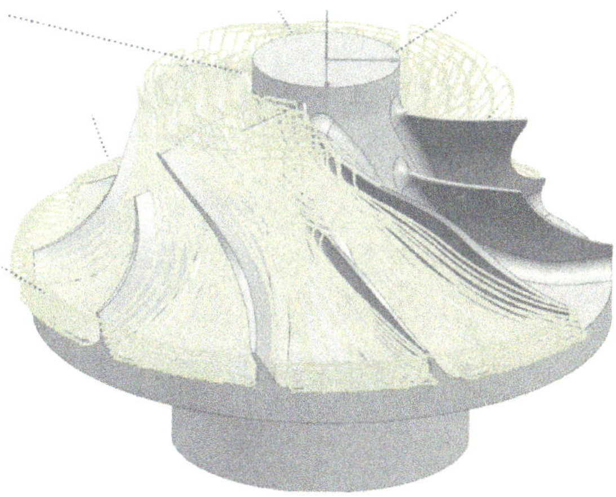
图 5-132　复制创建叶片粗加工程序

3）同理，使用【变换】指令复制创建出其余加工程序，如图 5-133 所示。此时的程序顺序视图如图 5-134 所示。

至此，完成叶轮加工程序的创建。

任务评价

总结本次任务完成情况，填写表 5-9，根据考核项目进行自评、互评和教师评价，完成任务评价。

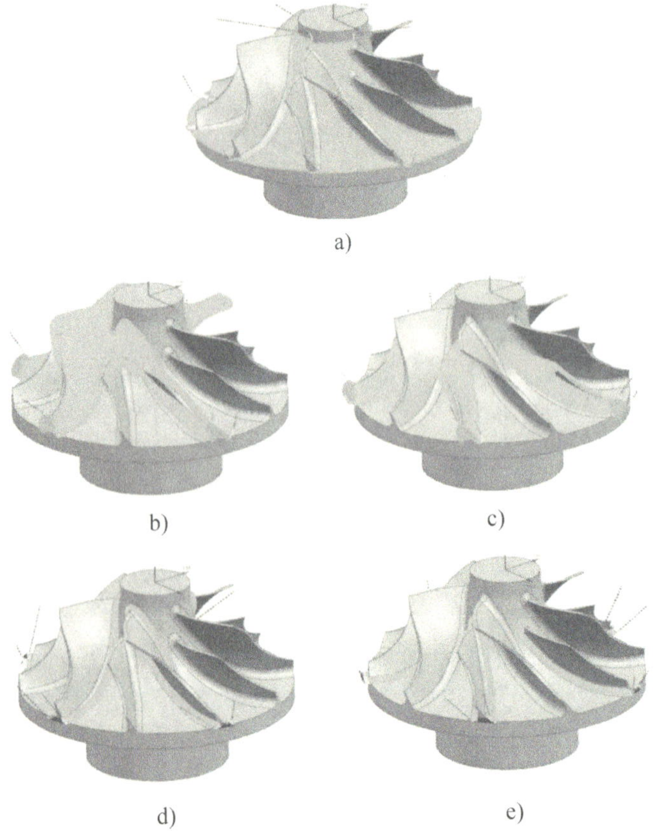

图 5-133　复制创建其余加工程序

a）全部的轮毂精加工程序　b）全部的主叶片精加工程序　c）全部的分流叶片精加工程序　d）全部的主叶根圆角精加工程序　e）全部的分流叶根圆角精加工程序

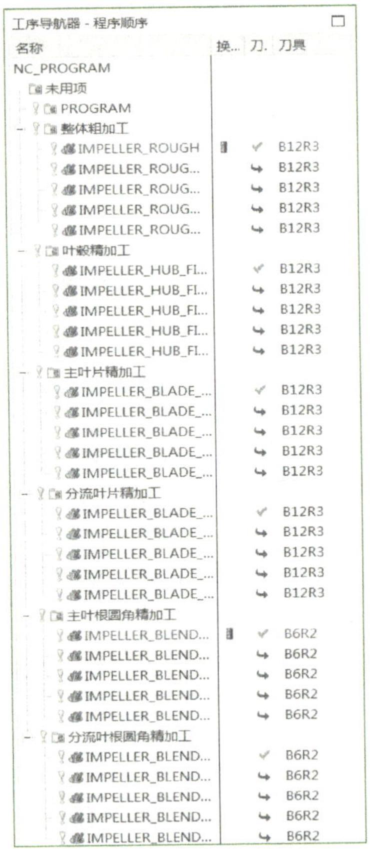

图 5-134　程序顺序视图

表 5-9　任务评价表

考核项目与权重	考核内容	评价标准	自评	互评	教师评价
专业知识(20%)	(1)掌握叶轮模块中几何体的创建和设置方法(6分)	能利用所学知识正确设置各个参数,每错误设置一个参数扣2分,扣完为止			
	(2)掌握叶轮粗加工刀具轨迹的创建方法(4分)	叶片特征选择、参数设置合理,错误一处扣1分,扣完为止			
	(3)掌握叶轮各个结构元素精加工刀具轨迹的创建方法(10分)	特征选择、参数设置合理,错误一处扣2分,扣完为止			
专业能力(30%)	(1)能够正确创建叶轮模块的几何体和多叶片几何体(10分)	设置有误或使用不合理的参数每处扣2分,扣完为止			
	(2)能够使用叶轮模块的粗加工工序进行编程,生成刀具轨迹(10分)	特征选择、参数设置合理,错误一处扣2分,扣完为止			
	(3)能够使用叶轮模块的各种精加工工序进行编程,生成刀具轨迹(10分)	特征选择、参数设置合理,错误一处扣1分,扣完为止			

（续）

考核项目与权重	考核内容	评价标准	自评	互评	教师评价
职业素养(20%)	(1)敬业守时、认真负责、踏实严谨、谦虚好学(5分)	迟到、早退、无故缺勤等，每次扣1分，扣完为止			
	(2)具有良好的团队合作精神，能热心帮助其他同学完成任务(5分)	不参加小组讨论每次扣1分，扣完为止			
	(3)能根据工作任务对资源进行合理分配，能正确控制、激励、协调小组工作全过程(5分)	根据对小组的引导、小组完成任务情况酌情扣分			
	(4)能准确、快速表达个人思想和见解，能灵活运用所学知识，有创造性(5分)	根据创意设计情况酌情扣分			
任务总结(30%)	(1)能进行归纳总结，得出规律和指导性经验，技术文件完整、规范、条理清晰。在任务结束后，反思自己的任务完成情况和质量(10分)	根据任务总结情况酌情扣分			
	(2)安全、有效地完成任务中的每个要求(20分)	根据任务完成情况酌情扣分			
合计(自评占比40%，互评占比20%，教师评价占比40%)					
任务反思					

项目总结

五轴加工具有高效率、高精度的特点，一次装夹即可完成多个方位的定向与联动加工。如图5-135所示，本项目中应用到了五轴加工中的定向加工和联动加工。总体来说，定向加工多用于粗加工、清根加工和小部分的精加工，而联动加工多用于较复杂元素的半精加工和精加工。因此，五轴联动加工能够适应像汽车零部件、飞机结构件和医疗器械零件等现代化高精零件的加工，如任务三中的叶轮造型，就与涡轮增压汽车上的涡轮十分相似。

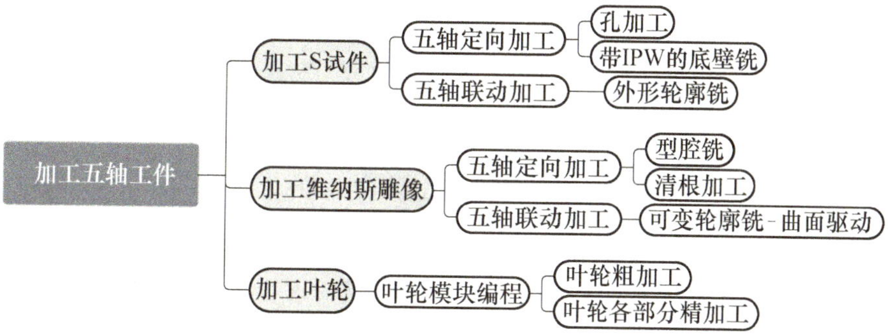

图5-135　项目五总结思维导图

项目练习题

一、填空题

1. 五轴加工分为五轴定向加工（3+2 定位加工）和____________。

2. 使用叶轮模块进行编程时，在“工序导航器-几何”中，除了要设置 MCS 和部件几何体外，还需要设置____________。

3. 常用的可变轮廓铣工序中的驱动方法有__________、__________、__________等。

4. 加工的曲面为____________时，使用外形轮廓铣可以使刀具参与切削的侧刃与工件倾斜壁完全相切。

5. 带 IPW 的底壁铣可以优化刀轨，____________，提高工作效率。

二、选择题

1. 球头铣刀的球半径通常（　　）加工曲面的曲率半径。

A. 小于　　B. 大于　　C. 等于　　D. A、B、C 都可以

2. 在多轴铣削加工中，（　　）为可变轮廓铣图标。

A. 　　B. 　　C. 　　D. 

3. 在 UG NX 12.0 软件的 CAM 功能中，若想使用其中的叶轮模块编程，则在工序类型中应选择（　　）。

A. mill_multi_blade　　B. mill_planar

C. mill_contour　　D. mill_multi_axis

4. 在使用五轴定向面铣工序加工一斜面时，刀轴可设置为（　　）。

A. +ZM 轴　　B. 垂直于第一个面

C. 动态　　D. 远离直线

5. 若使用可变轮廓铣工序对柱状工件（如大力神杯等）进行五轴联动精加工，则驱动方法一般会选择（　　）。

A. 外形轮廓铣　　B. 点或曲线

C. 边界　　D. 曲面区域

三、简答题

1. 选择各种驱动方法的依据是什么？

2. 五轴机床的五轴指的是哪五个轴？

四、实操题

1. 打开源文件课后习题 5-1（图 5-136），根据模型的特点，设置毛坯、创建刀具、创建工序，进行该工件的粗、精铣削加工，生成刀具轨迹，保存文件。

2. 打开源文件课后习题 5-2（图 5-137），根据模型的特点，设置毛坯、创建刀具、创建工序，进行该工件的粗、精铣削加工，生成刀具轨迹，保存文件。

图 5-136　课后习题 5-1

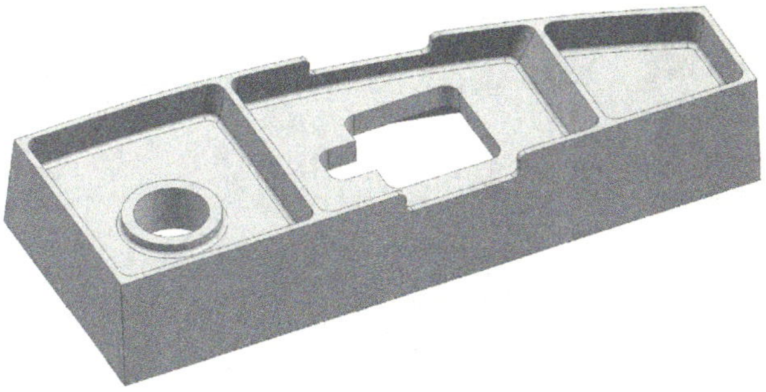

图 5-137　课后习题 5-2

参考文献

[1] 朱建民. NX 多轴加工实战宝典 [M]. 北京：清华大学出版社，2017.

[2] 张浩，易良培. UG NX 12.0 多轴数控编程与加工案例教程 [M]. 北京：机械工业出版社，2021.

[3] 北京兆迪科技有限公司. UG NX 12.0 数控加工教程 [M]. 北京：机械工业出版社，2019.